Complexity and Disorder Meetings 2018-2019-2020

EPJ Web of Conferences Volume 244 (2020)

Paris, France
13 - 14 January 2020

Editor:

J.-C.S. Levy

ISBN: 978-1-7138-1922-6

Printed from e-media with permission by:

Curran Associates, Inc.
57 Morehouse Lane
Red Hook, NY 12571

Some format issues inherent in the e-media version may also appear in this print version.

For additional information, please contact EDP Sciences – Web of Conferences at the address below.

EDP Sciences – Web of Conferences
17, Avenue du Hoggar
Parc d'Activité de Courtabœuf
BP 112
F-91944 Les Ulis Cedex A
France

Phone: +33 (0) 1 69 18 75 75
Fax: +33 (0) 1 69 28 84 91

contact-edps@webofconferences.org

Additional copies of this publication are available from:

Curran Associates, Inc.
57 Morehouse Lane
Red Hook, NY 12571 USA
Phone: 845-758-0400
Fax: 845-758-2633
Email: curran@proceedings.com
Web: www.proceedings.com

TABLE OF CONTENTS

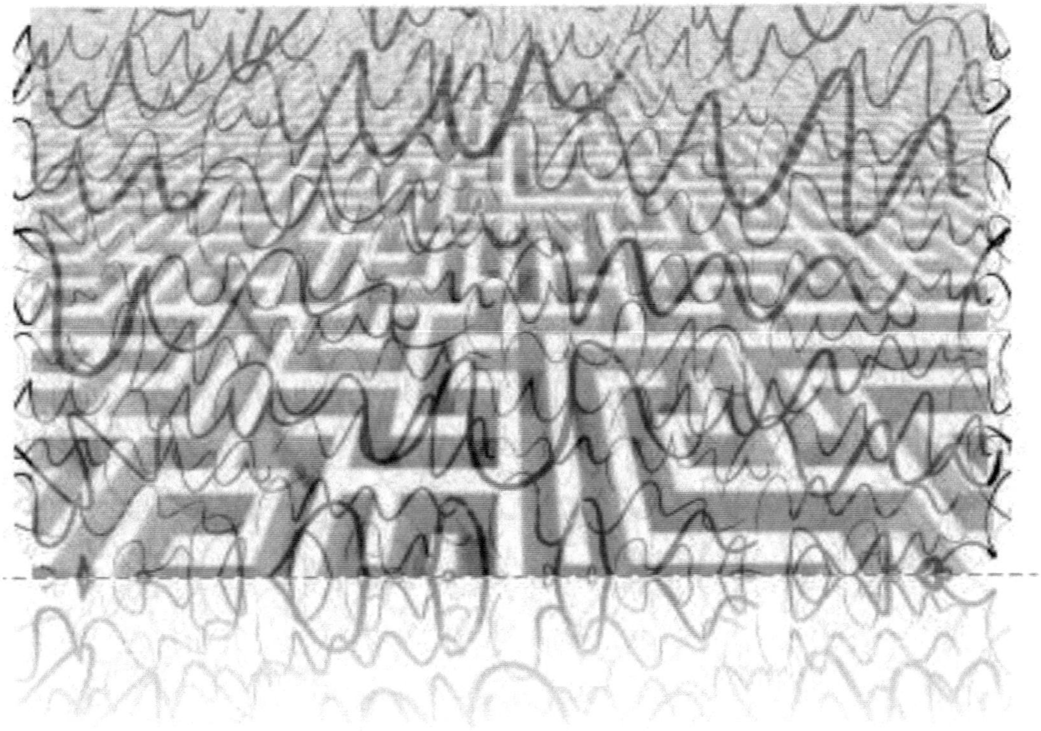

7èmes Journées "Complexité-désordre"

À l'amphithéâtre Pierre Gilles de Gennes

(10 rue A. Domon et L. Duquet 75013 Paris sous-sol)

13 et 14 Janvier 2020

Organisées par l'UFR de Physique de l'Université Paris Diderot

<u>Intervenants</u> : J.-P. Allouche, M. Arnoux, H. Bergier, L. Bonnotte, E. Bringuier, J.-L. Brousse , M. Bouaissier, S. Courrech du Pont, F. David, Ph. Depondt, J. Fiore, L. Goffart, C. Goupil, M. Grossetti, B. Hillebrands, M. Le Berre, L.-J. Lestocart, J.-C. S. Lévy, D. Markovic, N. Piqué, Y. Pomeau, M. Rodriguez, N. Rougemaille, D. S. Sabirov, S. H. Skjaervoe, J. Szeftel, S. Truyman, L. Viennot.

Entrée Libre

université PARIS DIDEROT PARIS 7

Université de Paris

PHYSIQUE Sciences Université de Paris

6èmes Journées "Complexité-désordre"

À l'amphithéâtre Pierre Gilles de Gennes

14 et 15 Janvier 2019

Organisées par l'UFR de Physique de l'Université Paris Diderot

Orateurs : A. Bailly-Reyre, G. de Loubens, H.T. Diep, H. Flanquart, V. Fleury, L. Goffart, M. Grossetti, P. Jensen, L.-J. Lestocart, J.-C.S. Levy, F. Li Vigni, N. Piqué, , Th. Rasing, N. Rougemaille, J. Szeftel, L. Viennot, N. Vukadinovic et H. Zwirn

Entrée libre

10 rue A. Domon et L. Duquet 75013 Paris sous-sol

Journées “Complexité-désordre”

À l’amphithéâtre Pierre Gilles de Gennes

15 et 16 Janvier 2018

Organisées par l’UFR de Physique de l’Université Paris Diderot

Orateurs : F. Ashadi, L. Boi, Ph. Depondt, M.-C. Dupas, M. Garst, L. Goffart, M. Grossetti, J. Guespin, M. Krawczyk, D. Lançon, L.-J. Lestocart, J.-C.S. Levy, M. Perreau, N. Piqué, Y. Pomeau, R. Pousse, Th. Rasing, Ch. Reichhardt, M. Rovere, A. Schmitt, M. Veyssié et N. Vukadinovic

Entrée libre

10 rue A. Domon et L. Duquet 75013 Paris

edp sciences

EPJ Web of Conferences

Statement of Peer review

In submitting conference proceedings to EPJ Web of Conferences, I certify to the Publisher that I adhere to the **Policy on Publishing Integrity** of the journal in order to safeguard good scientific practice in publishing.

1. All articles have been subjected to peer review administered by the proceedings editors.
2. Reviews have been conducted by expert referees, who have been requested to provide unbiased and constructive comments aimed, whenever possible, at improving the work.
3. Proceedings editors have taken all reasonable steps to ensure the quality of the materials they publish and their decision to accept or reject a paper for publication has been based only on the merits of the work and the relevance to the journal.

Title, date and place of the conference

"Complexity and disorder meetings" Paris. 15-16/01/2018, 14-15/01/2019 and 13-14/01/2020

Amphithéâtre Pierre Gilles de Gennes U. Paris Diderot

Proceedings editor(s):

Prof. Jean-Claude Serge Lévy MPQ Université Paris Diderot Université de Paris

Date and editor's signature

07/10/2020

17, avenue du Hoggar - PA de Courtabœuf – BP 112 - 91944 Les Ulis Cedex A (France)
Tél. : 33 (0)1 69 18 75 75 - Fax : 33(0)1 69 07 45 17 – www.edpsciences.org

EPJ Web of Conferences **244**, 01001 (2020)
Complexity and Disorder Meetings 2018–2020
https://doi.org/10.1051/epjconf/202024401001

Introduction to the Proceedings of "Complexity-disorder" days

Jean-Claude Serge Levy[1*]

[1]MPQ, UMR CNRS 7162, Physics Department, University Paris Diderot, 75013 Paris, France

Abstract. The common use of several disciplines for the realization of practical purposes and their usual coworking favour such meetings involving different disciplines. Some old and recent successful examples of effective interferences between different disciplines are reported in order to evidence the potential fruitfulness of this process. The theme complexity and disorder are shown to be a central point of convergence between disciplines shown from the observation of past and future projects.

1 The necessity of pluri-disciplinary meetings on complexity and disorder.

While the present organization of sciences requires a continuously growing complexity of labelling indices, i.e. a higher and higher level of specialization which corresponds indeed to a higher and higher level of social structuration, as already both observed and predicted a long time ago [1], many effective constraints lead to introduce also more general meetings, pluri-disciplinary ones as these "complexity-disorder" meetings here reported. This unexpected balance effect has several reasons, several effective constraints which are analysed below.

1.1. The need for pluri-disciplinary meetings

A first reason for introducing mixed meetings comes from the observation of the common use of complementary techniques in the realization of practical projects. When developing any enterprise or idea, different experts, different technical experiences are required. And the advices of these experts cannot be used, cannot be integrated just by means of a simple serial approach or by means of independent parallel developments. Experts must talk together, work together, interfere, in order to avoid possible misunderstandings and conflicts which occur within enterprises in the lack of direct contacts between experts [2]. Finally, in order to reach a realistic goal, these experts must build together a common project which must be consistent from all viewpoints in spite of its complexity. This is the reason for so numerous meetings and video conferences between different disciplines. This obvious and general evidence of the need for pluri-disciplinary meetings has several strong consequences. It proves the necessity and existence of such practical goal-oriented meetings. Moreover, this frequent and fruitful use means that such frequent meetings do not need a practical goal to occur.

This very simple picture of a basic practical, concrete action introduces practically some powerful concepts of physics, such as "interference", and of electronics and informatics such as "feedback" which are also shown here to be meaningful and efficient far from their basic field, linear and non-linear physics. It also introduces the unavoidable complexity of reality and of social division which must be overpassed in some way according to circumstances in order to achieve a practical goal.

These first remarks already point out the effective high level of both natural and required imbrication between disciplines which is necessary for achieving a realistic project. The same need of interference between different disciplines is also clear in politics. An approximate quotation of Mao Zedong means that the complexity of reality requires a multiplicity of viewpoints to be understood. This long-distance view is obviously a basic stone for introducing pluri-disciplinary meetings and specially about complexity.

Similar imbrications of different specialities also occur between partners of sport teams for instance. Within a team each sportsman or sportswoman must be aware of what his or her partners can do, and are used to do at any time, in order to develop a fruitful collective action. One may add that these sport partners also need to know the competences of their opponents in order to play efficiently and to reach the goals of their own team!

Rather similarly a modern philosopher could not speak of feelings like happiness [3] without taking into account not only his own experience and the experience of other philosophers during the whole history and all around the world, but also the observations of modern neurosciences on perception and feelings! It is necessary to account for other observations in order to obtain now a fully consistent realistic representation which can convince people. Even most famous and ancient disciplines cannot forget different disciplines and drive alone anymore!

Reversely, the famous Hegel's Aesthetics [4] puts opera at a top level among all arts since it appeals most of human senses. This feeling is now validated by neural

* Corresponding author: jean-claude.levy@univ-paris-diderot.fr

observations which evidence such automatic synthesis between sensations within the brain.

The interesting principle of falsification introduced by Popper [5] for classifying scientific results and theories leads not only to check the validity of an observation or a theory within its own field, but also to check its validity domain, i.e. the domains where it can be applied and where it cannot be applied, even out of its own field. In other words, this principle requires a validation process or an invalidation process from other specialists in order to allow the building of a consistent tree of knowledge. Quite obviously such a validation process means the effective occurrence of pluri-disciplinary meetings, and finally of a very collective inter-disciplinary work in order to check this full consistency. This very constitution of knowledge requires a global interest and practically pluri-disciplinary meetings.

Another simple reason for introducing mixed meetings is the very basic need of communication of specialists with other people without being only restricted to communication with a highly focused cast of high-level specialists. There is a relative basic question about this possibility: can specialists go through their own borders? Can specialists interest students or even the layman to their specialities? The previous arguments show that for social exchanges between different disciplines, such linguistic requirements are practically required, since translators would be aware of both disciplines. So, it is useful to take advantage of this practical pressure and to introduce early and often such social meetings between scientists and active people in order for all of them to be trained practically to such exchanges.

In a highly specialized meeting, the communication between specialists is necessarily elusive, since specialists must both develop the interest of their colleagues for their own work and save their original place within this scientific community against virtual concurrent colleagues. This original communication status induces strong limits to such a formal linguistic exchange with both a few attractive clear points and large undescribed zones. A pluri-disciplinary meeting overcomes this difficulty by the requirement to be understood in simple plain words by most of the whole audience. And, reversely this open language is also useful even for specialists themselves because of its clarity.

A complementary argument lies in the fact that specialists, as well as other human beings must always satisfy a very large number of different duties in their everyday life, and are obviously used in their own common life to face the full complexity of reality! So, their minds must be already well trained to such free exchanges which happen in the basic real life. From this point of view, pluri-disciplinary meetings give to the participants, these high-level specialists, the opportunity to free their own usual internal energy in simple ways.

A similar argument consists in looking at the whole life of a scientist. During his or her scientific life, about forty years, a scientist has a lot of times the opportunity of being interested in other fields than its own speciality, and quite numerous scientists follow such indirect ways, at least during some time. This multiplicity of interests, this complexity of the human mind is reached at the individual level! So, a scientist has naturally many interests in different topics which can be easily developed in common meetings.

To end the loop, it must be added that finally the goal of specialists consists in discovering new applications, new concepts which can be used widely, not only by pure specialists but by common people. In this way such large meetings open the path for this interesting communication with a quite larger community, in order to feel the needs and the interests of the whole human community, what remains a necessary task for specialists. So pluri-disciplinary meetings are quite necessary in order to refresh from time to time the scientific community which otherwise would become closed in its own highly focused community.

The complexity of reality was often underlined here. So, it is useful now to look more carefully at complexity and disorder from different discipline viewpoints, and specially to disorder where complexity reaches its highest level.

1.2. The relevance of complexity and disorder as one unifying theme

The very theme complexity and disorder sounds quite justified for introducing such pluri-disciplinary works since this theme is not only common at all disciplines as already observed previously, but also this theme lies just at the common border between "hard" sciences and "human sciences.

Hard sciences try to deal with simple basic natural phenomena but cannot neglect the more complex ones which effectively occur. So, complexity lies within the field of hard sciences. Noise is quite observable and thus also belongs to the field of hard sciences. In a quite similar way, hard sciences which are devoted to complex human problems cannot neglect phenomena with more or less randomness as they also appear in the real world. This randomness belongs also to the field of hard sciences and is the basis for quite numerous statistical theories in different disciplines.

The practical, concrete and recent introduction of complexity and disorder within scientific themes was strongly linked with the occurrence of modern rapid quenching techniques which allow to fix definitely the instantaneous disorder of a liquid and then to observe its glassy properties in a quite general way for all materials [6]. Such observations had many fruitful consequences in physics, with the production of new materials such as metallic glasses and quasicrystals, the observation of new properties such as spin glasses. Finally, this extended work on disorder leads to a quite rich unexpected picture as recently shown [7]. This deep richness can lead to many practical applications and so becomes so attractive.

For human sciences, complexity and disorder are basic unavoidable features which were well known from their very beginning, and require a special care which is achieved by means of sophisticated scientific tools. This common border of complexity and disorder is a strong

https://doi.org/10.1051/epjconf/202024401001

reason for long time collaboration between hard sciences and human sciences, with both common tools and common ideas, approaches. Reversely, it sounds that it could be useful now to read in the other way, what could human sciences with their long experience of complexity bring to hard sciences?
Moreover, this remark of a common border between hard sciences and human sciences also means that at the beginning of human culture, when the level of knowledge was very low for all sciences or disciplines, hard sciences and human sciences were very close, so close that strong connections were very active. Later, hard sciences knew a large success in explaining more and more simple things, and specialization appeared. The splitting of sciences into several disciplines was a necessary consequence of the abundance of fruitful topics. Human and social sciences appeared later as developed sciences, at the end of the nineteenth century. And now naturally the common interest of hard sciences and human sciences for more complex situations arises. So, now some mixed meetings on complexity and disorder are useful at least to detect what can be done together between so different disciplines.
The best proof of efficiency of such practices comes of course from real experiments and observations. Such historical experiments involving different disciplines in order to obtain a better understanding of nature started very early in the history of ideas and had quite numerous applications in many fields. This history goes on now. So, it sounds here quite useful to give a very brief review of these long scientific exchanges through the whole human history, even if this summary is here quite restrictive by principle and quite far from completion. It is just done here to show that at least a few main such interdisciplinary experiments already occurred. Such a summary evidences this more or less forgotten view of a common interest between so different sciences.

2 A few historical examples of interdisciplinary contributions

2.1. Some old examples

During the famous Greek golden age, numerous exceptional philosophers were also reported to be simultaneously excellent mathematicians and physicists [8,9], as expected in these early times of common disciplines. And their results are still active and interesting nowadays!
Quite later, the modern era developed progressively a fine structure of observation and experience after the appealing evidence of numerous new discoveries of new practical tools such as relatively modern and stable ships like "Caravels" which enabled travellers to face tempests on the sea and so, to reach new worlds, new human civilizations, giving the path to more and more attractive discoveries. In this general exciting framework, linking ideas and experiments, Francis Bacon, a philosopher, early discussed about gravity and even proposed to measure the weight of an object at different places in order to prove the long-distance effect of attraction and gravity [10] and so to understand the origin of gravity. This early "philosophical" work introduced a new unfinished decisive step in the framework of complexity, i.e. long-distance interactions, still an active field.
Later an apple fell upon Newton. This simple triggering fact motivated his whole research on the law of universal attraction [11], a link between physics and astronomy, a further step in the way introduced by Bacon. This new strong discovery was of a similar general nature as the old ones obtained in the early Hellenistic times [8,9], i.e. mixing philosophy, observation and mathematical treatment in order to obtain a global view of natural events. This law of dynamics mixed space and time and so was also the beginning of modern physics and mathematics, by introducing new problems of derivation and integration.
Another interesting point of useful convergence between disciplines, here biology and physics, is the case of animal electricity as observed in electric eels which were early known as effective "tasers". The analysis of the constitution of such electric eels which were given to the scientific community by Alexander von Humboldt in 1800 seems to have led Volta to the discovery of efficient batteries. This biomimetic application well illustrates this state of mixed sciences. It must be added that biomimetics remains an active field among several other cross-disciplinary domains [12].

2.2. Some more recent mixed concepts

2.2.1 Mixed concepts in physics, electronics and informatics

Another large jump through the history of sciences leads us now to consider the atomistic theory and relevant experiences, starting just before the nineteenth century, introducing the modernity of quantum mechanics and relativity. Among them, the powerful observation of the drift of electrons in vacuum when submitted to an external electric potential [13] has a strong similarity with the flow of a river under gravity. The electric case has the advantage of a possible control of the flow direction by means of the choice of the external electric field direction.
This situation can be also compared successfully with the effect of a common opinion in sociology or in politics with the massive effects which follows this mere control. Of course, this common opinion can be issued from different generative sources, some leaders, some discoveries for instance. Quite similarly to the case of the electronic drift, the social consequences can be strong and astonishing.
The practical applications of this easily forced effect have been already quite numerous according to progressive technical advances from electronic and ionic transport in vacuum, in gas or in solid semiconductors, with the basic examples of electronic tubes, electronic semiconductor components, television, and further to come according to miniaturization and cost reduction.

The main trick in these quite numerous applications lies in the common use of a control bait, a grid, in order to define the flux direction without nearly any energy consumption, a nearly free control of a large flux involving a massive energy. This simple trick is the basis for non-linear detection at a threshold and for amplification or oscillation, in the language of electronics and informatics.

2.2.2 Mixed concepts in hard sciences and human sciences

In politics, or in general communication, this concept of an easy drive of a large mass means to strike a sensitive chord, even with the risk of inducing a potential crisis. In electronics feedbacks allow to stabilize such regimes. In politics couplings are quite more complex with less control and crisis often occurs! This basic non-linear effect is, at least, highly suggestive for quite different disciplines, each one with its own properties and dynamics.

3 Complexity and disorder as an interdisciplinary example

As already noticed complexity and disorder are common unavoidable features in all disciplines. So, the present problem is more concretely to show how complexity and disorder are treated in each discipline and the question is: "Are they common approaches to this problem?" A complete answer cannot be done. But simple lines of convergence can be drawn. A first point consists in looking at complexity over several scales for a given discipline and comparing these results together. This is already a whole program! A further question concerns the limiting scale: "Are there also complexity and disorder at the very individual level?

3.1. Complexity and disorder at several scales

The quite general idea of observing facts at different scales, with the underlying question "Are observations similar or not at different scales?" has been quite fruitful in several disciplines, with the Nobel prize for the proposal of the Renormalization group [14] for instance, and with now famous fractals [15]. Here we just want to give a concrete flavour of such multi scales observations by considering a few examples.

The already introduced theme of leadership by a very reduced community acting without energy balance, basically a social effect, has, backward, many applications in different disciplines. The restriction of this domination over a more or less small group, at different scales, enables to make a clear analysis.

In physics, from the case of impurities acting as colour centres for optical applications up to the case of magnetic impurities with Kondo effects on magnetoresistance, the effect of size reduction up to nanoparticles is quite promising when avoiding the necessity of averaging. The use of smaller and smaller nanoparticles enables to avoid the unfortunate randomness effect, introduced by the requirement of considering a meaningful signal for large samples with multiple defects. In the very case of simple miniaturized samples, the effect of one single impurity can be observed. This successful process restricting the noisy effect of randomness is already used. Single colour centres were recently observed within a nanoparticle [16] but the case of single Kondo defects remains to be observed. In large samples Kondo effects are known to lead to spin glass effects, a complex situation [17], since these magnetic defects, impurities are randomly arranged within the macroscopic sample. As a matter of fact, intermediate sizes are also interesting. So, the observation of a single magnetic impurity in a nanoparticle, a single Kondo effect would avoid a part of this disorder.

Reversely, the study of leadership within a restricted sample, a restricted community sounds to be interesting, not only in politics, but also in microsociology as well as in ethnology. For instance, Indian tribes in central and south America are quite restricted. Their social organization has been well observed with many such individual examples [18, 19]. They also share some meetings between a few tribes from time to time. One interesting concept revealed by these studies on small tribes is the incest prohibition and its mathematical consequences in the social organization [20], a rather unexpected result of the study of these prime civilizations which reveals a high degree of potential mathematical formalism! This basic structuring incest prohibition law was also studied in larger scale units, even if direct its appearance is less obvious.

The comparison between local and global effects is thus useful between different parts of several disciplines such as physics and anthropology. The parallel field of microsociology [21] also revealed very local phenomena of social organization which are less obvious when looking at a larger scale.

3.2. Complexity and disorder at the individual level

In many disciplines, complexity means multiplicity. This is the case in quantum mechanics where the wavy character of the wavefunction means non-localization and so multiple positions at any time. This paradoxical situation led to a considerable amount of work [22], with a full richness of interpretations.

In usual life as well as in history, the usual word "main stream" evidences this multiplicity of other streams which cannot be strictly neglected and strongly contribute to events with their complexity. This internal complexity is essential to human sciences [23] since it brings variability, potential variations.

Even at the individual level of a person, the multiplicity of parts is obvious. The genetic characters explicit a correspondence with quite numerous ancestors and so quite numerous possible features. The human activity means quite numerous meetings, quite numerous friends, quite numerous colleagues, quite numerous influences. Even if Pascal restricted the number of possible friends to four [24], modern sociology shows that the average number of influent persons for a single one is of the order of several tens at a given time [25]. When looking on a larger time scale, several hundreds of connected people must be considered. This multiplicity of potential influences at the individual level is responsible for the very individual behavioural complexity, unpredictability! So, there is no ultimate level for complexity.

4 Conclusion

In this short introduction, the interest for pluri-disciplinary meetings with the common theme of complexity and disorder was shown. In the main part of this introduction, common approaches based upon observations at different scales were underlined. This common concept about the open question of scale invariance already introduces a basic linguistic feature and a few questions. Are they similar concepts in different disciplines? How these more or less similar concepts are expressed in different disciplines? And which are the corresponding words for these concepts in each discipline? So, the real challenge of these meetings is to introduce a common thinking in quite different disciplines.
The practical classification of these articles given in the Complexity disorder meetings consists here in starting from philosophy and human sciences, before mathematics, physics, chemistry and medicine

As organizer of these meetings and of this review, I am glad to acknowledge the constant help of the Physics department of University Paris Diderot which is now a part of "Université de Paris". It is also my pleasure to acknowledge the practical help of three laboratories of this University which are linked to this department called "UFR de Physique". These laboratories are respectively, LIED "Laboratoire Interdisciplinaire des Energies de Demain », MPQ « Matériaux et Phénomènes Quantiques », and MSC « Matière et Systèmes Complexes » .

References

1. E. Durkheim, *De la division du travail social* (PUF, Paris, 2013)
2. P. Ghewy, M. Jaillot, A. Tchekemian, in *L'avenir de la complexité et du désordre,* 341 (Editions Matériologiques, Paris, 2018)
3. A. Comte-Sponville *Le bonheur, désespérément* (Librio, Paris, 2018)
4. G.W.F. Hegel, *Aesthetics* (Clarendon Press, Oxford, 1975)
5. K. Popper, C.J. Eccles, *The self and its brain* (Springer, Berlin, 1977)
6. P. Duwez, J. Appl. Phys. **31** 1136 (1960)
7. A. Tanguy, in *L'avenir de la complexité et du désordre,* 171 (Editions Matériologiques, Paris, 2018)
8. Plato, *Timee*, (Les Belles Lettres, Paris, 1949)
9. R. Callinger, *A contextual History of Mathematics: To Euler* (Upper Saddle River, Prentice-Hall, 1999)
10. F. Bacon, *Novum organum* (Hachette, Paris, 1857)
11. I. Newton, *Philosophiae Naturalis Principia Mathematica* (London, 1687)
12. S. Berthier, in *Complexité et Désordre* (EDP Science, Les Ulis, 2015) 63
13. N.W. Ashcroft, N.D. Mermin, *Solid state physics* (Saunders College, Fort Worth, 1955)
14. K.G. Wilson, Phys. Rev. B **4** 3174 (1971)
15. B.B. Mandelbrot, *The fractal geometry of nature* (Macmillan, New York, 1983)
16. J.-P. Tetienne, T. Hingant, L. Rondin, S. Rohart, A. Thiaville, J.-F. Roch, V. Jacques, Phys. Rev. B **88** 214408 (2013)
17. S.F. Edwards, P.W. Anderson, J. Phys. F **5** 965 (1975)
18. C. Levi-Strauss, *Tristes Tropiques*, (Plon, Paris, 1955)
19. P. Clastres, *Chronique des indiens Guayaki*, (Plon, Paris 1972)
20. C. Levi-Strauss, *La pensée sauvage*, (Plon, Paris, 1962)
21. H.S. Becker, *Art worlds*, (University of California Press, L.A. 1982)
22. H. Zwirn in *this volume* (EDP, Les Ulis, 2020)
23. N. Piqué in *L'avenir de la complexité et du désordre,* 69 (Editions Matériologiques, Paris, 2018)
24. B. Pascal, *Pensées,* (Garnier Flammarion, Paris, 1670)
25. C. Bidart, A. Degenne, M. Grossetti in *this volume* (EDP, Les Ulis, 2020)

EPJ Web of Conferences **244**, 01002 (2020) https://doi.org/10.1051/epjconf/202024401002
Complexity and Disorder Meetings 2018–2020

Order and disorder in intellectual history. Spinoza's case in the light of complexity

Maxime Rovere[1]

[1]IRHIM, ENS Lyon, 15 parvis Descartes, 69342, Lyon, France

Abstract. This article presents the conception of order and disorder developed by the philosopher B. Spinoza (1632-1677), and shows how this theory supports the intelligibility of nature without attributing any kind of organization to nature. From these principles, the author questions the use of causality in intellectual history, and sketches the possibility of a complex history based upon the disorder of interactions.

* Corresponding author: maxime.rovere@gmail.com

Ordre et désordre en philosophie : le cas Spinoza au défi de la complexité.

Maxime Rovere[1]

[1]Chercheur associé, IRHIM, ENS de Lyon, 15 parvis Descartes, 69342, Lyon.

Abstract. Cet article présente la conception de l'ordre et du désordre développée par le philosophe Spinoza (1632 – 1677), et montre comment cette conception défend l'intelligibilité de la nature sans lui attribuer une organisation. L'auteur en tire parti pour interroger l'usage de la causalité en histoire des idées, et esquisser la possibilité d'une histoire complexe, fondée sur le désordre des interactions.

1 Introduction

Comment une approche inspirée des théories du chaos et de la complexité peut-elle éclairer l'histoire des idées ? Pour poser la question autrement, comment l'histoire de la philosophie, ou l'histoire intellectuelle, peuvent-elles exploiter la notion de désordre pour rendre compte des éléments qui ont donné naissance à une philosophie particulière ?
La plupart des historiens, animés par un souci de clarté, tâchent de mettre de l'ordre parmi les facteurs qui favorisent l'émergence de certaines innovations intellectuelles, et les ayant ordonnés et réunis, estiment être allés au bout de ce qu'une science historique peut faire. Pourtant, il est possible de défendre en ce domaine l'intelligibilité plus poussée de ces phénomènes émergents, à condition de mettre au point une épistémologie de l'histoire susceptible de rendre justice au désordre.
Pour aborder ces problèmes et développer une conceptualité adaptée, le cas du philosophe B. de Spinoza (1632 – 1677) est particulièrement intéressant. Spinoza dispose sur cette question d'une théorie remarquable : il soutient qu'il n'y a ni ordre ni désordre dans la nature. Le présent article se propose donc, dans un premier temps, d'étudier la conception propre à Spinoza de ces deux notions, avant de la retourner sur elle-même afin de formuler, dans un deuxième temps, de nouvelles directions en histoire intellectuelle.

2 Ordre et désordre, entre imagination et infini.

Dans une lettre adressée de Voorbug le 20 novembre 1665 à Henry Oldenburg, secrétaire de la Royal Society à Londres, Spinoza écrit : « Je voudrais avertir en premier lieu que je n'attribue à la nature ni beauté ni laideur, ni ordre ni confusion. Car les choses ne peuvent être dites belles ou laides, ordonnées ou confuses, que pour notre imagination[i]. » Comme on voit, le contraire de l'ordre ici n'est pas le désordre, mais la confusion, et cette alternative est présentée en parallèle avec l'opposition entre beauté et laideur, ce qui la rapproche de considérations esthétiques qui ramènent l'ensemble du côté de la composition du corps humain. Spinoza considère, en l'occurrence, que le concept d'ordre n'exprime rien d'autre qu'une certaine commodité d'imagination. Ce qui est ordonné est ce qu'il nous est le plus facile de nous représenter par l'imagination, qui dépend elle-même de nos sens. Comme chacun sait, une salle dont les chaises sont disposées en rangs linéaires est plus facile à imaginer qu'une salle où elles sont disposées de manière aléatoire. Sur ces fondements, Spinoza entend donc retirer à la distinction entre ordre et confusion toute pertinence pour décrire la nature. Dans un autre texte (l'appendice à la première partie de l'*Ethique*), c'est bien l'alternative entre ordre et « désordre » qui est récusée[ii]. Mais que reste-t-il à prédiquer de la nature, et que reste-t-il de son intelligibilité, lorsqu'on y efface toute frontière entre ordre et désordre ? Perplexe, Oldenburg répond ceci : « Je n'arrive pas assez bien à comprendre comment nous pouvons exclure de la nature l'ordre et la symétrie, comme vous semblez le faire, d'autant que vous reconnaissez vous-même que tous les corps sont entourés par d'autres, et qu'ils se déterminent les uns les autres, selon un rapport précis et constant, à exister et à opérer toujours au service d'un même rapport de mouvement et de repos chez tous à la fois, ce qui est très précisément, semble-t-il, la raison formelle d'un véritable ordre[iii]. »

La difficulté dont témoigne Oldenburg est que si l'on conçoit la nature comme intelligible, et que cette intelligibilité se conçoit par mouvement et repos (les deux concepts majeurs de la physique mécaniste, dont les deux hommes se revendiquent), on ne voit pas pourquoi l'articulation des mouvements et des repos en une totalité invariable ne correspondrait pas à la notion d'ordre. A cet étonnement, Spinoza ne répondra pas directement, mais on peut reconstituer une réplique possible à partir de sa métaphysique. Elle consiste à prendre en compte la complexité infinie de la nature – car c'est autour de cet infini que toute sa conception métaphysique s'articule. En effet, l'infini considéré en soi est pour Spinoza, comme pour tous les cartésiens, un concept purement positif, et donc parfaitement clair à l'entendement humain, car il est absolument simple, indivisible et unique[iv]. Or, une essence infinie simple ne peut pas être contraire à elle-même ; par conséquent, la simplicité de l'être infini nous garantit que la nature n'est pas un désordre (dès lors que le concept de désordre enveloppe, lui, conflits et contradictions).

Mais il existe aussi une autre figure de l'infini, que Spinoza préfère appeler indéfini[v], susceptible d'une analyse qui en isole les parties. Pour décrire cette figure particulière de l'infini, Spinoza considère la possibilité de diviser et diviser encore les parties de l'espace[vi]. Ce raisonnement fonctionne aussi dans l'autre sens, lorsque l'on envisage de compliquer sans cesse les rapports entre les choses, qui en s'associant deviennent de plus en plus sophistiquées[vii]. Or, en poursuivant la sophistication de ces rapports *ad libitum*, on doit admettre qu'on passe un seuil au-delà duquel la technique de l'analyse, qui consiste à distinguer les éléments un à un pour les penser clairement, ne fonctionne plus : la logique globale du système de la nature échappe à une conception analytique fondée sur ses éléments.

On pourrait donc parler d'un hiatus entre un infini ontologique (l'infinité d'essence de la nature, qui est toute simple) et un infini épistémologique (qui laisse nos capacités intellectives se noyer dans les complications). Mais Spinoza n'admet pas aussi facilement la limitation de nos capacités intellectuelles. Il semble donc plus correct de parler d'une double intelligibilité, barrée par un hiatus : dans l'ensemble, l'idée simple et indubitable que nous avons de l'infini nous assure qu'il n'y a pas de désordre dans la nature ; dans le détail, nous pouvons saisir des lois et des relations qui nous confirment que nous pouvons y observer un certain ordre ; pourtant, entre la nature du Tout et les lois particulières, nous ne savons pas démontrer le lien (qui ne peut être qu'un objet d'intuition) ; ce qui montre que l'impression d'ordre que nous avons est plus imaginaire que rationnelle.

Ainsi, lorsque l'on tient compte de l'infinité des rapports qui définissent la nature et de l'impossibilité de donner une place et une fonction à des éléments considérés séparément, on peut dire qu'il n'y a pas d'ordre dans la nature, puisqu'il est structurellement impossible d'établir un rapport clair entre une chose singulière et le Tout. En d'autres termes, un ensemble infini est trop grand pour y localiser quoi que ce soit. Pourtant, ce système infini de choses n'est pas non plus un désordre, puisque des relations locales se laissent néanmoins décrire entre des éléments qui se laissent isoler : nous faisons suffisamment l'épreuve de formes d'intelligibilité locales pour admettre qu'il n'y a pas non plus de désordre dans la nature.

On pourrait donc résumer la métaphysique de Spinoza de la manière suivante : l'univers est le fait d'un être simple et infini, capable de se déployer en une infinité de variations infinies ; et bien que la nature entière se ramène à une seule « substance », l'unicité de cette entité ultime n'est qu'un abus de langage. Elle est unique au sens où il n'y en a pas d'autre, mais il est inexact de dire qu'elle est une, puisqu'elle est infiniment multiple.

En somme, la philosophie de Spinoza, animée par un immense effort pour penser par delà l'alternative entre ordre et désordre, isole d'un côté un rapport imaginaire au monde qui dépend seulement des capacités de notre imagination ; lorsque l'on considère les choses selon ce mode, on considère comme ordonné ce qui est facile à imaginer, et comme désordonné ce qui est difficile ; de ce point de vue, ordre et désordre désignent le plus ou moins de confusion engendré dans l'esprit du fait des limites de l'imagination, c'est-à-dire du corps humain. Mais d'un autre côté, l'intelligibilité de la nature est maintenue par-delà l'ordre et le désordre, en tant qu'elle est l'expression d'un être infini que nous connaissons très clairement soit dans sa simplicité première, soit dans ses expressions localement intelligibles. Sa cohérence est garantie par la simplicité de l'idée d'infini (en ce sens, la nature n'est pas désordonnée), mais pour saisir et comprendre cette cohérence, il faudrait embrasser l'infinité numérique des choses de la nature, ce qui est impossible (en ce sens, la nature n'est pas ordonnée). La grande puissance de cette pensée est qu'elle ne suppose aucun ordre dans la nature, bien qu'elle en affirme l'intelligibilité. En définitive, l'intelligibilité peut se passer d'un ordre ontologique, sans pour autant être une construction de l'esprit.

3 Le brouhaha de l'histoire.

Jusqu'à présent, l'abordage purement conceptuel de la pensée de Spinoza m'a conduit à la livrer comme une proposition littéralement anhistorique. Comment cette conception peut-elle être retournée sur elle-même, afin de nous guider dans la manière dont nous faisons de l'histoire intellectuelle ? Observons d'abord que tout au long de cette présentation, l'intervention du commentateur s'est voulue entièrement transparente. Quelles sont les déformations que j'ai imprimées à la pensée de Spinoza, même sans le vouloir ni le savoir ? Et si (par impossible) il n'y en avait aucune, le sens de ces propos peut-il être le même au XXIe siècle qu'au XVIIe ? Evidemment non. Dans la manière anhistorique de faire

 https://doi.org/10.1051/epjconf/202024401002

de l'histoire de la philosophie, il y a donc un impensé flagrant. Pour le surmonter, il vaut la peine de se poser des questions historiennes, et c'est ici que la complexité va surgir dans sa forme contemporaine.
En effet, face à un texte philosophique quelconque, les historiens ont pour habitude de mobiliser les traditions qui préexistent au philosophe, les lectures qu'il ou elle a faites, les polémiques de son temps, et c'est ainsi qu'ils vont chercher à dégager ce qui permet de percevoir son originalité. Mais on observe alors une sorte de point d'arrêt : la grande finesse dont certains font preuve dans l'étude du contexte et des antécédents ne s'articule pas exactement au surgissement de l'idée originale. Le rapport *intelligible* qui devrait exister entre les facteurs contextuels et la naissance de l'œuvre se refuse : on admet bientôt une part d'indiscernable, d'inexplicable, qui serait liée au « génie » de la personne et au mystère du « singulier » qui échapperait à l'historien[viii].
Dans le cas de Spinoza, on doit admettre que l'extraordinaire effervescence intellectuelle à Amsterdam au XVIIe siècle a de quoi dérouter. Ce moment chaotique ne se laisse appréhender qu'avec des outils capables de rendre justice à tout autre chose qu'à des causalités linéaires et aux mystères du singulier. Brossons à grands traits cette situation, afin de rendre perceptible l'analogie structurelle avec l'excès de complication que Spinoza a repéré dans les choses de la nature. Pendant que les guerres de religion entre catholiques et protestants viennent de déchirer l'Europe (surtout la France), la Hollande du XVIIe s., en pointe dans un commerce maritime qui s'étend désormais de la Chine au Brésil, est l'Etat le plus riche des Provinces-Unies, qui ont obtenu leur indépendance de l'Espagne après 80 ans de guerre (traité d'Utrecht, 1638). Pendant cette guerre, catholiques et calvinistes ont su faire taire leurs différends ; par conséquent, les Pays-Bas s'affirment comme une République de régents où l'Etat tient à distance les velléités de contrôle de l'Eglise calviniste, majoritaire. Cette tolérance favorise la multiplication plus ou moins pacifique de mouvements religieux qui se divisent sur tout ce qui touche à la religion chrétienne : le texte de la Bible et ses traductions, les interprétations, le statut de la vérité du message divin, les institutions, etc. En 1628, le synode de Dordrecht valide une traduction d'Etat (*Statenvertaling*) qui ne fait qu'alimenter les controverses. Dans le même temps, cette situation attire les savants et les étudiants étrangers qui, après le français René Descartes (1596 – 1650), viennent étudier la philosophie naturelle. Le cartésianisme a l'avantage de simplifier les catégories scolastiques en les remplaçant par une conceptualité plus simple ; néanmoins, les néo-thomistes continuent d'occuper des postes-clés ; et entre ces deux camps, un éventail de propositions hybrides développent la « philosophia novantica » (à la fois ancienne et moderne).
En somme, on pourrait dire qu'une très grande liberté laisse s'épanouir un nombre d'options variées qui alimentent des controverses, tandis qu'un changement de regard permet de multiplier les découvertes qui rendent les domaines du savoir plus autonomes. Dans ce contexte, les philosophes évoluent dans une sorte de brouhaha de discours, de manuscrits et de publications où il est difficile de déterminer les rôles des uns et des autres.

4 L'effort historien de "clarté".

Pour sortir du bruit où tout le monde parle en même temps, une méthode consiste à établir des lignes de démarcation. Dans un livre publié en 2001 sous le titre *Radical Enlightenment. Philosophy and the Making of Modernity 1650-1750* (traduit sous le titre *Les Lumières Radicales*), un excellent spécialiste de l'histoire économique des Pays-Bas, nommé Jonathan I. Israel, propose d'établir une sorte de cadastre de cette période en concevant la vie intellectuelle comme structurée par des fronts. Il oppose en particulier un courant modéré et un autre, « radical », formé autour de Spinoza, comme des mouvements intellectuels dessinant des propositions cohérentes. En particulier, le front « radical » se structure autour d'une série de positions : « Radical Enlightenment is a set of basic principles that can be summed up concisely as: democracy; racial and sexual equality; individual liberty of lifestyle; full freedom of thought, expression, and the press; eradication of religious authority from the legislative process and education; and full separation of church and state[ix] ». Ayant déterminé ces « principes », J. Israel les emploie comme une sorte de questionnaire qui permet de tester l'appartenance d'un auteur à ce mouvement. A partir de questions fermées (est-ce que l'auteur adhère oui ou non à telle ou telle position ?), il peut ranger les personnages historique dans un camp ou dans l'autre. Bien sûr, presque personne ne remplit tous les critères qui définissent la radicalité, mais cette méthode permet de dessiner les contours du mouvement d'une manière pour ainsi dire empirique. Ce qui avait l'aspect du désordre généralisé devient quelque chose qui a du sens : il y a des courants d'idées dont les rapports déterminent le sens de l'histoire.
Cette méthode a ceci d'intéressant qu'elle permet de créer un objet que Jonathan Israel appelle le « spinozisme », puis de le suivre à travers les siècles et de l'identifier malgré ses mutations. Mais elle a trois principaux inconvénients, liés à sa (trop ?) vaste focale :
1. Elle attribue un projet commun à des acteurs qui ne l'admettraient pas comme tel. Par exemple, Spinoza est bien un démocrate et il conçoit son œuvre dans le cadre d'un projet collectif, mais aucun membre de ce collectif ne comprend le projet de la même manière. La méthode d'Israel bute donc sur la « communauté » d'idées qu'elle est censée déceler. Elle attribue aux auteurs, comme par capillarité avec le groupe, des idées qui ne sont pas les leurs.
2. Elle atténue les nuances et les ambiguïtés de chaque pensée. Par la simplicité anhistorique des questions qu'elle leur pose, elle fabrique des auteurs qui défendent de manière polémique des choses simples alors que, pour une part importante d'entre eux, ils écrivent des textes subtils qui tentent souvent de déjouer les conflits plus souvent que d'y prendre position.
3. Elle méconnaît le caractère contradictoire de certaines positions, ou leur rôle historique ambigü. Pour prendre un cas qu'il n'envisage pas, des femmes philosophes comme

Anna Maria van Schurman (1607 – 1678) ou Anne Conway (1631 – 1679) témoignent d'une évolution en faveur des femmes, mais elles défendent des idées très conservatrices !

Or, l'une des raisons pour lesquelles Jonathan Israel procède à ce tri, c'est qu'il désire suivre le mouvement qu'il appelle le « spinozisme » depuis sa naissance à Amsterdam jusqu'à nos jours (ce qui a fait l'objet de quatre livres successifs). En définitive, le plus intéressant de son projet tient donc en ceci, qu'il montre que la volonté de clarifier une situation historique est liée à celle d'adapter les « leçons » qu'on pourrait en tirer (les fameuses « leçons de l'histoire ») à nos contemporains. En ce sens, l'effort de clarifier en histoire ne procède pas d'une nécessité intellectuelle ou d'une volonté de comprendre, mais d'un effort pour pratiquer les disciplines historiques afin d'éclairer sa propre époque. Clarifier le désordre n'est pas fait pour comprendre l'histoire, mais pour l'utiliser. Ajoutons qu'il n'y a pas de raison de rejeter ce projet, à condition de l'embrasser en toute conscience. Or, l'inconvénient de cette simplification est qu'elle permet de voir un peu trop clair dans une situation plus intriquée qu'on ne le voudrait. Il n'est pas interdit de mettre en suspend cet objectif politique (la nécessité de « faire quelque chose » ou de rendre le récit d'un événement « signifiant » pour le monde contemporain) et tâcher de regarder la situation historique de plus près.

5 Vers la complexité.

Rien n'indique qu'en acceptant le désordre en histoire, on se condamnerait à la rendre inintelligible, car cela relève d'une conception trop rigide de l'ordre. Sous le chaos des événéments, sous la diversité des auteurs, sous le brouhaha des échanges intellectuels, nous n'avons pas besoin de postuler l'existence de chaînes causales linéaires, même intriquées. En tenant mieux compte du rôle de l'observateur dans le travail historien, nous devons accepter que tout(e) historien(ne) façonne ses objets à partir des limites qu'il ou elle lui attribue ; et que c'est précisément par la manière dont on travaille les documents et interagit avec eux que l'on peut retrouver, mais d'une manière complexe et circulaire, la notion de vérité.

Si l'on accepte d'intégrer le désordre, alors il devient possible de faire admettre aux historiens des idées et même aux philosophes une évidence qu'ils exploitent peu dans leurs travaux : c'est que la vie quotidienne, les manières de manger, de faire ses courses, de se déplacer, d'aller à l'église, de faire des enfants, etc., ne sont pas indifférentes aux disciplines abstraites. Bien sûr, le repas du déjeuner ne détermine pas de manière claire la résolution d'une équation mathématique dans l'après-midi. Dans les disciplines de l'abstraction, le lien entre les événements de la vie quotidienne et l'évolution des réponses techniques à des problèmes techniques n'est ni perceptible, ni immédiat. Mais les études sur l'histoire des mœurs ou les pratiques sociales n'en sont pas moins indispensables pour décloisonner ce qu'on appelle l'histoire de la philosophie. Alors, comment s'y prendre ? Entre l'alimentation et les innovations en métaphysique ou en mathématique, le hiatus ne vient pas de l'hétérogénéité des domaines, il vient de la linéarité de la consécution causale. Les démonstrations les plus abstraites sont évidemment dépendantes des livres que l'on a lus mais aussi des conditions d'accès aux livres et aux bibliothèques, des personnes que l'on fréquente ou que l'on ne doit pas fréquenter, de celles envers qui l'on veut se montrer fidèle pour des raisons familiales et affectives, etc. Il n'y a donc aucune contre-indication à mobiliser les dimensions les plus triviales de l'existence humaine pour éclairer la philosophie, du moins tant que l'on ne conçoit pas le lien entre les domaines comme une consécution causale linéaire.

Quelle conceptualité faut-il donc se donner pour respecter le désordre en histoire ? Une piste consiste à concevoir l'histoire elle-même comme un travail d'abstraction. Ce travail a pour but de passer d'un désordre objectif (les embarras de l'existence) à un chaos considéré de manière formalisée, dont le récit est une première étape. Par exemple, au lieu de se demander d'où vient le concept de *substance* chez Spinoza, quels sont les auteurs qui l'ont « influencé » et comment mesurer la différence entre eux, on peut choisir de laisser le désordre tel qu'il est : à savoir, d'un côté, des conceptions néothomistes, des conceptions cartésiennes, mais aussi des pratiques de lecture religieuse, les éditions successives des *Eléments* d'Euclide, etc. Bien entendu, la mathématique ou les réunions des collégiants qui commentent le Nouveau Testament n'ont rien à voir avec la métaphysique, mais c'est précisément ici que le désordre devient descriptible : il est possible d'établir un traçage des transferts conceptuels d'un domaine à l'autre et de montrer comment des rencontres improbables engendrent des effets inattendus. Si par exemple vous faites réagir la notion cartésienne d'infini positif avec l'usage du microscope en anatomie, il s'ensuit des effets qui se donnent à lire sous la plume de Spinoza. Une idée est transformée par une autre qui n'a rien à voir, afin de résoudre un problème dans un troisième domaine (comme je l'ai fait ailleurs, je n'y reviens pas ici[x]).

Or, ce dispositif n'a plus rien de linéaire. Il ne s'agit pas de chaînes d'auteurs qui se suivent les uns après les autres dans un dialogue anhistorique, et qui propose des solutions (on ne sait d'où venues) à des problèmes (que seuls les historiens formulent) mais plutôt de références hétérogènes qui interfèrent, à un point précis identifiable de l'histoire intellectuelle (en l'occurrence, « chez Spinoza ») et qui deviennent ce qu'on peut appeler des « inter-références ». Au reste, le nombre de références est indifférent, car l'un des privilèges de cette méthode est qu'elle ne prétend pas épuiser la complexité historique. A vrai dire, seul l'historien lui-même définit, par les limites de son érudition, l'extension de son *désordre* de référence. Sur ces bases, il n'est plus nécessaire de trier entre les camps philosophiques, puisqu'on étudie les interactions plus que les auteurs. Il n'est plus besoin de simplifier les fronts, car on explore des mouvements qui sont ambivalents, où les adversaires apparaissent à égalité (ce qui laisse les préférences s'exprimer autrement). Dans ces conditions, l'histoire intellectuelle s'assume comme une

 https://doi.org/10.1051/epjconf/202024401002

pratique expérimentale et exploratoire, et l'on peut émanciper le désordre de tout effort de clarification.

---

[i] Lettre 32 de Spinoza à Oldenburg, in B. de Spinoza, *Correspondance*, ed. et trad. M. Rovere, Paris, Garnier Flammarion (2010), p. 212

[ii] B. de Spinoza, *Ethique*, trad. C. Appuhn, Paris, Bouquins (2019), p. 632

[iii] Lettre 33 de Oldenburg à Spinoza, in *Correspondance*, op. cit., p. 213

[iv] Lettre 12 de Spinoza à Meyer, in *Correspondance*, op. cit., p. 98

[v] Id., ibid., p. 100

[vi] Id., ibid., loc. cit.

[vii] Spinoza, *Ethique*, part. II, scolie du lemme 7 après la proposition 13, scolie, op. cit., p. 652

[viii] Une exception à cette attitude est celle de B. Lahire, selon qui « « le social gît dans les détails et dans le singulier », tandis que le plus souvent, « le chercheur concentre ses efforts sur l'étude des acteurs et des institutions et arrive épuisé devant les portes d'un « palais textuel » dont il ne décrit finalement l'architecture qu'à gros traits » (Bernard Lahire, *Franz Kafka, Éléments pour une théorie de la création littéraire*, Paris, La Découverte, 2010, p. 33)

[ix] J. I. Israel, *Radical Enlightenment: Philosophy and the Making of Modernity, 1650–1750*, Oxford University Press (2001)

[x] Voir principalement M. Rovere, *Le clan Spinoza*, Paris, Flammarion (2017)

The *Art of Linking*: About *LINKs-series*, a transdisciplinary and international journal

Louis-José Lestocart[1]

"[ingenium] the inborn disposition of the mind through which nature gives the rule to art"
Immanuel Kant, *Critique of the Power of Judgment*, § 46

The concept of *Ingenium* has been designed by the Neapolitan philosopher and celebrated author of the *Principi d'una Scienza Nuova* (*The New Science*, 1744) Giambattista Vico (1668-1744) as he rose up against Cartesianism, which he thought was stuck in a descriptive, linear and continuous quagmire (stemming from an inaccurate and inevitably "imperfect" awareness). *Ingenium*: that is "'the ability to bring to the unity what is separated and multifarious,' but also 'to grasp the relations of things [*rerum commensus*] [1].'" Coming from the field of rhetoric (most particularly Cicero's rhetoric), *ingenium* is not to be perceived as a simple instrument for deduction or reflection, but as an inexhaustible and powerful ability for innovation. The "science of ingenium" as a concept indeed covers a wide range of meanings, being both an "object of creation" and an object of understanding/reasoning. "Surely, humans distinguish themselves by their ingenio, this strange ability to discern in order to link up and conjoin." [2] This "science of ingenium" is already what we call today "systems science" or "science of complexity."

If one were to try and attempt, without being vain and ostentatious, *LINKs* espouses the point of view of one of the key figures of constructivism, the biologist, psychologist, logician and epistemologist Jean Piaget, as expressed in *Psychologie et pédagogie* (1969) and in *Où va l'éducation?*: "Knowledge is re-construction. Understanding is invention [3];" "Understanding is invention, or reconstruction through reinvention, and we will have to comply with these requirements if we want, in the future, to make individuals capable of production or creation, and not just repetition [4]."

The emblematic poet of Modernity Paul Valéry, for his part, already claimed in his *Cahier B 1910* (1924) inserted into *Tel Quel I* (1941):

> "To invent must be like being able to recognize a tune in the monotonous falling of water-drops, in the rhythms of a train and in the regular strokes of an engine…
> What's needed, I think, is some – non-specified – object or kernel or substance, and a state of mind.
> There is a part of man that feels alive only when creating: I invent, therefore I am. The general run of inventions belongs to this type: a sequence of successive, almost continuous deformations of the given material, and a threshold – a sudden perception of the future of one of the states.
> Future, that is, usable value, significant value, singularity [5]."

Vico, who proposed a "new Discourse on Method," introduced in the *De Nostri temporis studiorum ratione* (*On the Study Methods of Our Time*, 1709), as well as in three other Treaties [6-8], this idea of a creative ability represented by the Latin *ingenium* – *ingenio* into Italian, *euphuia* into Greek (the "proper natural ability"). This ability – or disposition – this conception exactly illustrates a notion of conjunction (of links then) that makes possible the accession to understanding and to the signification of the world phenomena, and therefore enables to *construct* a knowledge in every field. Vico thus argues "that one cannot reach truth without *ingenium* and without *ingenii acumen* [9]."[2]

"The concept of *ingenium* introduces […] a factor of individual talent which is rather stylistic-natured, in that it appeals to a global form of invention [10]" This "ability to grasp the connections between separate things or aspects, [and,] among other things, to create metaphors [11]," is also reflected in *LINKs*. *LINKs*, as a review, meets the needs of creativity before the needs of the intellect. The very idea of conjunction between different fields and knowledge produced by the most heterogeneous researches – which form the framework of an original composition of sometimes new themes and patterns – *de facto* infuses art more than reflection, randomness or stochasticity more than calculation – and possibly much more. For, as the Austrian gestaltist psychologist Christian von Ehrenfels (1859-1932) put it: "the whole is greater than the sum of its parts," new properties emerge because of the aggregation, properties that can additionally have a retroactive effect on the various parts.[3]

---

[1] Louis-José Lestocart is the editorial director of the transdisciplinary journal *LINKs*. This paper first appeared in French in *LINKs 1*: http://links-series.com.

[2] Acumen (literally the point of the sword), or *la figure de l'esprit* (the figure of the mind), refers to the acuteness, the insightfulness, the sharpness and pervasion of the *ingenium*. Combined with the *acumen*, the *ingenium* forms the "ability to perceive differences, the *perspicacia*."

[3] One can nonetheless find this idea throughout the history – and already in Aristotle. In *Über Gestaltqualitäten* (*On the Qualities of Form*, 1890), Ehrenfels argues that one cannot reduce a received totality to the sum of the parts that compose it. To assert his demonstration, he proposes an example in the musical field: if one transposes a melody in another clef, he notes, the audience still

LINKs wishes to ascertain this powerful ability and valorize inventiveness, as a witness and a potential engaged actor in the modes of understanding and in the contemporary theoretical models. As Valéry says: "A man of wit is a man who has a highly developed sense of the multiplicity of answers, a superfast sensitive response to circumstances [12]." This man the poet speaks about shows a creative spirit that produces resemblances [13]. As Vico assures, he achieves to detect "in widely diverse things some connection through which they get united [6]." It ensues from this an essence of discovery within a synthesis. This Art of linking is also the English *wit* and flash of wit, and even humour, if not nonsense, a kind of randomness – the retort arising unexpectedly, as a matter of chance. And it is also the German *Witz*, equally very similar to the Vichian *ingenium*, which "constitutes the other name and 'concept' of knowledge, or rather the name and 'concept' of knowledge that is other: of knowledge that is other than the knowledge of analytic and predicative discursivity [13]." This *wit* – also to be found in the work of the English philosopher, writer and politician Anthony Ashley-Cooper (1671-1713), 3rd Earl of Shaftesbury, who authored *Sensus Communis, An Essay on the Freedom of Wit and Humor — A Letter to a Friend* (1709) – and this *Witz* – as in the writings of Immanuel Kant and above all of the German philosopher, critic and writer Friedrich Schlegel (1772-1829) – preserve something of the *ingenium*'s power of metaphorical invention in so far as they give "the ability to combine the most diverse forces on a dynamic mode, showing new perspectives [14]."

Being fundamentally "involontary" in nature, the *Witz* belongs to both cognitive and productive categories, and "is [thus] basically qualified as a unification of heterogeneous elements; that is, both as a substitute for true *conception* (which occurs in and by the homogeneous) and as the double of judgment (which links together the heterogeneous only under the control of the homogeneous)."[13] In this *Witz* at the origin of a "transcendental" Romanticism where "the categories of Logic, in order to gain access to a level of awareness in which contradictory elements can be linked up and harmonized beyond their incompatibility from a rational point of view [14]," occurs this assumption that implies that "the Witz can only be expressed in a fragmentary form due to the brief and elusive nature of its emergence."[14] It can be seen as an "explosion of compressed mind [13]" or a true "deflagration." That is to say as the *Erlebnis* – sudden appearance, brilliance that will become "*patient savoir*" (patient knowledge) [15].

For Schlegel, *Witz*, seen as activism, has thus three dimensions: a "combinatorial faculty; [a] poetic proposition; [an] opening on mystery [16]."

> "In a closed world where one thought 'all is said and done,' the Witz operation, coming back to the elements, gives way to new relations. At the beginning of his essay 'Über Lessing[4]', Schlegel stresses the adversarial structure of the 'all is said and done,' which he does not attribute to La Bruyère but to Voltaire: for – he says while finding it already in Terence – such a statement also immediately applies to itself. One then must instead use the inverse fomula: 'nothing has yet truly been said' [11]."

If we go back to Vico: " '[...] *ingenium* through which man has the ability to contemplate and make objects similar to those of his contemplation' [6];" "Ingenium is the ability of *inventio* which is an act of creation and thereby of knowledge, and this ability is all the more advanced than creators 'step over what is under their feet and go and seek far away suitable connections for their subjects' [6]."

In another meaning, the *ingenium*, an innate element of productivity, creativity and ability to transcend and transform what is given – whether it is intellectual speculation or poetic and artistic creation – is "nourished by what is best in human imagination, which would otherwise be dried up by a purely intellectual exercise [2]."[5] The *ingenium* invents, creates, finding almost naturally (through randomness and out of the planned project and reasons adduced of knowledge) what unifies. It allows "'deciphering the world' that, without it, would stay mute and unknown [16]." Through it, the human mind is going to know and to conceive, poetically or poietically, "building a world of forms," the multiple understandings of these "makings," at times "new and surprising," which it might be able to "embellish with new and more poetic features, and in this way… make them its [6]."

Translated from French by Johanna Blayac, reviewed by Laurence Brière & Tony Chung.

References

[1] D. Luglio, "Mare antiquissimum. La réponse de G. B. Vico à la Querelle des Anciens et des Modernes," Babel **2** (1997). Text on line: http://journals.openedition.org/babel/2676.

---

recognizes the melody, whilst all the notes have changed. The melody itself has properties that cannot be reduced to the sum of its parts: the melody is perceived as a global form. It is thus the ratio which "leads" the melody, more than the notes themselves.

[4] Gotthold Lessing (1729-1781), German author, critic and playwright.

[5] "A powerful ingenium is required, writes Cicero, to take one's mind off the senses, and one's thought off the habit." *Tusculanes*, I, 16, 38.

[2] See Giambattista Vico, *La méthode des études de notre temps*, translation, introduction and notes by Alain Pons (Les Belles Lettres, Paris, 2010). Text on line:
http://www.mcxapc.org/docs/conseilscient/0511vico_pons.pdf
[3] Jean Piaget, *Psychologie et pédagogie* (Gonthiers Denoël, Paris, 1969).
[4] Jean Piaget, *Où va l'éducation?* (Denoël, Paris, 1972).
[5] Paul Valéry, *Cahiers / Notebooks* 2, edited by Brian Stimpson, Paul Gifford, Robert Pickering, translated by Rachel Killick, Robert Pickering, Norma Rinsler et al. (Peter Lang, New York, 2000).
[6] Giambattista Vico, *De l'antique sagesse de l'Italie* (1710), French translation by Jules Michelet, in *Œuvres complètes de Jules Michelet, volume des Œuvres choisies de Vico* (Flammarion, Paris, 1894). Text on line: https://fr.wikisource.org/wiki/De_l'antique_sagesse_de_l'Italie.
[7] Giambattista Vico, *Principes d'une science nouvelle relative à la nature commune des nations*, translation by Alain Pons (Fayard, Paris, 2001).
[8] Giambattista Vico, *Institutiones Oratoriæ* (1711).
[9] "Extraits de divers Opuscules ou Lettres de Vico," French translation by Jules Michelet, in *Œuvres complètes de Jules Michelet, volume des Œuvres choisies de Vico* (Flammarion, Paris, 1894). Text on line: https://fr.wikisource.org/wiki/Extraits_de_divers_Opuscules_ou_Lettres_de_Vico.
[10] L. Jenny, "Du style comme pratique," Littérature **118** (2000).
[11] D. Thouard, "Qu'est-ce que les Lumières pour le premier Romantisme? Chimie, Witz, maximes et fragments: Friedrich Schlegel et Chamfort" (2003) Text on line: http://www.revue-texto.net/index.php?id=639
[12] Paul Valéry, *Cahiers, V*, ed. Nicole Celeyrette-Pietri (Gallimard, Paris, 1994).
[13] Philippe Lacoue-Labarthe, Jean-Luc Nancy & Anne-Marie Lang, *L'Absolu littéraire. Théorie de la littérature du romantisme allemand* (Editions du Seuil, Paris, 1978); Philippe Lacoue-Labarthe, Jean-Luc Nancy & Anne-Marie Lang, *The Literary Absolute: The Theory of Literature in German Romanticism*, trans. Philip Barnard & Cheryl Lester (State University of New York Press, Albany, 1988).
[14] L. Margantin, "Le Witz et l'ironie selon Friedrich Schlegel" (2016) Text on line: http://oeuvresouvertes.net/spip.php?article1706
[15] Julia Kristeva, *Le temps sensible. Proust et l'expérience littéraire* (Editions Gallimard, Paris, 1994).
[16] N. Brenez, "Jean-Luc Godard, Witz et invention formelle (notes préparatoires sur les rapports entre critique et pouvoir symbolique," Cinémas, Revue d'études cinématographiques **15 n° 2-3** (2005).

Searching for intermediaries An iterative structural deconstruction of personal networks

Claire Bidart,*Alain Degenne†, Michel Grossetti*

October 6, 2020

Abstract

Abstract: Sociologists attempt to compare personal networks in order to identify explanatory factors that may indicate differences between them, above and beyond individual life histories. However, the usual indicators distinguish a single structural characteristic. In this article we attempt to find a more satisfactory way of explaining the structure of personal networks. We propose an iterative deconstruction of personal networks focused on betweenness centrality which is recalculated by an algorithm at each stage of the process. When applied to a sample of 287 cases gathered by direct interviews, it allows us to establish the betweennesses that are otherwise concealed by higher values, to determine the intermediaries at each stage, to record their exit rank, to characterise all the alters by several criteria and, finally, to take into consideration the number of stages required to deconstruct the network, thereby creating a new indicator of network stratification. These results are coherent with what we know about the evolutions of personal network structures and social roles along the life cycle. In a way, they reflect the imprints that time and life events have left on Ego's network.

Keywords: personal networks; structural analysis; methodology; indicators; betweenness centrality;

*Aix Marseille Univ, CNRS, LEST, Aix en Provence, France. (claire.bidart@univ-amu.fr)
†CNRS, Tours. (anicalain.degenne@numericable.fr)
*CNRS, EHESS, Université de Toulouse UT2J, LISST-Cers. (michel.grossetti@univ-tlse2.fr)

1 Introduction

For social scientists, personal networks are the systems of relationships or contacts maintained by individuals, who have built them up over the course of their lives and their exchanges in various contexts. Thus networks are formed little by little, through meetings in groups or one-to-one, ties added or lost, connections and disconnections. Personal networks bear the imprint of individuals' commitments and af- filiations in various circles and with different people, some of whom remain in contact even after the orig- inal context disappears (school friends, for example). Personal networks are documented either by direct survey or by observation of the records left by interactions, as in the case of digital networks. The person whose relationships are being listed is generally denoted by the term 'Ego', while the term 'alter' is used to denote all the individuals to whom Ego is connected. When information on the relationships between the alters is available, the structure formed by those relationships can be analysed, as is done in so-called complete network analyses (in which each alter is questioned in their turn). Thus Ego's current network includes alters from various periods, whose ties might vary considerably in duration and degree of connection with each other. Thus the structure of a personal network gives a picture of the connections forged by alters between different contexts (family, university, job, leisure activities, homes etc.). Sociologists interested in personal networks seek to understand how individuals' histories have shaped their networks and, conversely, how their networks have influenced their decisions and life trajectories. They

https://doi.org/10.1051/epjconf/202024401004

also attempt to compare those networks in order to identify the factors that might help to explain the differences between them, above and beyond individual histories. In order to compare these networks, the information has to be reduced and systematised. This is done by means of indicators, which are mea- sures showing how a particular characteristic varies. Thus there are measures of size, network composi- tion as assessed by such and such a criterion (men and women, social classes, family or non-family etc.) as well as more structural measures such as network density, modularity, diameter, etc. The indicators that have been developed, debated and stabilised as network analysis has evolved are very effective, as is evidenced by their ability to cut across academic disciplines, types of data, the research problem under investigation, etc. Nevertheless, the diffi culty lies in the need to provide as complete a picture as possible of a network's structure while at the same time simplifying it suffi ciently to make it comparable with others. The indicators, after all, provide only one measure at a time and any comparison that is made relates to only a single characteristic of the structure. Now two networks of equal density, for example, can be very different when assessed by other characteristics. Attempts can also be made to represent the over- all structure of a network visually, or to summarise it with a particular combination of indicators, as we did in constructing a typology inductively (Bidart, Degenne & Grossetti, 2018). On the basis of this typology, six overall structures can be identified that are both contrasting and make sense sociologically. They are: regular dense, centred dense, centred star, pearl collar, segmented and dispersed networks. The typology can be used to carry out comparisons. However, it lacks a little finesse as soon as analysts wish to investigate this overall shape more closely and to make more subtle structural distinctions, and its robustness for others types of corpus remains to be demonstrated. Thus we have attempted to find a more satisfactory way of explaining the overall structure of personal networks while at the same time avoiding excessive reductiveness or dispersion of the indicators. What we are proposing here is an iterative deconstruction of personal networks. The idea is to proceed in successive sequences that little by little deconstruct the network while retaining the records of the deconstruction, in order both to measure its degree of stratification, to describe the alters who constitute it and to identify explanatory factors which make sense sociologically. Thus it is a processual approach that records the succession of sequences as a part of the result. In this process, we opted to use the notion of betweenness centrality. This is an indicator that is both based on the overall structure and describes nodes. It also enables sociologists, who generally have a great deal of information on nodes, to understand what underlies certain individuals' betweenness. To begin, we explain our choice of this indicator by discussing studies that present the comparative advantages of the various centralities. We then describe the data we used to construct this experimental method, giving a few examples of the graphs produced by it. In the next section, the original algorithm developed to increment the deconstruction process is presented. A number of cases are then presented in order to bring the structural method into dialogue with the sociological data. The descriptions of the alters that emerge from the deconstruction process are examined and then combined with sociological variables whose effects on personal networks are well known (type of tie, age, marital status, social class). We then return to the level of Ego in order to propose as a new indicator of complexity the number of stages required to deconstruct Ego's network, i.e. its degree of stratification.

2 Betweenness

2.1 Different centralities and their meanings

The notion of betweenness plays an important role in network analysis because it is a means of understanding how dense parts of a network are connected to each other. Betweenness centrality is the indicator that serves to identify what keeps a network together, but in a differentiated way (rather than uniformly, as density does). It is what connects the components to each other, creating bridges between parts that would otherwise be isolated. If there are many paths, then there are many alternative ways of going from one point to another, as in the case of a very dense network; the betweenness of the various nodes is low, there being a high level of overlap and redundancy. If the network is less dense, there are holes within it and there are few nodes whose edges span them, which gives them significant betweenness. Different forms of centrality have been defined. The most frequently cited article in this regard is that by Linton Freeman (1978), which seeks to clarify these notions. He de- fines three major categories of centrality indexes: de- gree centrality, closeness centrality and betweenness centrality. Degree centrality measures each alter's popularity by the number of connections he or she has. However, these connections may overlap with the neighbouring ones and everybody may be very well connected. The node is described but not com- pared with the others. Closeness proximity looks for the shortest path and therefore shows the alters who are closest to all the others. In social networks, this may indicate individuals who tend to seek consensus. Betweenness centrality, finally, is proportional to the scarcity of the individuals who connect one zone of the network to the next. Individuals with a high de- gree of betweenness centrality can be described as intermediaries.

2.2 The intermediaries

The article by Gould and Fernandez (1989) is generally regarded as the pioneering work in this area. These authors emphasise the role of intermediaries between groups within a network. They identify five types of 'brokers': coordinator, itinerant broker, gate keeper, representative and liaison. In this way, they seek to describe and measure the importance of the various brokerage roles. This is an important approach in organisational analysis and more generally in social exchange theory. Ronald Burt (1992, 2007) highlights actors' capacity to play a personal role in a network and to control their partners' actions. His concept of the structural hole is an attempt to explain the origin of differences in individuals' social capital. In their review of this topic , Everett and Valente (2016) write: 'In all of these papers, the underlying assumption is that actors control resources which are flowing through the ties that they are incident to.' Here too, betweenness is of greater value than degree centrality. In the chapter they devote to the intermediary's role, de Nooy, Mvar and Batagelj1 pose the problem in the same terms. For all these authors, an intermediary is a sort of strategist who benefits from his or her control over the betweenness points. However, context effects may mean that an intermediary is a 'freelancer' across different contexts, or a person whose tie with Ego is a multiplex one. He or she may also be the sole 'survivor' of a group linked to another group or to an alter who is suffi cient to make the difference. Thus the temporal dimension can be crucial to this positioning. In our case, in which the focus is on personal networks, the hypothesis that an intermediary's status is a privileged one has to be handled with caution, since we are not dealing with networks of individuals connected by a particular type of activ- ity or an organisation but with a relational environ- ment constructed around an individual who generally turns out to be much less strategic and rational. Interpretation of the role of intermediaries is one of the issues at stake in this analysis.

2.3 The measure of betweenness in networks

Betweenness centrality is a particularly interesting indicator since it applies to the nodes while being derived from the structure of a network. It isolates an interesting social property, namely that of acting as intermediary between social groups that would otherwise be isolated. Freeman (1977) attributes the origin of the concept to Bavelas, in an article published in 19482: 'This idea of point centrality was introduced by Bavelas (1948) in his first paper on the subject. He suggested that when a particular person in a group is strategically located on the shortest communica- tion path connecting pairs of others, that person is in a central position. Other members of the network were assumed to be "responsive" to persons in such central positions who could influence the group by "withholding information (or) colouring or distorting it in transmission".' He also cites Anthonisse (1971) as a forerunner. Freeman defines the index of be- tweenness centrality in the same way, with reference to the shortest paths between two nodes. Let k be a node on graph G and let i and j be any two nodes on the same graph; let ci,j be the number of geodesics, that is the minimum paths between i and j. Let ci,j,k be the number of these geodesics that pass through k. The betweenness of k is defined by bk = ∑i,j (ci,j,k/ci,j)ai and j =k. Since bk is the sum of relationships calculated for all the pairs i,j, it may be large and in any case not lie between 0 and 1, as is generally desired. Consequently, the betweenness coeffi cient of a node is used in the form weighted by the number of pairs i,j, where i and j are different from k. βk = bk/(n-1)(n-2) βk attains its maximum value of 1 in the case of a star graph and its minimum of 0 in the case of a clique. The advantages of this definition include the fact that it can be applied to disconnected graphs. The betweenness centrality of edges is defined in the same way: Let ei,j,kl be the number of these geodesics that pass through an edge (k-l). The betweenness of (k-l) is defined by dk-l = ∑i,j (ei,j,kl/ei,j) i et j k,l. and the weighted betweenness is defined by δkl= dkl/(n-1)(n-2). Other definitions of betweenness centrality have been proposed, whether the aim is to deal with the case of oriented or weighted graphs or to consider not only the geodesics but also all other possible paths in order to take account of the flows within a network.3

2.4 Betweenness in personal networks

Calculating the betweenness centrality of the nodes in this type of personal network does not pose any particular problem, since the standard formula applies. However, there is one particular node whose betweenness centrality is not, on the face of it, calculated, and that is Ego. True, it is high and even maximum, since Ego is linked to all the other nodes and is consequently their closest intermediary; for all that, however, it is not generally equal to 1. Everything depends on the structure of the network and of the ties between the alters. If they are closely connected and the network is dense, Ego's betweenness centrality is affected4. This is what Burt (1992) recognised and made much use of in developing his structural holes theory5. It finds expression in his network constraint index. In what follows, we will not analyse Ego's betweenness centrality, which is very strongly negatively correlated with density but cannot be reduced to it. We will focus on the intermediaries among the alters. This article draws on a sample of 287 cases gathered by direct interviews in order to explore the structure of personal networks. The networks in question are small in size (around forty people on average) compared with digital networks but relatively large compared with sociological surveys, which are often centred around 'core networks' or 'support networks'. This will enable us to test a segmentation algorithm that might cause problems if used to analyse very large networks.

3 The data

3.1 The panel survey

We draw on a qualitative longitudinal panel survey of personal networks of young French people, who were followed up as they were entering adulthood. Four waves of interviews were conducted at intervals of three years6. In 1995, 87 young people living in the Caen urban area (Normandy, France) were interviewed. One third were in the final year of high school studying for the economic and social baccalauréat, one third in the final year of preparation for the voca- tional baccalauréat and one third were taking part in a labour market integration programme. Each group contained equal numbers of young men and women. They were aged between 17 and 24 and a large share was drawn from the lower social classes. In the second wave in 1998, 74 young people responded again, 66 responded in 200, and 60 in 2004. We thus obtained a total of 287 personal networks. In each wave of the survey, the process of constructing each of the per- sonal networks was carried out by means of an orig- inal context-focused name generator (Bidart, Char- bonneau, 2011). A long series of questions on the various life contexts had to extend as widely as pos- sible across the contexts in which young people live, as well as across previous contexts in which the re- spondents had known people with whom they were still in contact. In all, 53 contexts in which indi- viduals could potentially be active were systematically cited in this way. For each context, respondents were asked: "In (this context), have you met people whom you know a little better, with whom you speak a little more?". Two screening questions per context were added: (1) "Do you see any of them outside of (the context)"? (2) "Are any of them important to you?". The individuals mentioned in response to one of these last two questions were regarded as strong ties, the others as weak ties. The socio-graphic char- acteristics of all these alters were recorded. In the case of the strong ties, the interconnections between them were listed systematically (from Ego's point of view), making it possible to outline the structure of the network. The average size of the resulting net- works was 38 alters, but with considerable variation: the smallest network had 6 alters, the largest 134. We showed that social and biographical characteris- tics influence the size, composition and structure of networksa(Bidart, Degenne & Grossetti, 2011).

3.2 Contrasting forms of betweenness

Taking as our corpus the 287 networks generated over time by our survey, we now seek to describe precisely the structures of these networks. The links between Ego and the alters are concealed in our graphs, since they do not provide any additional information; Ego is linked to all the alters by construction and taking those links into account would simply overburden the network for no good end. Nevertheless, in the light of our efforts to interpret the role of intermediaries, it should not be forgotten that Ego is at the cen- tre of the network. The alters here are identified by numbers.

In these personal networks, betweenness centrality can take various positions:

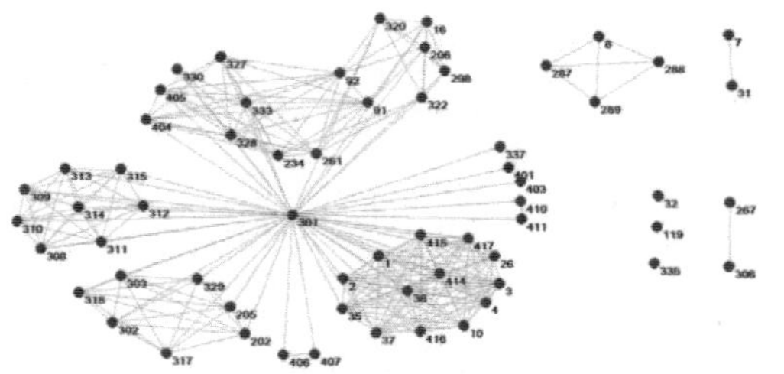

Fig.1. Agnès's network7 in 2004

Agnès is one of the individuals in the panel8; in her network, alter 301 has the highest betweenness centrality. He is the only person who connects var- ious components, including Ego's family, a group of friends in Paris where Agnès lives, a component made up of two partially linked cliques (former neighbours and friends from her home town in Normandy with whom she shared leisure time), a group she met dur- ing a trip to Tunisia, as well as three couples and an alter who would otherwise be isolated. Alter 301 is Agnès's husband; he is the only node who, like Agnès herself, connects all these components. On the other hand, her husband is not connected to a small group of 4 high-school friends, two individuals from a for- mer job, two childhood friends and two ex-partners. These alters stem from other parts of Ego's life whom she has no need (or desire) to see with her husband.

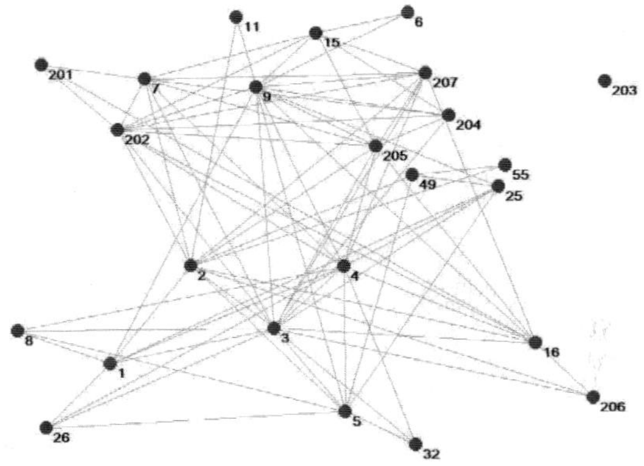

Fig.2. Florence's network in 1998

In this other example, Florence's network, there is no alter who occupies such a central position; rather, several nodes share a moderate level of betweenness that is much less visible in such a denser network. They are her elder sister (3) with whom she often goes out, her father Patrick (5), her childhood friend Meriem (9) and her partner Thomas (2). In this rather dense network, family and friends are partly mingled. Each of these individuals connects a part of the network but without being the sole link.

https://doi.org/10.1051/epjconf/202024401004

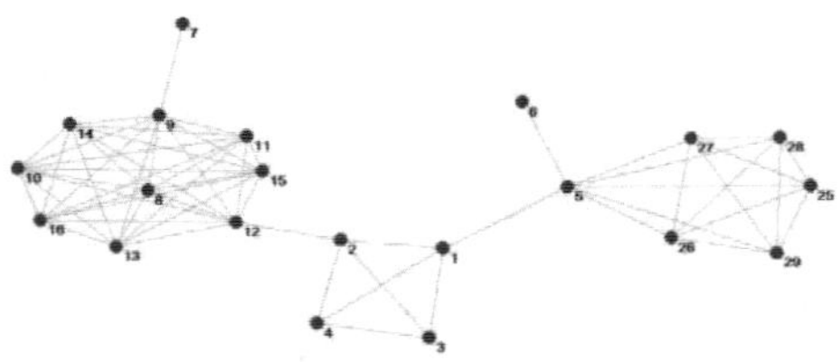

Fig.3. Marc's network in 1995

Marc's network rather resembles a pearl collar. Four different alters have the highest betweenness. They are several intermediaries, each one connect- ing a different group that would otherwise be iso- lated. His mother Dominique (5) knows Stéphane (1) with whom Marc went to school. Stéphane introduced some friends to him, including David (2) who, in turn, introduced him to Karl (12), a member of a group of bikers to which some neighbours also belong. Thus Marc is on the periphery of various groups, each of whom accepts him through a different intermediary. These examples shed light on some of the ways in which betweenness is distributed in personal networks.

3.3 Networks with zero betweenness

It is important for what follows to bear in mind what networks are in which all the nodes have zero betweenness. The components of such networks are isolated individuals, isolated dyads or isolated cliques. The betweenness centrality of the nodes in a network can be calculated, whether or not the network is connected. It can be measured for each node in the connected part to which it belongs. Thus all the nodes in a network that is made up of a set of cliques and isolated individuals have zero betweenness centrality, whether their degree centrality is also zero, as it is for isolated individuals, or high, as it is for cliques. This can happen in personal networks, as it does in Simon's case:

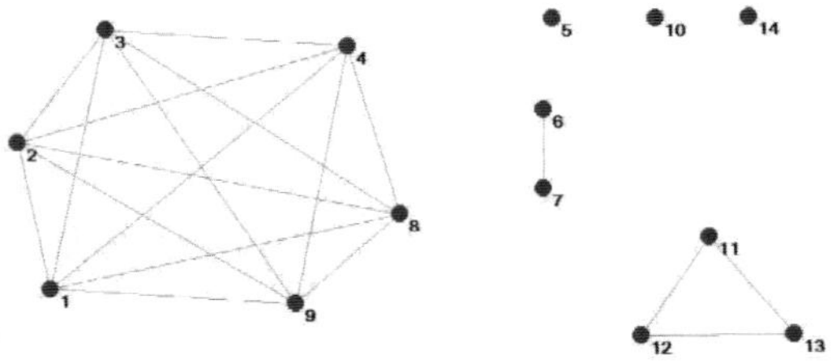

Fig.4. Simon's network in 1995

Here, the betweenness centrality is zero everywhere. Simon's network was, after all, made up of a clique of high-school friends, a family-based triad (his mother, his mother's husband and his brother), a dyad of work colleagues (he repairs tyres) and three isolated individuals: his paternal aunt, who is the only representative of his deceased father's family, a barman and a female classmate living in Israel. None of these different milieus has any contact with the others and nobody acts as intermediary.

These zero betweenness networks are interesting both structurally and sociologically, evincing as they do the absence of a go-between linking universes of varied sizes that remain disconnected from each other. This constitutes the endpoint criterion for the algorithm developed below. The deconstruction of the network is complete when all that remains is fi- nal components of zero betweenness.

4 Network deconstruction algorithm

4.1 The standard applications

We are taking as our basis here a network deconstruction algorithm. This is not a very common practice. Nevertheless, several types of applications can be cited. Some proceed by the removal of edges, oth- ers - like the one we have adopted - by the removal of nodes. The search for communities is one of the common applications for the indicator of betweenness centrality applied to edges. If an edge is a necessary path between two groups of nodes, it is going to have a high betweenness coeffi cient; this is the key to the algorithm developed by Newman (2003) and Newman and Girvan (2003) in order to discover community structure in networks9. This algorithm is very interesting, but calculating the betweenness central- ity of edges for the purpose of analysing large graphs is a very long-winded process. Consequently, it is of- ten replaced by Louvain's algorithm, which functions by aggregation in order to reveal communities. Some studies have sought rather to reveal the 'skeleton' of a graph. In a 1962 article, Claude Flament (1962) proposed a technique for pruning a graph that he called 'similarity analysis' and which amounts to removing from any triangle the edge that has the highest de- gree of betweenness. This produces a network that no longer has any cycles of length 3. The algorithm can then be continued by removing the edge that has the highest betweenness in the cycles of length 4, then length 5 and so on. In this way, the net- work's minimum spanning tree is obtained, from the point of view of the betweenness of the edges (Rosen- stiehl, 1967). Although Flament did not formally define betweenness centrality at this time, he had certainly intuited it. Other more recent works op- erate by counting typical motifs (Milo et al., 2002; Cunningham & al., 2012). The proportion of each type of motifs, most often a triad census (with 0, 1, 2 or 3 edges, directed or not, with various types of nodes...) provides a globalized indicator on the network, without however allowing to synthesize its overall structure which can be very different accord- ing to the cases. Security problems in networks may give rise to a desire either to protect the central nodes against attack, as in the case of the Internet or elec- trical or computer networks, or conversely to remove them in order to disconnect the network and break off communications, as when efforts are being made to combat the spread of infectious disease or control the contents of communications on the Internet. In chemistry, one may want to split complex molecules. In all these cases, it is interesting to know how to deconstruct a network in the most effective way. Five strategies can be found in the articles dealing with these questions10: RAa: Random attack: the nodes are removed randomly, one by one in succession; IDa: Initial degree: the nodes are removed one by one in the order of their initial degree centrality; IBa: Initial betweenness: the nodes are removed one by one in the order of their initial betweenness centrality; RDa: Recalculated degree: the nodes with maximum degree centrality are removed, with the degrees being recalculated after each removal; RBa: Recalculated betweenness: the nodes with maximum betweenness centrality are removed, with the betweenness central- ity of the remaining nodes being recalculated after each removal. According to simulation studies and studies dealing with actual networks, the RB strat- egy seems to be the most effective way of undermining the functioning of a network.

4.2 Our choice of algorithm

We examined these various strategies (except for random attack, which cannot be reproduced). We also tested the recalculated closeness centrality algorithm. - Initial Degree (ID): Except for the isolated points on the initial graph, all the nodes have non-zero de- gree centrality. Consequently, a threshold has to be chosen in order to remove some of them. This choice is either arbitrary or reasoned and in all cases it re- mains relative. Even though certain thresholds may empirically produce some interesting results, this arbitrariness or dependence on the type of network limits the value of this strategy. Moreover, as mentioned above, degree centrality is focused on the node alone and does not differentiate on the basis of neighbourhood. - Initial betweenness: The most reasonable choice is to remove the nodes with maximum betweenness. If the network is formed from the outset from components connected to each other by a few intermediaries, the result will be close to that obtained using the recalculated betweenness method (and in the particular case of a network made up of com- ponents entirely unconnected to each other, it will actually be identical). However, in certain cases in which the nodes' betweenness centrality varies little, this may lead to a large number of nodes being re- moved indiscriminately. The threshold question also remains unresolved. There are links between close- ness centrality and betweenness centrality (Brandes, Borgatti & Freeman, 2016). We will not dwell on this because it is betweenness that concerns us here and also because using recalculated closeness to analyse a

https://doi.org/10.1051/epjconf/202024401004

network does not offer a procedure with an automatic endpoint.

4.3 The recalculated betweenness algorithm (RB)

One technique commonly used in network analyses is based on the use of thresholds. It is technically much easier to put into practice, but we will see from examples that the algorithm we are proposing to use has certain advantages over a method based solely on initial thresholds. An initial illustration of our proposal can be found by taking a graph in the form of a simple chain (fig.5):

Fig.5. A chain of intermediaries

The betweenness centrality indexes are given between brackets. If we select the most central, the first will be 4, followed by 3 and 5. If the most cen- tral (4) is removed and the betweenness centralities are recalculated, we have:

Fig. 6. A chain of recalculated intermediaries after the removal of the most central one.

The most central now are 2 and 6, which turn out to be local intermediaries, whereas they were not the highest intermediaries at the overall level. Thus the iterative structural deconstruction approach has the property of revealing local intermediaries, which observation of the betweenness values does not do a priori. This is what we are looking for in the net- works in our database. We included this algorithm in Appendix.

4.4 The process at work

Let us decompose the process gradually here, using Marc's network as already shown above. The pro- cess can be followed on the graphs below, on which the intermediaries are identified by diamonds and the other nodes by circles. The colours correspond to the stages of the process in which they are identified.

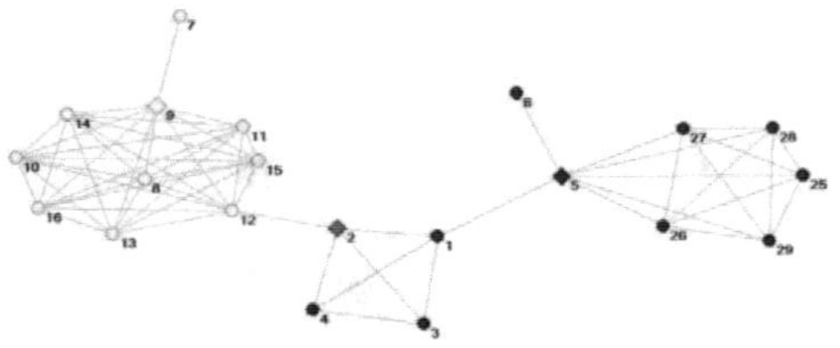

Fig.7. The deconstruction of Marc's network, stage 1 (initial)

The centralities during the initial stage 1 are, in descending order: 2 (0.526), 12 (0.521), 1 (0.479), 5 (0.468) and 9 (0.1). All the others are zero. So we begin by removing alter 2, who is David. He is both the one who was introduced to Marc by is childhood friend Stéphane and the one who introduced Karl to him. Thus he emerges as the most central intermediary between childhood and the most recent group of bikers.

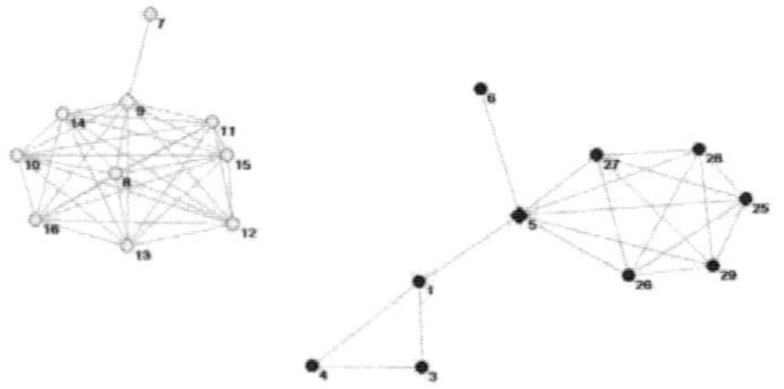

Fig.8. The deconstruction of Marc's network, stage 2

No alter with zero betweenness (final or isolated clique) emerges in this stage. Even though the left-hand component is now detached, it does not (yet) have zero betweenness because of the presence of node 7. So the betweenness centralities are recalcu- lated. In stage 2, the values are as follows: 5 (0.134), 1 (0.082), 9 (0.047). It should be noted that alter 12, who was second during the initial stage, has 'lost' his betweenness, which was dependent on David's, which has been removed. This alter is Karl who, having lost the connection, now finds himself con- fined to his bikers' clique. Marc's mother, Dominique (5), is now 'promoted' to first place; her betweenness is raised by this removal and she also moves ahead of Stéphane (1). Thus in stage 3 this alter 5, Do- minique, who acted as an intermediary between the family and friends via the oldest of them, Stéphane, is removed. The family clique on the right-hand side becomes isolated.

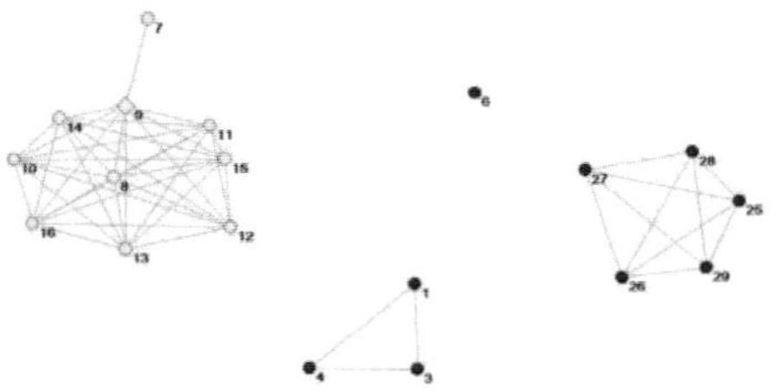

Fig.9. The deconstruction of Marc's network, stage 3

Now, as a result of this operation, node 1 has also lost its betweenness. Stéphane remains in a final clique. Only node 9 now has a non-zero between- ness of 0.052. This is a neighbour who knows Marc's employer (node 7). Here too, he acts as an intermediary between two universes, that of the bikers and the service station where Marc works. This neighbour is removed in order to end up with a 'final' network' of cliques and isolated individuals with zero betweenness.

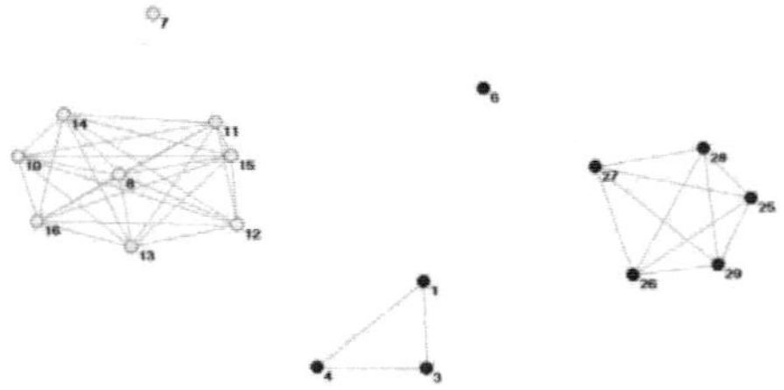

Fig.10. The deconstruction of Marc's network, stage 4

The network is now deconstructed, the process is finished. This sequence of operations can be described in the shape of a tree, with the nodes on the trunk representing the intermediaries and the leaves representing the isolated individuals or final cliques that are disconnected by their removal. To each of these elements can also be added the stage at which it is removed from the network. In the initial stage depicted here only Ego has been removed.

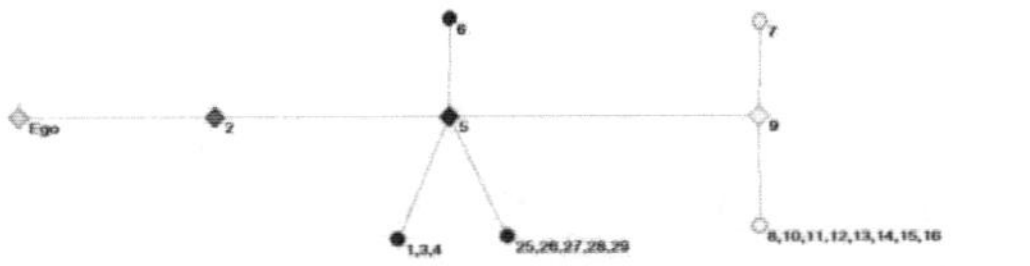

Fig.11. The tree of the deconstruction of Marc's network

4.5 Rapid deconstruction

In 2004, Agnès was living with Olivier and, as we saw above, her network was centred on him, with just a few childhood friends, work colleagues and a former partner not connected to him.

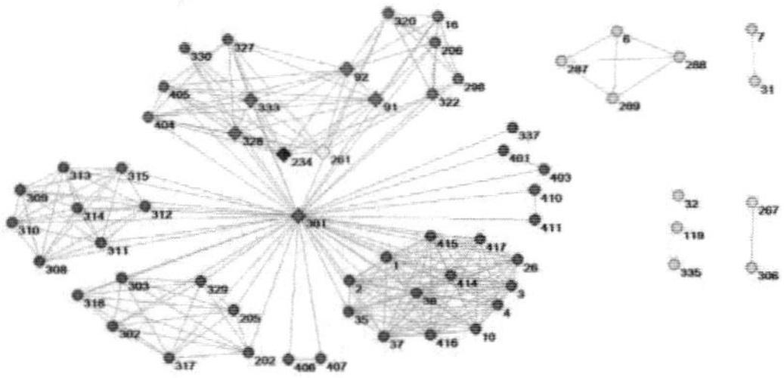

Fig.12. Agnès' network in 2004, with colours indicating the deconstruction stages

When Olivier (301), the most central alter, is removed, the three cliques and the couples at the bottom become detached and have then zero betweenness.

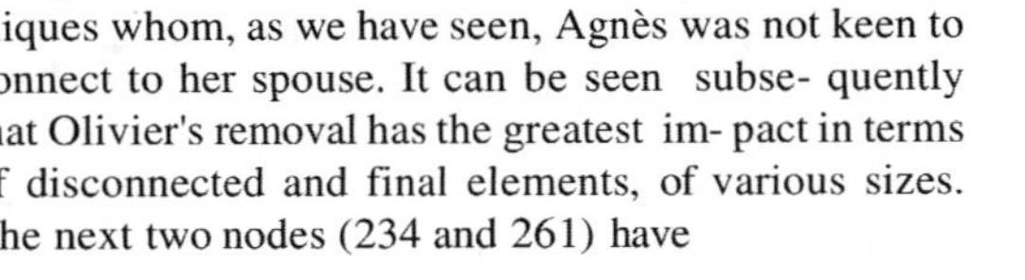

Fig.13. The tree of the deconstruction of Agnès' network

Here, in the initial stage, Ego has been removed along with the isolated individuals, dyads and small cliques whom, as we have seen, Agnès was not keen to connect to her spouse. It can be seen subse- quently that Olivier's removal has the greatest im- pact in terms of disconnected and final elements, of various sizes. The next two nodes (234 and 261) have high levels of betweenness but they do not disconnect anything since this part of the network is dense and there are other possible paths. Once Olivier is removed, they have high betweenness but do not articulate the various components of the network. They are a pair of friends who, with others, connect two groups of neighbours and friends from Agnès's home town. The blue clique is then removed because it has one more alter than the brown one; the betweenness of its nodes (91 and 92) is slightly higher than that of the brown nodes 328 and 333. These nodes did not have any visible betweenness before, so the process reveals local centralities. This deconstruction is massive in stage 2 and is completed in 5 stages. Thus large networks can be decomposed very rapidly. The largest networks are not necessarily the most stratified and therefore the algorithm being proposed here offers a perspective on personal networks that is not necessarily intuitive.

We will try to identify later which members of the network are intermediaries and which are in the final cliques. We will also consider the link between their status and their characteristics. The number of stages required to decompose the network completely is one of the indicators produced by this method. We use the term 'stratification' to denote this characteristic of the network on the grounds that each stage corresponds to a stratum of the network's structural organisation.

4.6 A slow deconstruction

In 1998, during the second wave of the survey, Florence was 21 and living with a partner. However, her network was not centred on her partner (this is more likely to be the case in the higher social categories, which is where she has her origins).

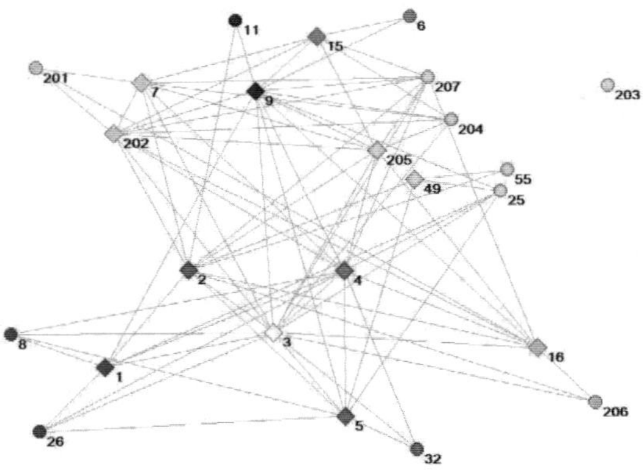

Fig.14. Florence's network in 1998, with colours indicating the deconstruction stages

This is one of the networks with the highest degree of stratification, as measured by the number of stages in our algorithm. This is evident from the graphic below, which comprises 11 stages. During stage 1, one isolated individual appears besides Ego.

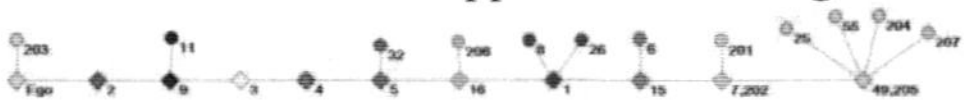

Fig.15. The tree of the deconstruction of Florence's network

During the second stage, as well as during the 4th and 5th stages, intermediaries are identified but no components are disconnected as a result. In each of the other stages, only isolated individuals are con- cerned, and the final stage disconnects four isolated individuals. Thus this is a process that inches its way along slowly, with very dispersed intermediaries and, surprising though it may seem in a dense network, articulators who disconnect only isolated individu- als, one by one. Deconstruction is certainly a process that differs from searching out the overall shape of a network or using a single, static indicator. It enables us gradually to identify the intermediaries by casting light on their roles within the network.

Thus besides the fact that, as we have seen, it is cited as the most effective by the authors of arti- cles on network attacks, the recalculated betweenness strategy has several advantages for network analysis:

- It does not require a threshold to be chosen for removal of the nodes; those that have the high-

https://doi.org/10.1051/epjconf/202024401004

est betweenness centrality are removed in succession and the betweennesses are recalculated after each removal.

- It provides an automatic endpoint criterion: when there are only independent cliques left, all the betweenness centralities are zero.

- The nodes with the highest betweenness centrality at one stage in the process and which, for that reason, are removed from the graph, are called 'intermediaries'. There may be nodes of equal betweenness that are removed at the same time; they are known as 'intermediary blocks'. An additional particular- ity of some nodes is that they connect parts of the graph that without them would be separated from each other11.These nodes or groups of nodes can be called 'articulators'.

- One of the results obtained is that the nodes can be divided into two distinct groups: on the one hand, the intermediaries and, on the other, those elements of the components that become disconnected when the articulators are removed (isolated nodes, isolated dyads or isolated cliques), which we describe as the 'final' nodes, dyads or cliques.

- With the nodes divided in this way, a tree summarising the calculation process can be constructed, the leaves of which are final components and the other nodes the removed intermediaries.

- The number of stages constitutes an indicator of network stratification, which we will call RB (recalculated betweenness) stratification.

- The size and order of exit of the final objects provide indications as to the alters concerned.

- The stage of the algorithm at which an intermediary comes into play is an interesting indicator, since those who appear at the beginning (i.e. when they have a high betweenness at the outset) gener- ally have an overall cohesive effect on the structure, whereas those that emerge at the end of the algorithm are often more local in character. Above all, the algo- rithm makes it possible to uncover these mid-ranking intermediaries (between 3 and 6). In all cases, they make the connections between small, separate worlds as well as, often, between separate life periods.

5 The intermediaries

5.1 Distribution of the alters among the categories derived from the deconstruction

This process of deconstruction also makes it possible to identify some of the alters' characteristics. Ta- ble 1 shows the way in which they are distributed among the various categories at the end of the net- work deconstruction process. We use the term ar- ticulators to denote those intermediaries whose re- moval disconnects other alters by adding at least one component to the network. They are either single alters or blocks of several alters with identical be- tweenness. Other intermediaries, such as alters 234 and 261 in Agnès's network, are not articulators. The non-intermediaries are the components with zero betweenness (isolated individuals, dyads or cliques); they were either present initially (rank 1) or revealed by the deconstruction ('final') and of a rank greater than 1.

Table 1. Distribution of types of alters after deconstruction

Type of alter after deconstruction	N	%
Single articulator	579	8.6
Articulator block	746	11.1
Non-articulating intermediaries	146	2.2
Total intermediaries	1471	21.9
Non-intermediary isolated individual	1229	18.3
Element in a non-intermediary dyad	1098	16.3
Element in a non-intermediary clique	2918	43.4
Total non-intermediaries	5245	78.1
Total	6716	100

As might be expected, the intermediaries are in the minority. Among them, in the vast majority of cases they are articulators. The cases in which the removal of the most central node in terms of betweenness does not disconnect any element in the network are relatively few in number.

https://doi.org/10.1051/epjconf/202024401004

5.2 The social characteristics of the various types of alters: the example of the life cycle

The sociological validity of this structural characterisation can be verified by testing the effects of sociographic variables that are known to be generally discriminating for personal networks. Let us take the example of age and the life cycle. By com- bining the types of alters (intermediaries and non- intermediaries) with the type of tie (Ego's family, partner, partner's family, non-family) and Ego's age, a process of change can be observed. With the passing years, the intermediaries, who at the out- set are mainly family members and friends of the same age (who account for the vast majority of the alters classed as 'non-family'), come to include part- ners (97% of whom are intermediaries in the last age group) and their families, a sign of the growing im- portance of 'constructed' families. At the same time, the share of non-family ties falls steadily. The ten- dency to incorporate partners into the 'heart' of a network, or rather into its most widely shared part, can be perceived by taking into account how long a couple has been together (Table 2). The partners can be observed moving gradually from a position that is frequently marginal (isolated individual or an element in a clique) to a very central position as the sole articulator.

Table 2. Partners as intermediaries by length of time the couple has been together

		Time together				Total
		< 2 years	2-3 years	4-10 years	> 11 years	
Type	Sole articulator	15.6%	80.0%	75.3%	90.0%	67.6%
	Articulator block	12.5%	4.4%	5.9%	0%	6.0%
	Non-articulator intermediary	6.2%	2.2%	9.4%	10.0%	7.1%
	Isolated individual	43.8%	6.%	1.2%	0%	9.9%
	Element in a non-intermediary dyad	6.2%	2.2%	1.2%	0%	2.2%
	Element in a non-intermediary clique	15.6%	4.4%	7.1%	0%	7.1%
	Total	100%	100%	100%	100%	100%

5.3 Ranks in the deconstruction process

The algorithm also records the stage at which an intermediary is removed and thus assigns an exit ranking to each removal. Rank 1 is assigned to Ego (by definition the highest for betweenness) as well as to initially isolated alters who are connected only to Ego and to the initial cliques, which straightaway have zero betweenness.

Table 3. Intermediaries by exit ranking assigned by the algorithm and types of ties

						Total
		non-family	Ego's family	in-laws	partner	
Type and rank	Rank 2 intermediaries	25.7%	39.0%	0.3%	35.0%	100%
	Rank 3 to 6 intermediaries	34.9%	55.0%	7.2%	2.8%	100%
	Intermediaries with a ranking higher than 6	63.2%	25.7%	9.0%	2.1%	100%
	Non-intermediaries of rank 1 or 2	73.5%	20.2%	5.4%	0.9%	100%
	Non-intermediaries of rank 3 to 6	55.7%	36.6%	7.4%	0.4%	100%
	Non-intermediaries with ranking higher than 6	67.1%	20.4%	12.1%	0.4%	100%
Total		58.5%	32.4%	6.4%	2.7%	100%

Non-family alters are by far the most numerous in the alters' set and account for more than half of intermediaries. They are followed by family members, most of whom are parents and siblings. They also constitute more than half of those in ranks 3 to 6. There are more non-family members in the higher ranks (so they are disconnected later in the process), while parents are more frequently found in ranks 3 and 4. Brother and sisters, grandparents, uncles and aunts and cousins are less frequently represented in the first ranks. Finally, and above all, the vast ma- jority of partners (smaller in number of course) are placed in the second rank, so just behind Ego. The non-intermediaries, who do not connect the parts of the network, are either isolated individuals (although they may constitute an individualised echo of a for- mer context in Ego's life, such as the only friend left over from a now-abandoned leisure activity) or members of a structurally undifferentiated group (a clique). The vast majority in all ranks are non-family alters. When they do belong to Ego's family, they usually appear in the middle ranks and when they are in-laws they appear in the high ranks, after a cer- tain number of stages. A priori, therefore, they are more local. Finally, partners are very seldom non- intermediaries. These characterisations correspond fairly closely to social roles. Partners assume their role as articulators at the outset, while Ego's fam- ily are represented in the intermediate rankings and friends in the high rankings. Seldom intermediaries at the outset are non-family members, then family members in the intermediate rankings and in-laws in

https://doi.org/10.1051/epjconf/202024401004

the high rankings.

5 - The number of stages in the deconstruction process: stratification

At the level of Ego's network, the method re- veals an interesting parameter, namely the number of stages required to deconstruct the network, which we have called stratification. This index has a lognormal distribution (Fig. 16). For the calculations that follow as well, we will take the neperian logarithm of the number of stages.

Fig. 16. Distribution of the number of stages (meana= 4.36; standard deviation = 1.953a; N = 287). This indicator is positively correlated with net- work size and betweenness centralization12 and neg- atively correlated with density. This means that the larger a network is and the more dispersed the be- tweenness centralities are, the more likely it is to be stratified. The denser it is, the less stratified it will be, in particular because density prevents between- ness, as it were, by providing alternative paths.

Table 4. Correlations between stratification and the other parameters of network structure

		betweenness centralization	density	Network size
stratification_l	Pearson correlation	.174**	-.176**	.503**
	Sig. (bilateral)	.003	.003	.000
	N	287	287	287

We call stratification l r the standardised resid- ual of the linear regression of stratification l on the three variables with which it is correlated (between- ness centralization, density and network size). Thus this indicator has no linear correlation with these three standard indicators. Rather, it represent what our method provides in the way of new, different information compared with the indicators that characterise the overall shape of the network. If we analyse how it varies according to various Ego's characteristics, two interesting correlations can be observed. The first concerns age: stratification declines with Ego's age. This may mean that betweenness is more differentiated in Ego's youth and becomes more homogenised later, probably around spouse and family. It may also mean that, on reaching adulthood, Ego loses some of the intermediaries in his network; in particular, his childhood friends no longer see his parents, his brothers and sisters no longer see his friends, and so on.

Table 5. Stratification by Ego's age

age_ego_cl5	mean stratification_l_r	No.
17 to 20	.4008041	59
21 to 24	.0758299	102
25 to 28	-.1473632	87
29 to 33	-.4759358	39
Total	0.000	287

p-value: 0.000

The second concerns social origin. Network stratification is higher in the higher social classes and it falls the further down the social scale one goes. This would tend to confirm what the measures and typologies already tell us, namely that the higher social classes have networks that are less dense and richer in structural holes than those at the bottom end of the social scale. Thus it can be added that their networks are also significantly more stratified; they have more differentiated intermediaries and the process of deconstructing them is slower.

Table 6. Stratification by Ego's social origin

Ego's social origin	mean stratification_l_r	No.
higher	.2565652	43
middle	.0927736	83
lower	-.1163510	161
Total	0.000	287

p-value: 0.055

The ranks at which the intermediaries were removed also provide an interesting interpretation. By simply combining the rank at which the intermediaries appeared with Ego's social origin, it can be seen that the intermediaries in ranks 2 to 3 are overrepresented in the lower social classes and that the ranks greater than 6 are overrepresented in the higher social classes. Thus the latter tend to have more stratified networks.

Table 7. Intermediaries' rank by Ego's social origin

		social origin of ego			Total	No
		higher	middle	lower		
rank	2 to 3	16.4%	27.5%	56.1%	100%	672
	4 to 5	13.4%	35.8%	50.8%	100%	528
	6 & +	27.3%	36.2%	36.5%	100%	271
	Total	17.3%	32.1%	50.6%	100%	1471

p-value: 0.000

Thus a network's level of stratification corresponds to certain social characteristics. If we take up the case of Florence's complex network, it becomes clear that each stage of the deconstruction corresponds to different periods of her life and the intermediaries linked to them. First of all, in her initial network, Séverine is the only isolated alter as well as being the only recent relation. They met during a Biology course six months ago; Séverine holds the number 1 rank with Ego.

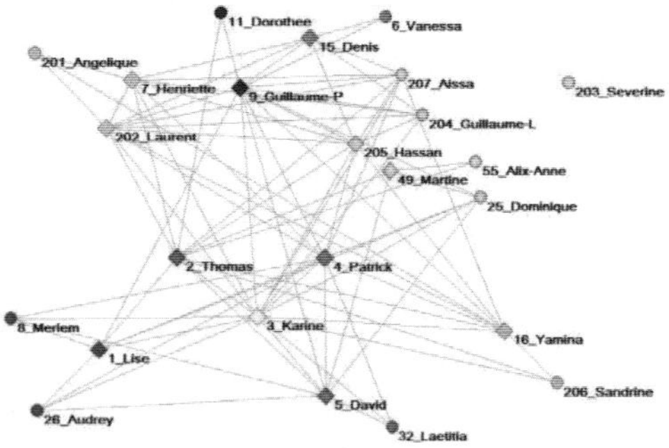

Fig.17. Florence's network in 2004, with names

The first intermediary, ranking second in the deconstruction, is Florence's partner, Thomas. Flo- rence attended high school with Thomas' brother Vincent, and Thomas was in her older sister Karine's class. Vincent has been Karine's partner for some years. Vincent and Thomas were in a theatre troupe together, and now they are co-workers. But, Florence no longer counts Vincent among her strong ties, she finds him irritating and sees him only with Thomas. Thomas was also a childhood friend of Guillaume, Florence's friend from high school. This intertwin- ing of family and old relationships makes Thomas an intermediary between several contexts, which per- haps even contributed to their love affair because, as Florence says, "there are a lot of ties between us". At the third rank we find Meriem, who cre- ates links between several periods. Florence has "al- ways known" Meriem, the daughter of her sister's former nanny. Meriem helped her a lot at the begin- ning of high school, when Florence was in trouble. Meriem was also in the theatre troupe with Vincent and Thomas, she lives near Florence and now she is friends with Thomas' ex-partner. She therefore is a constant through all the periods of Florence's life, until today, "In fact, Meriem knows everyone. I introduce her to other people more easily... She has her own friends now because she works at a day camp. But she keeps seeing everyone, because we actually know the same people, we knew the same people at the same time." With Meriem the algo- rithm removed Guillaume, Thomas' childhood friend, who is therefore, him, going through the periods of Thomas' life. In rows 4 and 5 are Florence's sis- ters, first Karine whom Florence admires and with whom she shares many activities and friends, then Audrey her little sister. Let us note that Karine exits after Meriem, whereas her initial betweenness centrality was higher. Our process of deconstruction thus enhances Meriem's betweenness once Thomas is removed, as if to time travel back to before his appearance in Florence's life. Indeed, Karine's be- tweenness was partly based on that of Thomas, as well as that of Vincent who disappeared from the cur- rent network, but who left the traces of his connec- tions. Then, in row 6 Florence's father appears, his removal also isolates her cousin. Indeed, her father is connected to two more people (his paternal cousin and Thomas' mother) than her mother who ends up further away. In row 7 appears Denis, Karine's and Thomas' mate, who when removed isolates another of Karine's friends. Next, her mother's removal discon- nects a friend of her mother and her grandmother. In the following ranks, friends from high school whom she's known for 3 to 6 years appear as intermediaries connected by two or three, in groups that begin to mix high school and University contexts. Rank 11, the final stage, brings together a very heterogeneous set of Florence's friends from high school, Karine's friends, Thomas's family and friends of the parents with whom Florence recently went on holiday. They are the last local intermediaries. As we can see, this process of progressive network deconstruction high- lights Ego's life stages and the resulting relational strata. It also makes it possible to identify the be- tweenness of the partner who crosses different groups in the present, as well as that of certain alters who cross different temporal strata, such as Meriem. In this respect, the stratification indicator captures the complexity of the network.

6 Conclusion

Implementing an iterative process for the structural deconstruction of personal networks enables us to avoid reducing their overall structure to a general shape or splitting it up into isolated indicators. In order to give a better account of the structure in a dimension that is highly relevant to sociologists, namely betweenness centrality, we have developed a recalculated betweenness algorithm that offers a number of advantages. It proceeds by removing the alters with maximum betweenness, recalculating the new betweennesses and repeating the operation until all the betweennesses are removed in order to obtain a network of remarkable final shapes (isolated individuals and cliques). It makes it possible to identify the betweennesses that are otherwise concealed by higher values, to pick out the intermediaries at each stage, to record their exit rank, to characterise all the alters by several criteria and, finally, to take into consideration the number of stages required to deconstruct the network, thereby creating a new indicator of network stratification. We chose to use the term stratification to denote the number of stages of the algorithm that are required to exhaust the betweennesses. It does, after all, reflect the diversity of the intermediaries and, in a way, the imprints that time and life events have left on Ego's network. The decline in the degree of stratification with age reflects the fact that the importance of intermediaries in the relational structure weakens over time. However, the fact that, on average, stratification is higher in the higher social classes than in those at the bottom of the social scale indicates that the network's history is generally more present there and better preserved. The ability to preserve old ties had already been identified for the higher social classes, along with the capacity to make more new acquaintances. We can now add that they are also able to position intermediaries between their different life contexts and to retain them. Our analysis of this stratification offers an original perspective that is not provided by indicators of shape such as density or modularity. It might have been expected that people from the higher social classes would have networks resulting more directly from a strategy that tends to segment and separate the milieus they frequent, as Ronald Burt's structural hole theory would suggest. However, we are not dealing here with the situations he investigates. Our networks do not, on the face of it, reflect competition but relate histo- ries. Our intermediaries are not brokers. They are ties which, by choice or out of sheer inertia, remain present in the network by linking together social mi- lieus from different periods in Ego's life. Thus the deconstruction algorithm developed here induces us to immerse ourselves in the history of the networks and to shed light on their accumulated, shared and preserved strata. It does not suggest any simple explanations because it represents the complexity of those histories. It is a challenge for analysts.

References

[1] Adilson E. Motter, Ying-Cheng Lai, (2002), Cascade-based attacks on complex networks, Physical Review, E66, 065102

[2] Albert, R., Jeong H.,Barabasi A. L., (2000), Error and attack tolerance of complex networks, Nature, 406, 378-82.

[3] Anthonisse, J.M. (1971). The rush in a directed graph. Stichting Mathematisch Centrum. Mathematische Besliskunde. Stichting Mathematisch Centrum.

[4] Bavelas A., (1948), A mathematical model for group structure, Applied Anthropology, 7:16-30.

[5] Berge C., (1962), The Theory of Graphs, Methuen & Co, London, translated from the french edition published in 1958 by Dunod. (p.203)

[6] Bidart C., Charbonneau J., 2011, "How to Generate Personal Networks: Issues and Tools for a Sociological Perspective", Field Methods, Vol. 23, no3, pp. 266-286.

[7] Bidart C., Degenne A., Grossetti M., 2011, La vie en réseau. Dynamique des relations sociales, Paris, PUF.

[8] Bidart C., Degenne A., Grossetti M., 2018, Personal Networks Typologiesa: A Structural Approach, Social Networks., 54, 1-11.

[9] Borgatti S.P., Everett M.G., (2006), A Graph-theoretic perspective on centrality, Social Networks, 28, 466-484.

[10] Brandes U., (2008), On variants of shortest-path Betweenness centrality and their generic computation, Social Networks 30 (2), 136-145.

[11] Brandes U., Borgatti S.P., Freeman L.C., (2016), Maintaining the duality of closeness and betweenness centrality, Social Networks, 44,153-159

[12] Burt R. S., (1992), Structural Holes: The Social Structure of Competition, Harvard University Press, Cambridge.

[13] Burt R. S., (2007), Brokerage and Closure: An introduction to Social Capital, Oxford University Press, New York.

[14] Cunningham P., Harrigan M., Wu G., O'Callaghan D., 2013, Characterizing ego- networks using motifs, Network Science, 1(2), 170-190.

[15] De Nooy W., Mrvar A., Batagelj V., (2005), Exploratory Social Network Analysis with Pajek, Cambridge University Press.

[16] Everett M. G., Borgatti S. P., (2005), Ego network betweenness, Social Networks 27 31-38.

[17] Everett M. G.,aValente T.H., (2016), Bridging, brokerage and betweenness, Social Networks, 44, 202-208.

[18] Everett, M. G., & Borgatti, S. P., (1999). The centrality of groups and classes. Journal of Mathematical Sociology. 23(3): 181-201.

[19] Flament C. (1962), L'analyse de similitude, Cahiers du Centre de recherche opérationnelle, Bruxelles, 4-2, 63-97

[20] Freeman L., (1977), A set of measures of centrality based on betweenness, Sociometry, 40-1,35-41.

[21] Freeman L., (1978), Centrality in Social Networks, Conceptual Clarification, Social Networks 1, 215-239.

[22] Freeman L. C., (1982), Centered graphs and the structure of Ego networks, Mathematical Social Sciences 3, 291-304.

[23] Gould R. V., Fernandez R. M., (1989), Structures of mediation : a formal approach to Brokerage in transaction Networks, Sociological Methodology, 19, 89-126.

[24] Milo R., Shen-Orr S., Itzkovitz S. Kashtan N., Chklovskii D.Alon U., 2002, Network Motifsa: Simple Building Blocks of complex Networks, Science, 298, October 2002, 824-827.

[25] Newman M. E. J., 2003, The structure and function of complex networks, 2003, Review of the Society for Industrial and Applied Mathematics (SIAM), vol 45, no 2, 167-256.

[26] Newman M.E.J., Girvan M., (2003). Finding and evaluating community structure in networks, Stat. Mech., 11

[27] Petter Holme, Beom Jun Kim,Chang No Yoon, Seung Kee Han, (2002) , Attack Vulnerability of complex Networks, PACS numbers 89.75.Fb, 89.75.Hc, 89.65.-s

[28] Ravasz E., Barabasi A. L., 2008, Hierarchical organization in complex networks, PACS numbers: 89.75.-k, 89.20.Hh, 05.65.+b Références

[29] Rosenstiehl P., (1967), L'arbre minimum d'un graphe. in "Theory of Graphs, International Symposium," pp. 357-368.

[30] Gordon & Breach, New York. Sur S., Ganguly N.,Mukherjee A., 2016, Brokerage-based attack on real world temporal networks, Network Science 4(4),446-459.

[31] Yong Li, Wenguo Li, Yi Tan, Fang Liu, Yijia Cao, Kwang Y. Lee, (2017), Hierarchical Decomposition for Betweenness Centrality Measure of Complex Networks, Scientific Reports, 7,46491; doi:10.1038/srep46491. Zhe-Ming LU, Xin-Feng Li, (2016), Attack Vulnerability of Network Controlability, PLoS ONE 11(9): e0162289. doi: 10.137/journal.pone.0162289

Contents

EPJ Web of Conferences **244**, 01005 (2020)
Complexity and Disorder Meetings 2018–2020
https://doi.org/10.1051/epjconf/202024401005

Spatial organisation of French research from the scholarly publication standpoint (1999-2017): Long-standing dynamics and policy-induced disorder

Michel Grossetti[2], *Marion* Maisonobe[1,*], *Laurent* Jégou[2], *Béatrice* Milard[2], et *Guillaume* Cabanac[3]

[1]CNRS, UMR Géographie-cités, 93300 Paris - Aubervilliers, France
[2]Université de Toulouse, UMR LISST, 31058 Toulouse, France
[3]Université de Toulouse, UMR IRIT, 31062 Toulouse, France

Abstract. In social processes, long-term trends can be influenced or disrupted by various factors, including public policy. When public policies depend on a misrepresentation of trends in the areas they are aimed at, they become random and disruptive, which can be interpreted as a source of disorder. Here we consider policies on the spatial organization of the French Higher Education and Research system, which reflects the authorities' hypothesis that scientific excellence is the prerogative of a few large urban agglomerations. By geographically identifying all the French publications listed in the Web of Science databases between 1999 and 2017, we highlight a spatial deconcentration trend, which has slowed down in recent years due to a freezed growth of the teaching force. This deconcentration continues, however, to sustain the growth of scientific production in small and medium-sized towns. An examination of the large conurbations shows the relative decline of sites that nevertheless have been highlighted as examples to be followed by the Excellence policies (Strasbourg among others). The number of students and faculty has grown less there, and it is a plaussible explanation for the relative decline in scientific production. We show that the publication output of a given site depends directly and strongly on the number of researchers hosted there. Based on precise data at the French level, our results confirm what is already known at world scale. In conclusion, we question the amount of disorder resulting from policies aligned with poorly assessed trends.

1 Introduction

In France, the geographical organization of Higher Education and Research (HER) has long been marked, as with other activities, by a concern for territorial rebalancing. Since the decentralizations initiated by the Mendès-France government in the 1950s, this concern has been pursued by Gaullist governments, then resumed in the 1980s and the early 1990s.

However, starting in the 1990s, economic and geographic research groups, inspired by a more general discourse on "global cities" [1,2] and the New Economic Geography (NEG) [3–7], helped to recast this concern for territorial balance as a discourse on the differentiated competitiveness of territories and the need to strengthen France's only "global city": the Paris conurbation [8–13].

As far as HER is concerned, this change of perspective cooccurred with the launch of the Shanghai ranking in 2003 by a team from Shanghai's Jiao Tong University. This university ranking is mainly based on the number of Nobel Prize winners, publications listed in the Science Citation Index of Clarivate Analytics (formerly Thomson Reuters) and articles published in the *Nature* and *Science* journals.

Developed to benchmark Chinese universities against those of other countries and using the most prestigious American universities as a model, it logically ranks universities such as Harvard or Princeton top. The French universities specialised in the natural sciences and technology rank way lower.

Although heavily criticised [14], this ranking has inspired the so-called "Excellence policies" aimed at avoiding "spreading the means too thinly"[a], affirming (in a brief) that research "is not intended to support regional planning, but must aim for excellence". Quite surprinsingly, the perspective of the reformers at the end of the nineteenth century who wanted to establish a small number of large universities that could compete with their German counterparts has been revived a century later [15].

[a] "*I see real demons coming back, the ones of sprinkling. But don't let this notion of excellence in higher education be killed!*" (Laurent Wauquiez, Minister of Higher Education, at the announcement of the results of the second round of selection of "Excellence laboratories", 14 February 2012).

* Corresponding author: marion.maisonobe@cnrs.fr.

Launched by the French government in 2010, the "Initiatives d'excellence" or Idex[b] and their variations ("Laboratoires d'excellence" a.k.a. Labex, "Équipements d'excellence" a.k.a. Équipex, etc.) were funded by a part of the "great loan" (7.7 billion euros). Most of the accepted projects concentrated in the Paris region (4 Idex out of 8 and 84 Labex out of 171) and a few major peripheral scientific centres (Bordeaux, Toulouse, Aix-Marseille, Strasbourg benefited from Idex from the first round). Other sites subsequently benefited from Idex and I-sites (a similar but less well-endowed system), with the city of Toulouse losing its own after the failed attempt at merging the 3 universities of Toulouse. In parallel with these policies allocating financial resources to a few pre-selected sites only, the recruitment of HER civil servants [16] slowed down in recent years. As a result, more temporary positions were offered to meet the needs in terms of research, and more particularly, in terms of teaching as the student population grew significantly [17–19].

As reported earlier [20], the spatial logics of these policies are based on a series of beliefs that are not specific to France and which concern in particular geographical concentration and its supposed effects on the "productivity" of researchers. Concisely, co-locating researchers (i.e., increasing their geographical concentration) is supposed to increase their "productivity". It follows that the best researchers and the best students head to large sites, thus reinforcing the geographical concentration of research. This phenomenon known as "critical mass" or "agglomeration effect" would therefore strengthen the hierarchies between major first-class sites, capable of being integrated into the most efficient international networks, and the others, condemned to second-class research or simple assistance to networks run from the major centres. This distinction would legitimize the French political plan to enforce a growing differentiation between research sites with a global vocation and smaller sites operating higher education and local/regional development only [21,22].

However, our team has been studying the global geography of research activities for about twenty years, notably through publications indexed in the Web of Science, and our results do not support the thesis of a spontaneous concentration of higher-level research in metropolitan areas. In particular, our previous work has shown a global trend towards deconcentration between cities, at the global and country levels, of publications, collaborations, and citations obtained through publications [23–25]. These results further suggest that "scientific output", however measured, for a given geographical delineation (cities, regions, countries), is a function of the number of researchers and does not depend on any city size effect.

What has been the situation in France in recent years? Any geographical re-concentration resulting from Excellence policies? Any effect of concentration, and additional resources allocated to major sites, on the "productivity" of researchers? To verify this, we studied France's research output using scientific production data from 1978 to 2017 and available data on the number of researchers per urban agglomeration.

In the following sections, we stress the contradictions between long-term trends and recent policies by focusing on two points. First, the trend towards the geographical deconcentration of research activity contradicts policies that take for granted the existence of an inverse trend that they seek to accompany or reinforce. Second, the lack of effect of the geographical concentration of researchers in the largest agglomerations on the scientific productivity of these agglomerations contrasts with policies hypothesising this effect. We conclude by contrasting the regularity of observed trends with the disorder introduced by policies based on their misinterpretations.

2 Changes in the "French scientific map": a continuous deconcentration

Data from large bibliographic databases offer a global vision of the territorial distribution of scientific activities. We have therefore coded the geographical location of affiliations declared by the authors of publications listed in the Science Citation Index Expanded (SCI), the reference index of the Web of Science. This index is restricted to the natural and technical sciences, which is the scope of the analysis presented in this section. The geographical coding of scientific information was performed with higher precision than in most current similar studies.

First, we grouped the authors' cities at the level of urban agglomerations, which avoids the effects of deformation due to variations in municipal boundaries and enables the representation of geographically homogeneous entities [26]. Second, we accounted for the publications by fractionating the values attributed to the different urban agglomerations. Each publication represents a unit (one point) divided uniformly between the different urban agglomerations present in the byline. For example, a publication co-authored by authors from the Paris conurbation and others from the Nantes conurbation will translate to 0.5 point to the Paris conurbation and 0.5 point to the Nantes conurbation[c]. This way of counting avoids overestimating the activity of scientific centres that collaborate a lot with others

[b] *"The "Initiatives of Excellence" (Idex) program aims, by making world-class research a lever and a driving force, to create 5 to 10 multidisciplinary centres of excellence in higher education and world-class research in France. These clusters will be organized in the form of territorially coherent groups of higher education establishments, universities and schools, involving research organizations and in partnership with businesses. They will be built on scientific forces of excellence, multidisciplinary and internationally recognized, and on innovative research and training activities, all developing around attractive campuses of the highest international standards."* Excerpt of the call for tenders "Initiatives of excellence", 2010

[c] Denis Eckert, Laurent Jégou and Marion Maisonobe carried out this work in collaboration with Yves Gingras and Vincent Larivière of the CIRST unit in Montreal.

while normalising disciplinary-wise practices in terms of co-signing articles. In the following tables, we join the recent data available (1999-2017) with data processed earlier (1978-1988) in order to track decade-long changes and thus better identify long-term trends. While some of the underlying geographical boundaries have been slightly adjusted between the 78-88 series and the 99-2017 series, the process chain used (geocoding, spatial aggregation, fractional counting at urban agglomeration level) is identical.

2.1. Production and workforce throughout the territory and time

Table 1 shows the evolution of the spatial distribution of French publications obtained by the aforemnetioned method. We grouped the agglomerations into four types to cross the French administrative hierarchy (capitals of regions or similar administrative entities called *départements*), which partially covers the hierarchy of size, the hierarchy of higher education institutions (presence or not of a full-fledged university) and the effects of inertia of the historical process of construction of the French university system: the historical hierarchy — distinguishing the academic centres of 1870, to which we included Strasbourg, which had faculties before the War of 1870 and a German university between 1870 and 1914.

Table 1. Share of scientific output by type of agglomeration (SCI Exp, split by agglomeration)

Year (3-year moving average) / Type of urban areas	1980 %	1988 %	2000 %	2008 %	2016 %
Paris	46.1	44.7	36.8	34.1	32.9
Other academic centres 1870	41.2	41.7	44.8	45.5	45.4
Other university sites	10.4	11.6	14.4	15.7	16.3
Other cities	2.3	2.1	4.0	4.7	5.3
Total	100.0	100.0	100.0	100.0	100.0

Source: 1979-89 (OST-Montréal-LISST, 2012), 1999-17 (IRIT-LISST, 2019). Metropolitan France, Overseas Departments and Territories.

Table 1 highlights the decline of Parisian hegemony, which accelerated between 1988 and 2000, under the effects of the massification of the student population that marked this period. This decline results from greater recruitment of faculty members and researchers outside Paris, in the universities, but also at the CNRS (i.e., the French national research center) and other national establishments, as shown in Table 2. In particular, Greater Paris' share of student numbers under the responsibility of the Ministry of National Education fell from around 30.0% in 1993 to 26.4% in 2012. The proportion of tenured faculty (university professors, lecturers, and secondary school teachers working in higher education) fell from 25.8% in 1992 to 24.3% in 2012 [19,27,28] .

For the CNRS: "*The distribution of the State subsidy in 1990 shows that the Île-de-France region* [Greater Paris] *still receives just over half of the resources. However, the best progress has benefited the other regions, particularly Limousin (+16% annual growth between 1980 and 1990), Pays de la Loire (+10.4%), Picardie (+10.1%) and Nord Pas de Calais (+8.7%). However, the best-endowed regions remain Rhône-Alpes, PACA and Alsace. Staffing reproduces the same balances. Île de France hosts 52% of the total workforce, followed far behind by Rhône-Alpes (9.4%), PACA (8.3%) and Alsace (5.9%). The Western regions remains at a disadvantage. The rate of researchers in the provinces reached the 50% mark in 1993, and rose to 53 per cent in 1996.*" (pp. 395-396) [29].

However, a more recent census of the CNRS workforce, conducted in December 2019, indicates that the Paris region (Île-de-France) still accounts for 39.8% of researchers, only 0.2 points less than in 2010-2013, suggesting a slowdown in the process of spatial deconcentration between these two dates. In particular, there is a slight re-concentration in the Paris region for the chemistry and the human and social sciences institutes.

Table 2. Change in Paris region's share of permanent staff in various research organisations

Research organisations	Share of Paris region (1988-1990) in percent	Share of Paris region (2010-2013) in percent
CNRS	53	40
INRA	30	26
INSERM	60	52
CNES	19	19
CIRAD	45	40
INRIA	62	35

Source: « Bilans sociaux » 2010 et 2011, Grossetti, 1995 et Mailfert, 1991.

Table 2 shows the stagnation in staffing levels in most public research organisation from the 1980s onwards. For example, the CNRS, which had just over 24,000 members in 1986, was around 22,000 in 2013, after a few fluctuations. The CEA had a little over 14,000 members in 1989, and its workforce exceeded 16,000 in 2011. The INRA had almost the same number of staff in 2013 as in 1989 (8,376 then and 8,576 now), as does the CNES (from 2,310 to 2,330). IFREMER has grown from around 1,200 staff in 1988 to 1,300 in 2009. CIRAD has lost staff (from 2,300 in 1990 to just under 1,800 at present) and IRSTEA, which replaced CEMAGREF and has just merged with INRA, has slightly fewer permanent staff (952 in 1989, 872 at present).

Only INSERM (5,200 in 2010 compared to 3,700 in 1989) and INRIA (1,347 in 2012 compared to 592 in 1989) have seen a significant increase in staff numbers[d].

[d] These figures taken from the social balance sheets or AERES assessments concern permanent staff, calculated in "full-time equivalent" where the data allow, which is not always the case.

All of these organizations now have high levels of non-permanent staff (doctoral students, post-doctoral students, fixed-term contracts, various temporary staff), for which any comparison with the situation of 20 or 30 years ago is difficult because non-permanent staff were generally not accounted for at that time. However, it can be hypothesised that non-permanent employment has increased in most organizations, as it has increased in higher education [18], which corresponds well to the reports of growing precariousness in the HER professions which has been expressed several times over the last twenty years [17].

This relative stagnation of the national research organisations contrasts with the increase in the number of university staff, which followed the increase in student numbers, albeit with a delay and to a lesser extent, but which was significant, at least until 1998. However, here too, particularly in the human and social sciences domains, recourse to precarious staff has become massive [30]. Similarly, Cytermann et al. estimated a 40% increase in student numbers between 1992 and 2002. They also note a quicker increase in numbers in small university towns, universities on the outskirts of Paris and universities of litterature, humanities, and social sciences, and less in universities in downtown Paris and those in large cities that specialise in the material and technical sciences [31].

In other words, since the early 1970s, all academic research institutions have tended to deconcentrate at the national scale, but in the case of academics, this spatial deconcentration coccurred with an increase in enrolments, and thus an institutional rebalancing in their favour.

2.2. Evolving scientific output by type of site

Table 1 shows that the decline of the concentration of publications in the Paris region corresponds to the growth in the weight of the major old academic centres, other university sites, which are often regional or departmental capitals with universities, as well as smaller sites, which fall into the category of "other cities". A word of caution here: researchers hosted at establishements in the latter category tend to sign their publications using the address of their home university, located in another (bigger) city. It should also be noted that some universities are organised in a network or alliance[e] and that assigning the university to a single city, as we do here, can be a somewhat misleading approximation.

Now let us look at the oldest university cities (Table 3). We separated the 10 most important ones by number of students, researchers, and publications from the 5 that are smaller in size. Among the top 10, growth is almost general with the very notable exception of Strasbourg, whose contribution to French publications is declining (from 4.6% to 2.6% of national production between 1980 and 2016), and Lyon, Marseille, and Nancy, which are stagnating.

Strasbourg is an intriguing case and we have no definite explanation. We simply note that the relative decrease in publication output from this city applies to selected sectors of biology. The proportion of publications attributed to Strasbourg is close to the national figure for cities hosting that many students.

Among the five medium-sized centres, Clermont-Ferrand and Besançon are the only ones whose contribution to French publications is increasing.

It should be noted that some of these agglomerations have lost their regional monopoly relatively recently: this is the case, for example, of Poitiers since the creation of the University of La Rochelle in 1993.

Table 3. Shares of scientific production of agglomerations of the type "academic centres in 1870" (SCI Exp, fractioned by agglomeration)

Year (3-year moving average) / Agglomeration	1980 %	1988 %	2000 %	2008 %	2016 %
Major centres					
LYON	6.57	5.78	5.89	5.88	6.01
GRENOBLE	4.51	4.86	5.66	6.27	5.62
TOULOUSE	3.78	4.03	5.20	5.48	5.51
MARSEILLE	4.21	3.92	4.02	4.16	4.28
MONTPELLIER	3.29	3.61	3.85	3.97	3.89
BORDEAUX	2.81	3.10	3.25	3.27	3.47
STRASBOURG	4.56	3.99	3.50	2.75	2.62
LILLE	2.60	2.63	3.07	3.15	3.34
RENNES	1.56	1.78	2.33	2.82	2.97
NANCY	2.62	2.53	2.45	2.26	2.21
Medium-sized centres					
CLERMONT-FERRAND	1.21	1.43	1.53	1.43	1.46
DIJON	1.17	1.16	1.18	1.15	1.19
CAEN	0.66	0.96	1.10	1.09	1.00
POITIERS	0.89	0.97	0.97	0.92	0.88
BESANCON	0.61	0.77	0.83	0.89	0.99

Source: 1979-89 (OST-Montréal-LISST, 2012), 1999-17 (IRIT-LISST, 2019)

If we now look at the other regional capitals, which were endowed with a university in the 1960s (Table 4), it appears that Nantes has reached a rank in terms of scientific production that is now in line with its place in the urban hierarchy. Amiens has benefited from the general tendency to study longer as a student in recent years in the northern regions of France; Limoges has seen a slight increase; but the other conurbations are stable in terms of their share of scientific production.

We have often rounded them off when different documents present different counts. They should be considered as approximations, although being sufficient to convey the general idea of trends.

[e] For example, the universities of the Littoral (Boulogne, Calais, Dunkirk, Saint-Omer), of Artois (Arras, Béthune, Douai, Lens, and Liévin), or of Savoie (Annecy, Chambéry, Le Bourget-du-Lac, and Jacob-Bellecombette).

Table 4. Shares of other regional capitals in scientific production (SCI Exp, fractioned by agglomeration)

Year (3-year moving average) Agglomeration	1980 %	1988 %	2000 %	2008 %	2016 %
NANTES	1.04	1.21	1.87	2.02	2.28
ROUEN	0.96	0.90	1.04	0.77	0.90
ORLEANS	0.85	0.86	0.88	0.78	0.82
REIMS	0.60	0.62	0.68	0.61	0.65
AMIENS	0.38	0.41	0.47	0.58	0.59
LIMOGES	0.57	0.58	0.64	0.61	0.66
AJACCIO[f]	0.00	0.01	0.02	0.03	0.02

Source: 1979-89 (OST-Montréal-LISST, 2012), 1999-17 (IRIT-LISST, 2019)

Finally, let us look at departmental capitals with a full-fledged university (Table 5). Here again, similarly as for Nantes as seen above, large cities that were only equipped with universities in the 1960s and 1970s (Nice and Angers) have reached a level of scientific activity more in line with their place in the urban hierarchy.

Table 5. Shares of other departmental capitals with full-fledged universities in scientific production (*SCI Exp*, fractioned by agglomeration)

Year (3-year moving average) Agglomeration	1980 %	1988 %	2000 %	2008 %	2016 %
ANGERS	0.38	0.37	0.64	0.72	0.82
NICE	1.59	1.91	2.24	2.35	2.18
TOURS	0.93	0.94	0.93	0.91	0.87
BREST	0.69	0.72	0.82	1.14	1.25
SAINT-ÉTIENNE	0.37	0.50	0.48	0.85	0.87
METZ	0.20	0.24	0.54	0.61	0.56
PAU	0.16	0.22	0.35	0.40	0.39
LE MANS	0.21	0.27	0.30	0.33	0.32
AVIGNON - NIMES	0.29	0.38	0.46	0.62	0.73
PERPIGNAN	0.26	0.28	0.30	0.33	0.27
TOULON	0.17	0.22	0.24	0.28	0.28
CHAMBERY	0.08	0.07	0.16	0.28	0.31
LA ROCHELLE	0.03	0.04	0.17	0.24	0.29
BELFORT	0.01	0.00	0.05	0.03	0.04
TROYES	0.01	0.04	0.10	0.23	0.23
ANNECY	0.08	0.11	0.18	0.17	0.14

Source: 1979-89 (OST-Montréal-LISST, 2012), 1999-17 (IRIT-LISST, 2019)

Brest, home to the largest part of the University of Western Brittany (whose other establishments are in Quimper, Morlaix, Rennes, Saint-Brieuc, and Vannes), is also emerging as a relatively important scientific centre. More generally, most of the cities in this category are experiencing an increase in their contributions to French publications.

We do not go into further detail here about the smaller sites[g]. Although underestimated in bibliographic databases because researchers from these sites tend to sign with the address of their laboratory, often based at a university in a larger city, they have also gained in importance over the years [32].

In summary, the analysis of the publications shows a continuous process of deconcentration relative to the Paris region, and more recently, to the major academic centres. This process has slowed down in the 2010's, but it is still ongoing. We hypothesise that it is the result of the increase in the number of university staff, itself linked to the increase in the number of students.

In order to get a clearer picture of the causes of this spatial deconcentration, we now relate publications to the number of researchers and students.

3 Just hire more to publish more

By linking scientific production and academic staff, we propose to test the abovementioned theory that productivity and research excellence are the privilege of metropolises with a "critical mass" of researchers sufficient to observe cumulative effects on scientific production.

This theory is historically grounded on the concepts of agglomeration economies and urbanisation economies, which were cast to explain the principles of spatial concentration of certain economic activities [6]. Its transposition to the case of research activities concerns a branch of the regional economy more specifically focused on the study of knowledge spillovers [33,34]. This branch is now more particularly interested in relations and exchanges of measurable knowledge between places [35,36]. However, the idea of a competitive advantage of the largest cities in terms of research has recently come back into force in the academic literature. Researchers specializing in the study of complex systems have transposed a model from biology to highlight an effect of city size on the spatial concentration of research activities, a spatial concentration deemed necessary for scientific performance [37,38].

To relate scientific production to research staff, we use several sources, calculated at the urban agglomeration level: publications in 2016 (in fact a moving average over 2015-17), this time for all disciplines[h]; HER staff at CNRS units in 2018, in the 43 university cities with CNRS units; number of students in

[f] Ajaccio is the seat of the territorial assembly of Corsica but it does not host a university: the University of Corsica is located in Corte.

[g] A detailed study is under way in Occitania region.

[h] The restriction to SCI Exp of the first part is due to the desire to continue the time series that we had started on this basis. We only have data for all disciplines for the period 1999-2017.

2015-17; HER personnel listed in the "annual social data declarations" (DADS) from 2012 to 2014[i].

By taking into account all the sites (excluding territories and overseas departments) and several variables simultaneously, the statistical models make it possible to test the link between scientific production and academic staff per site. As the distributions of values are all log-normal, linear regressions can be used, provided we transform the variables with the natural logarithm function. This is a usual procedure in this case to fit to Gaussian or close to Gaussian distributions.

The first model tested covers 114 sites with HER staff and researchers included in the DADS 2014 data called "academic staff" (Fig. 1, Table 6). This model explains about 92% of the variation in the number of publications between urban areas.

Fig. 1. Academic staff in 2014 and publications in 2016

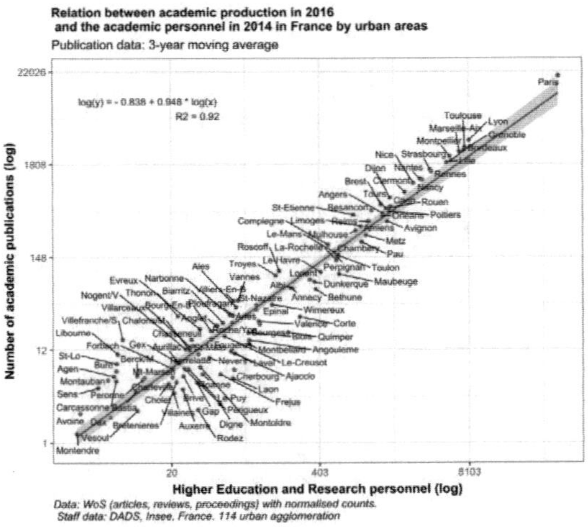

Table 6. Summary of regression model: Scientific output in 2016 ~ Academic staff in 2014

Coefficients	β	Std. error	Statistic t	P. value
(Intercept)	*-0.838*	*0.141*	*-5.945*	*3.20E-08*
log(*Academic staff*) - 2014	*0.948*	*0.026*	*36.249*	*1.05E-63*

Dependent variable: log(*publis_151617*) 3-y. moving average
Residual standard error: 0.5994 on 112 degrees of freedom
Multiple R-squared: 0.9215, Adjusted R-squared: 0.9208
F-statistic: 1314 on 1 and 112 DF, p-value: < 2.2e-16
Number of observations: 114 urban agglomerations
Sources: WoS (articles, reviews, proceedings); Insee DADS

No large sites deviate significantly from the model. The few significant deviations concern small sites such as Digne-les-Bains, Villefranche-sur-Saône, and Rodez, for which we have already mentioned that it was complicated to measure scientific output due to the practices of signing articles. It can therefore be concluded that the number of researchers explains almost all of the variations between agglomerations in terms of the number of publications.

Finally, we can go a little further by limiting ourselves to the 43 sites with CNRS employees (Table 7). This time, more information can be taken into account: the number of CNRS researchers, the number of permanent non-CNRS researchers in CNRS units, the number of non-permanent researchers in CNRS units (fixed-term contracts including post-docs), the number of students, and academic staff (moving average on DADS data 2012-2014). The explanation is then 98%.

Table 7. Summary of the multiple regression model applied to CNRS sites: scientific production in 2016 ~ researchers and non-permanent staff of CNRS units in 2018, students in 2016, academic staff in 2013

Coefficients	β	Std.error	Statistic t	P-value
(Intercept)	-1.953	0.388	-5.032	1.28E-05 ***
log(*Academic_staff*) 2012-2014 Insee	0.508	0.129	3.936	3.52E-04 ***
log(*CNRS_res*) 2018 CNRS units	0.190	0.056	3.410	1.59E-03 **
log(*Non_perm_staff*) 2018 CNRS units	0.181	0.125	1.455	1.54E-01
log(*Other_res*) 2018 CNRS units	-0.259	0.119	-2.186	3.52E-02 *
log(*Students*) 2015-2017 MESRI	0.419	0.114	3.670	7.61E-04 ***

Dependent variable: log(*publis_151617*) 3-y. moving average
Residual standard error: 0.2399 on 37 degrees of freedom
Multiple R-squared: 0.9793, Adjusted R-squared: 0.9765
F-statistic: 350.8 on 5 and 37 DF, p-value: < 2.2e-16
Number of observations: 43 urban agglomerations
Sources: WoS (articles, reviews, proceedings); Insee DADS 2014-2014; MESRI data on students 2015-2017; data on CNRS research units 2018

No site deviates significantly from this model—leaving aside the case of Corte—but there are some peculiarities that explain its situation (Fig. 2). The statistical model could certainly be improved by including other data (e.g., company research) to get closer to the 100% explanation.

Our results show that the overall number of publications of a site can be accurately predicted from indicators on the number of staff engaged in academically oriented research (corporate researchers publishing significantly less).

In addition, we also used an alternative approach of calculating a publication rate per full-time equivalent researcher (DADS). This additional analysis shows that the large sites all fall within a fairly narrow range, the small sites differ according to their speciality, and an

[i] See the description of private and public jobs and wages in 2015: https://www.insee.fr/fr/statistiques/3536754. We use PCS 342B ("Professors and lecturers"); 342C ("Associate and certified teachers - secondary school teachers - in higher education"); 342D ("Temporary teaching staff in higher education"); 342F ("Directors and research officers in public research"); 342G ("Research and study engineers in public research") and 342H ("Public research fellows") in the "employees" file. Déclaration Annuelle de Données Sociales (DADS): Customized tabulation, INSEE [producer], ADISP [publisher].

analysis of variance on the types of sites (in four categories) shows a total absence of significance of site size on research productivity.

Fig. 2. Standardized residuals from the multiple regression model applied to CNRS sites

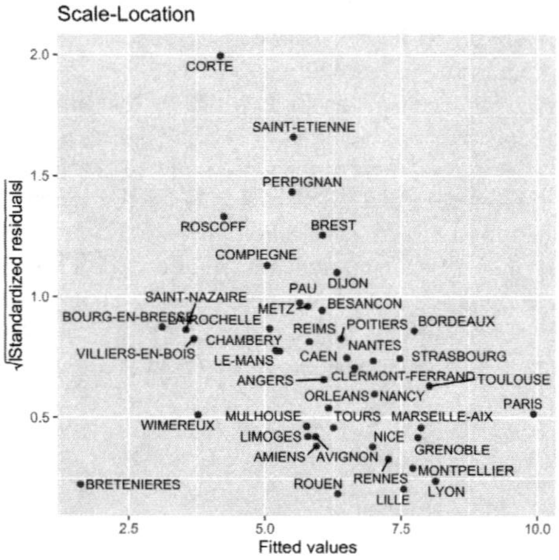

Contrary to many preconceived ideas about the unequal geographical distribution of scientific excellence, the geographical concentration of researchers has no effect on their "productivity" as measured by the number of publications.

4 Conclusion

There are limitations to this analysis that should be noted. First, it combines all disciplines, limiting itself to the natural and technical sciences in the first part, and taking into account all academic disciplines in the second part. To go further, however, a per-discipline study is necessary but that requires counting the per-discipline number of researchers.

Second, our study is limited by the source used to estimate scientific production. It is one of the oldest bibliographical databases, whose biases are well documented [39–41] : English-speaking tropism, failure to take into account books, sometimes arbitrary selection of journals taken into account [42]. The human and social sciences in particular would require a specific analysis.

However, despite these limitations, this analysis of the French case is consistent with the main results already observed worldwide: geographical deconcentration and lack of agglomeration effect on the number of publications [24,25,43,44] .

More specifically on the question of the effects of policies implemented since 2007, there is little evidence of a change in the structural trends at work. Whether or not their institutions are grouped together, labelled by the PIA (Plan d'Investissement d'Avenir, that is Future Investment Plan) or not, researchers whatever their city publish with similar intensity.

It may be too early to perceive the effects of policies that have kept researchers busy in recent years and have sought to allocate more research resources to the groups deemed to be the most successful. Much ado about nothing?

Maybe not. Several social movements are underway in the French scientific system challenging the current reforms, which is nothing new or surprising in itself, whether or not these reforms or challenges are considered well-founded [45]. All these movements report the waste of energy and time devoted to the reorganisation of their institutions, in particular all the mergers of establishments that have been underway for more than ten years (one needs only to follow the discussions on the changing contours of the Communities of Establishments in the Paris region or look at the work that analyses the complex interplay of actors involved in these transformations [46,47]). Above all, these reconfigurations would have led to a multiplication of organizational levels and a loss of legibility of the French higher education and research system, as shown by "the layer cake of the organizational affiliations" [48,49], a paradoxical result given the initially stated objective: to gain international visibility and move up in international rankings. If we consider, as we have argued in this text, that the analytical bases that underpin part of the public justification of the policies in question are erroneous and contradict long-term trends that predominate internationally, then it is possible to interpret this dissonance by invoking the notions of complexity and disorder.

That the French scientific system is complex, among the most complex in the world because of its history, is beyond doubt for all those who know it. This system evolves according to trends well identified in our work and in many other similar works, among which is the spatial deconcentration of activity. This can be seen as a form of order. Disrupting an evolving complex system is always possible. Public policy can consciously seek to do so, for example, by putting in place mechanisms to counter the trend of increasing inequality in a school system. The interesting feature of the HER policies we have discussed in this paper is that they are based on misinterpretations of trends: believing in an inevitable movement towards spatial concentration of innovation and research activities in the most populous cities whilst believing in greater scientific productivity in these cities. Their designers believe that they can accompany and reinforce these trends and use them to enhance the efficiency of the system, whereas their policies appear to be completely out of step with the observation of trends provided by empirical analyses such as ours. Their interventions then appear as a kind of more or less random disturbance: a disorder. For the time being, we can simply say that they introduce tensions into the system. It is still too early to know if they will change the trajectory of the system and in which direction.

Acknowledgements: We thank PROGEDO-ADISP for sharing social data on HER staff. The scripts and the data (except for the social data concerned by statistical secrecy) are released at: https://framagit.org/MarionMai/the-spatial-organisation-of-french-research

References

1. S. Sassen, *La ville globale : New york, Londres, Tokyo* (Descartes & Cie. 1996., Paris, 1991).
2. P. Hall and M. Castells, *Technopoles of the World: The Making of Twenty-First-Century Industrial Complexes* (Routledge, Londres, 1994).
3. H. Maurey and L.-J. de Nicolay, *Aménagement Du Territoire : Plus Que Jamais Une Nécessité* (Sénat, Paris, 2017), p. 126.
4. L. Bourdeau-Lepage, F. Gaschet, C. Lacour, and S. Puissant, Cahiers Du GREThA (2011).
5. R. Martin, Cambridge Journal of Economics **23**, 65 (1999).
6. M. Catin, Revue Économique **48**, 579 (1997).
7. E. L. Glaeser, H. D. Kallal, J. A. Scheinkman, and A. Shleifer, Journal of Political Economy **100**, 1126 (1992).
8. A. Delamarre, C. Lacour, and M. Thoin, *50 Ans d'aménagement Du Territoire*, La Documentation Française (Paris, 2015).
9. G. Wackermann, *Les Pôles technologiques : une mode ou une nécessité?* (La documentation française, Paris, 1992).
10. P. Beckouche, Strates **Hors-série**, (2002).
11. M.-P. Rousseau and R. Prud'homme, Paris: L'ŒIL-IAURIF (1992).
12. B. Marchand, L'Information Géographique 234 (2001).
13. L. Davezies, Pouvoirs **110**, 35 (2004).
14. Y. Gingras, La Recherche 46 (2009).
15. M. Baron, C. Barrera, and F. Birck, Les Annales de La Recherche Urbaine (2015).
16. J. Angermuller, Higher Education **73**, 963 (2017).
17. É. Requilé, Mouvements **71**, 147 (2012).
18. Ministère de l'Enseignement Supérieur, de la Recherche et de l'Innovation, *État de l'Enseignement Supérieur, de La Recherche et de l'Innovation En France* (2019), p. 140.
19. Ministère de l'Education nationale, de l'Enseignement supérieur et de la Recherche, *Atlas Regional Effectifs d'étudiants En 2012-2013* (Paris, 2014), p. 200.
20. M. Grossetti, D. Eckert, M. Maisonobe, and J. Tallec, in *Handbook on the Geographies of Innovation* (Edward Elgar, Cheltenham, UK; Northhampton, MA, USA, 2016), p. 512.
21. C. Musselin, *Les Projets Européens : Coopération Ou Élitisme?* (Institut de l'entreprise, Paris, 2004), p. 3.
22. P. Cénac, C. Lemercier, and A. Zimmer, La Vie Des Idées (2020).
23. B. Milard and M. Grossetti, Regional Studies **53**, 1459 (2019).
24. M. Maisonobe, M. Grossetti, B. Milard, L. Jégou, and D. Eckert, Scientometrics **113**, 479 (2017).
25. M. Maisonobe, M. Grossetti, B. Milard, D. Eckert, and L. Jégou, Revue Française de Sociologie **57**, 417 (2016).
26. M. Maisonobe, L. Jégou, and D. Eckert, Cybergeo: European Journal of Geography n° 871 (2018).
27. M. Grossetti, *Science, industrie et territoire* (Presses universitaires du Mirail, Toulouse, 1995).
28. A. Mailfert, *Recherche et territoire* (La Documentation française, Paris, 1991).
29. D. Guthleben and A. Kaspi, *Histoire du CNRS de 1939 à nos jours une ambition nationale pour la science* (Armand Colin, Paris, 2009).
30. ANCMSP, Blog de l'Association Nationale Des Candidats Aux Métiers de La Science Politique (2019).
31. J.-R. Cytermann, M. Bideault, P. Rossi, and L. Thomas, Education et Formations 61 (2004).
32. R. Levy, M. Sibertin-Blanc, and L. Jégou, M@ppemonde **2**, (2013).
33. L. Anselin, A. Varga, and Z. Acs, Journal of Urban Economics **42**, 422 (1997).
34. C. Autant-Bernard and N. Massard, *Externalités de Connaissances et Géographie de l'innovation : Les Enseignements Des Études Empiriques* (Université Jean Monnet Saint-Etienne, Saint-Etienne, 2001), p. 24.
35. T. Sebestyén and A. Varga, The Annals of Regional Science **51**, 155 (2013).
36. L. Bergé, Papers in Regional Science 785 (2016).
37. L. M. A. Bettencourt, J. Lobo, D. Helbing, C. Kühnert, and G. B. West, Proc Natl Acad Sci USA **104**, 7301 (2007).
38. L. M. A. Bettencourt, Big Data **2**, 12 (2014).
39. T. N. van Leeuwen, H. F. Moed, R. J. W. Tijssen, M. S. Visser, and A. F. J. Van Raan, Scientometrics **51**, 335 (2001).
40. A. Basu, Scientometrics **82**, 507 (2010).
41. P. Mongeon and A. Paul-Hus, Scientometrics 1 (2015).
42. W. Keim, Revue d'anthropologie Des Connaissances **4**, 570 (2010).
43. M. Grossetti, D. Eckert, Y. Gingras, L. Jégou, V. Larivière, and B. Milard, Urban Studies **51**, 2219 (2014).
44. B. Lepori, A. Geuna, and A. Mira, PLOS ONE **14**, e0223415 (2019).
45. Sauvons l'Université !, *Loi de Programmation Pluriannuelle de La Recherche (LPPR) Ce à Quoi Il Faut s'attendre* (2020).
46. C. Musselin and J. Barrier, in *The University Under Pressure* (Emerald Group Publishing Limited., 2016), pp. 361–394.
47. J. Aust and C. Crespy, Revue française de science politique **59**, 915 (2009).
48. M. Dassa, A. Deniau, M. Durand-Barthez, F. Girard, N. Pothier, and A. Séné, Documentaliste - Sciences de l'information **51**, 12 (2014).
49. D. Pontille, A. Séné, V. Prêtre, N. Pothier, A. Deniau, M. Durand-Barthez, and F. Girard, Ethics, Medicine and Public Health **2**, 456 (2016).

EPJ Web of Conferences **244**, 01006 (2020) https://doi.org/10.1051/epjconf/202024401006
Complexity and Disorder Meetings 2018–2020

The Driving Forces of Human Society Main Transitions

Jean-Claude Serge Levy[1]*

[1]MPQ, UMR CNRS 7162, Physics Department, University Paris Diderot, 75013 Paris, France

Abstract. The four main steps of human evolution: hunting-gathering, farming-livestock herding, industrial era and conception era are considered here as distinct phases parted by dynamic phase transitions. Comparing these social phases enables us to deduce the driving forces occurring during these transitions. At each transition the laymen lost some previous advantages, these losses had to be balanced by some counterweights, the transition driving forces. For instance, the first transition is shown to result from an equilibrium between efficiency and power, social partition and religion. Other transitions are similarly analysed with evidence for driving forces leading to deep social reconstructions.

1 Introduction

The complexity of the objects which are considered in physics, particles, atoms, molecules, grains, is quite different from the complexity of human behaviour and of collective human behaviour. Moreover, there is no equilibrium at all in human society. Human society can change drastically and also admits coexistence and vicinity of completely different social organizations, i.e. phases in the terms of physics. However, when looking at the four main steps of human society evolution: hunting-gathering, farming-livestock herding, industrial era and conception era, the differences in life conditions are so huge, so obvious, that these life conditions can be analysed in simple terms and that the driving forces of these transitions can be understood.

The partition in three or four phases of human society has been largely developed by the specialists of "World History" or "Global History" [1]. The origins of such a holistic approach of our history are very old [2] and have been largely revisited since that time [3]. A basic point about their differences was already studied a long time ago by Ibn Khaldun (1332-1406) [2], about the first transition, i.e. between hunting-gathering and farming-livestock herding, the only one at that time. Ibn Khaldun compared the society based on hunting-gathering, H in the following and the society based on farming-livestock herding, F in the following.

The permanent search for new food forces H to move with a consequent nomad life. Such a nomad life restricts the size of this moving community to a small mobile tribe. At the contrary the more or less regular production of food from agriculture forces F to stay with a sedentary life in well-chosen optimal sites with both water and rich soils, i.e. close to large rivers. The large production of agriculture suffers from many causes of strong fluctuations, climate variations, storms, insects, epidemics. These fluctuations as well as the necessary time for growing from seeds to plants and fruits lead, F to the necessity of large food stocking barns. These stocks must be saved within stable buildings and protected against thieves. So, F leads to a complete heavy social organization in villages with farmers, builders, soldiers, hand workers producing the required tools for so different uses. A high level of language is required to communicate between so many different workers. Moreover, these specialized works must be understood and practised. So, schools were necessary for these different learnings from the very beginning. Practically it means that F leads to a full city organization as observed in a "roman villa".

At the opposite H is organized in independent tribes of a few tens each, as observed by ethnologists about such tribes still existing [4, 5]. The differences between H and F are obviously quite strong and numerous. So, the transition between H and F cannot be reduced to a mere change. This so strong social transition deserves full attention.

Other similar strong transitions occurred later among human societies. They deserve also to be considered as phase transitions from the same reasons as for H-F since they involved a so deep change in human life condition. The understanding of the main lines of development of such transitions, of their driving forces which can be deduced from the detailed balance between these statuses is the goal of this paper. So, it is convenient to shortly introduce these different "phases", after looking at their rather continuous way of occurrence.

The development of sciences and techniques was already a necessary tool for H, with the knowledge of wild edible or inedible plants, as well as the progressive learning of improved hunting techniques. Such improvements followed in a rather continuous way. The transition from H to F, i.e. mastering the way to use good seeds and mastering the choice of domesticated animals, occurred also by steps, especially with the introduction of new domestic animals from their usual living places to new

* Corresponding author: jean-claude.levy@univ-paris-diderot.fr

other ones. Such progresses followed a more or less continuous way, with numerous improvements such as the different uses of land set-aside [5] according to local optimization trials. The development of sciences and techniques was always useful. It opened new opportunities for social organizations.

In the transition from F to industrial era, I in the following, the part of sciences and techniques was also essential for this creation of new opportunities. Numerous main progresses within the long F era occurred by transmission between different societies through trade exchanges and through invasions. With such ways, there was a rather continuous exchange between Europe and Asia mainly by terrestrial ways. The necessary fight against Moroccan invaders from sea led Henri the Navigator (1394-1460) and others to develop ships such as "Caravels" which can face the most serious storms without real trouble and so, can reach finally any place on the sea, in the world [6]. This very decisive step was soon followed by a full series of discoveries of unfound lands, continents, "A new world". The discoveries of new civilizations, new foods and large amounts of materials like gold or silver completely shifted the European equilibrium in favour of the new emerging Southern nations Portugal and Spain.

This sudden accumulation of rich newness later obliged people to change even their minds and uses, with a real hope which was put on scientific and technical research. Even philosophy was reached by this wave of new thinking with the coming soon of the enlightenment shortly after the Spanish "Golden Age" which was directly issued from the discoveries. This enormous intellectual activity was later followed by a complete society change with the developments of the beam machines which brought a large disposal of energy for all uses, under the condition of coal mining. These new possibilities allowed to induce the social transition from F to I, the industrial era.

The next society transition is coming now under the simultaneous influences of an easy and fast communication with everybody anywhere, of a dangerously increasing pollution and simultaneously of an expected lack of mineral resources which follows the full development of the industrial era I. In this coming conception era C, anything can be conceived and discussed with anybody anywhere, but the full realization of this concept must fulfil rigid constraints about pollution and mineral resources. The new global character of C at the world size means a full transition.

This already classical picture of the four states of human society shortly introduces the real points to be analysed here. What are the advantages and disadvantages of each of these states for the layman? And how these disadvantages could have been circumvented in order to stabilize the emergency of such states? These questions are still open, but the main goal here is to introduce this transition problematics with the beginning of an answer for each transition. The basic tool for this analysis is a large scale view, a coarse grain approach, which enables us to just focus on the main differences between these civilizations.

2 The H to F transition.

The advantage of the farming-livestock herding F over the hunting-gathering H is obviously the great increase in food production since hunting and gathering are still occurring within F and that agriculture and cattle can provide a considerable amount of food, quite larger than that just taken according to H. And the general and obvious result of the transition H to F is a change from a small nomad tribal society to a large collective sedentary society which can be fed by this considerable amount of richness [2]. This is a collective view.

At the individual level, for the "layman', the result is different as observed in tribes still living according to H [4,5], with an obvious happiness and with a real art which is discovered now in many museums devoted to primitive arts [7]. For these H tribes the amount of work needed for collective survival is about 3 hours a day per working people, leaving a large place for other cultural centres of interest such as art. This ethnological observation [5] is confirmed by many simple facts. Gathering mushrooms or fruits in an unexplored rich part is easy to perform, as well as fishing or hunting. There is also the pleasure of the discovery and of the observation of nature in its wildness which makes this activity an easy duty. These observations easily confirm the ethnological feeling of a rather happy life in H.

As a result of this old H happiness, the collective memory of the hardness of the transition from H to F and of the loss of these happy days, is deeply felt everywhere. Numerous traces of these mythic days are still obvious. The garden of Eden, or the garden of Hesperides keep the trace of this Golden Age H. Similar observations result from the numerous representations of trees of life, full of fruits, birds and animals, in Latin America as well as on oriental carpets or on prime arts. This H way of life was obviously thought as one of full happiness, of easy life, even with risks. This reference was opposite to the next status: F. And this strong opposition was the reason for this deep mythic memorization.

The life condition in F is sedentary since workers are linked to their cultivated land by necessity. Animals require a regular care and an everyday help. The time spent in farming works varies strongly with seasons, so a direct comparison with the time spent in H cannot be done. As already noticed before and well observed [2], F requires a strong collective organization in cities and an urban organization with many tasks. So, a more or less heavy occupation time occurs for average people, with some specializations and a natural feeling of the loss of free time and for some of them of the loss of a direct contact with nature.

Because of this heavy work constraint for most of the population, the opposition to this new way of life must be balanced by some stabilizing action introduced by the active leaders of such a change. Since this transition occurred in many places at quite different times, the overview of "Global History" enables us to observe the large variety of means that helped these leaders in achieving this basic goal. Of course, brutal force was a means, with soldiers, "knights", in a distanced way [8], for inducing such a transition. But such a brute force cannot occur alone during a long time without rebellion, other better persuasive means were used for that purpose. On one side religious feelings were useful for people to agree with this new way of life. For instance, the fear of the unknown, the mythic "snake", which was already present in H as a permanent danger, helped to stabilize F. Another useful trick was linked to the necessary specialization which occurred in F. So, the partition into working casts also helped in stabilizing F, in India for instance [9]. These two tricks were associated together in different ways. Some F societies are known to disappear by themselves after a more or less long existence, as some Maya civilizations [10]. This is a proof of this deep general instability and of the care needed for stabilizing F. This transition from H to F took time, more than centuries.

The difficult stabilization of F gave a considerable weight to soldiers, "knights" in a mythic view, and to social organizers, "priests", so to call them, who played both with fear and with hope in order to organize a consistent society. Knights and priests are the words used by specialists of middle-aged history [8,11]. It must be added that this long-time transition occurred in many different places. This long and large extension with numerous local versions enabled the so-called "priests" to mix experiences from different eras and different places in order to find some optimal convincing arrangement in a more or less common "religious feeling". Numerous studies evidenced such long-time efforts to develop a common, worldwide religion in some sense, even if local roots were strongly different from one place to another one [9]. Finally, from this long optimization process, a rather stable solution appeared.

This is a rather unexpected result of this short analysis: religious feelings which are already common to H [4] because of the necessity of facing an unexplored hostile nature, appear as well as work specialization as the main stabilizers for F. These extended religious feelings, including different local shapes, are the main social bricks of F. This complex and locally variable religion leads to a social organization of F with priests and knights naturally located at the top of the society [8, 11]. So, during the later human society evolution, the part of religion which is so directly connected to the stabilization of F becomes questionable when the society model becomes no longer F but I or C. In other words, religion has been contingent to F during thousands of years. Even if the natural optimization process of religions ensures them some adaptability as social institutions, religions remain strongly and definitely linked to F and its social organization.

The next question to deal with is obviously the life conditions with I or C, more exactly the differences in life conditions between F, I and C. As already noted here, the life conditions to be considered are not that of leaders, which can easily manage themselves in order to enjoy a favoured life condition in any society, but these are the average worker's life conditions. The changes of the layman life during social transitions are interesting for that study. The effective leaders of these transitions, the generalized "knights" and "priests" must be able to realize these changes both on basic conditions and also on human and social transitions in a new equilibrium.

3 The F to I transition.

The life conditions of both F and I evidence for strong local and temporal variations, since the transition from F to I took place through several centuries, with a localization which was far from being uniform. So, here only the general tendencies can be focussed for both societies, beyond nations and centuries which appear here just as local variations within a global evolution observed at a coarse grain level. This very coarse grain approach softens most of the irregularities within such large statistics. So, only main features remain.

For workers in F, the contact with nature remains quite strong, even if some specialization occurs, nature stays quite close, in the farm and around. The basic agriculture work is far from being uniform or monotonous during the whole year. In spring and summer, during crops, a lot of work must be done in a hurry, while during the rest of the year, agriculture is just a part time work. Other works in F follow this seasonal rhythm with a few intense times followed by rather long less intense ones, even with nearly no work at all, but just survey, during some periods. This time schedule was a good opportunity for introducing locally complementary artisanal works in order to produce improved necessary tools for agriculture and livestock or everyday life. For instance, flax culture was useful to produce everywhere clothing with the help of local work. Such processes of complementary work occurred rather early on a very local level with a resulting nearly autonomy of each village [12]. So, the farmer work was quite diversified and open to many techniques and thus, more generally to new techniques. This ability made the first steps of the transition to I rather easy ones.

In the industrial era I, main attention is devoted to mining and industry, which are practised on a large scale with the newly powered engines. There is nearly no seasonal effect for such productions. So, I era induced permanent works, more regular work than F, also with the danger of a full-time specialized employment without any leisure time. The model to come for the civilization I of mines and industry was that of large factories and so large towns, with a more collective life for workers in cities than in F villages. This large-scale effect of industry and cities means strong investments and so powerful investors. For the workers this new era potentially created a conflict with these new investors and managers, because of this strong social change from land and country to cities, from nearly independence and freedom to a quite dependent status, from agriculture to industry. Naturally industrial workers organized themselves in labour unions in order to face this potential conflict. So, instead of knights and priests, the social organization in I belongs to "investors and managers" on one side and to "labour unionists" on the other side. The effective goal of this completely new team was to reach a practical social dynamic equilibrium between apposite partners.

Another main point must be underlined in the transition from F to I. In F, workers have a permanent contact with nature in its different forms, while in I, because of industrial specialization, high schools are necessary in order to learn how to work optimally in these new factories or mines [12] and finally the traditional link with nature is nearly lost. There have been many social ways of reintroducing such contacts such as the creation of worker gardens or the starting point of tourism with the connections to sea and mountains by means of railways [12], but this loss was deeply felt, and a resulting lack of equilibrium occurred at many internal levels in mind. So, the emergence of psychoanalysis [13] was one of the cures which were necessary to balance such a lack of a direct contact with nature and the different psychologic shapes of disease which result from this lack in a highly differenced industrial society under severe constraint.

The complete change from F to I induced also a deep thinking about this transition. This intellectual activity reached philosophy, arts such as literature or music or painting as well. On one hand this new situation was appealing for creation as a mirror of this new state of life, as a help to process with it. On the other hand, a large lot of educated people were ready to enjoy this new "Golden Age of culture" which was open now to a large social class which could observe itself in this mirror. This new way of life gives a strong place to a new man, a hero, investor or unionist, main actor of this new life. In arts, this is the appearance of Romantism, everywhere, with also a revival of previous authors like Shakespeare for instance who felt in advance such a reality. Numerous studies are devoted to this deep change in the world of art and culture and to its future evolution [14-16].

A new feature of I is its relative delocalization, its abstract nature while F is strongly linked to land and to its specificity. Mining is located in places without any social history, and industry has no strong obvious localization. Industry is usually located close to cities which can use these products, i.e. old traditional cities, as well as new mining cities or cities well connected to other centres by railway and roads, and finally it can be in any place [12]. This lack of natural localization induces the possibility of a choice, a severe competition between potential sites, between industry owners, i.e. between society leaders, heroes of this transition. This competition spirit reached early a very high level since investors and managers have no real history, no past, no strong links, they just play an efficient game. Everything can happen. With such a large freedom, competition, concurrence lies everywhere, fighting spirit dominates. Quite obviously, modern sports also appear at that time simultaneously with the development of industry. Multi faced heroes appear also with fears since generalized competition can lead to more active and dangerous processes.

A main step in the evolution of this competition spirit was the search for all kinds of mines everywhere in the world. And colonial wars soon happened as a finally rather common way of taking the potential mining richness of less developed foreign countries. Then the competition between industrial nations increased and occurred at such a high level in a next step about mining and also industry. Well-developed industrial nations tried to extend their leadership even upon industry on neighbouring countries, which seemed less developed than them. The climbing process of competition did not stop. These local wars were soon followed, in a next higher step, by world wars, since industrial nations easily found friend nations as partners to share their interests, against other ones, even up to wars. So, the limits of such a war extension were easily reached, with a catastrophic result in terms of human losses, with the awful development of new efficient weapons. This terrible result stopped for a while such open wars which can reach anybody. Then the competition was restricted to a cold war, spying information, with high tension.
During this evolution, just as before in the F to I transition, the development of sciences and techniques was a quite useful tool in this neither achieved competition since it brought new powerful opportunities for all partners. Of course, with the competition spirit of I era, which can be also observed in sport, an invention of I, the development of sciences and techniques was also a key for the future, and natural limits are approached now both from the point of resources and of pollution.
The new conception era C must take care of these strong limits in earth richness in pollution, even if each idea can be easily realized because of the high technical level which is reached in so many countries and of robotization. Real action is becoming dangerous because of these easily reached limits.

4 The I to C transition

From the natural extension of the previous chapters, it sounds clear that the leadership of the new C society will be shared by "investors" on one side and on the other side by "warning people" who will try to define a safe future for mankind. Once more a new class of human leaders is appearing in this series of transitions, in a regeneration process. And new problematics appear.
From the experience of the I civilization and its last trends, it sounds that the number of large factories must be quite restricted in C and that quite numerous more or less independent creation units must appear, with coordination for information and for founding. Silicon Valley sounds as an example of such a creative area with a corresponding

new architecture and urban organization. Information is propagating faster and faster in a nearly fully connected world. In such a way, new events are early anticipated, and risks reduced. Since, in this coming C society common information reaches a high level as well as risks, it can be deduced that real action will be going slower for taking time for safety. Leaders will wait for general agreement between quite numerous partners before acting. That means a high level of fluctuation to come in this near future and so a general slowing down in spite of a fast information!

The recent pandemic story of coronavirus provides a good example of the new civilization to come. A very fast propagation of both disease and information occurred. As a result of confinement, a deep behavioural change happened at all levels with for instance a strong questioning about the common use of travels, the new revisited nomad life of H! And a new computerized version of homework, which was the common use of F reappeared! In other words, the tracks of the previous civilizations remained still vivid and could be quite useful to face the future. In this Darwinian approach, the richness in possible states, in possible behaviours is required. So, the memory of previous civilizations can be useful to diversify the possibilities of the future.

5 Conclusion

As a conclusion of this short synthetic view, it seems that a simple global view is reached here, while infinite variations occurred in real history [16]. This is the advantage of this very coarse grain approach to forget so many details which were so crucial in reality. So, this long-distance approach based upon the physics of phase transition experience opens the way to such coarse-grained approach in other fields.

Let us recall briefly the main results which were obtained here from this simple approach. First, religion and its so numerous variations was proved to be strongly linked to the stabilization of F civilization. This contingent situation is clear and gives a strong limit to religion, even if religions have been still active as social institutions through many other situations. Knights and soldiers were the other basis of F.

Similarly, labour unions and psychoanalysis are demonstrated to be strongly linked with the existence and development of I civilization. And I civilization is the fruit of investors and managers as well. The competition spirit which was developed in I reached a so high level that so many sorts of fights and wars occurred everywhere.

It seems rather early to find the same leading structure for C civilization, but warning sounds already to be a major theme, with both positive and negative actors, i.e. creators and people who feel the dangers of such creations.

Another interesting result of this approach is the evaluation of the part of sciences and techniques in these different H-C civilizations. Sciences and techniques have been seen to have a crucial part in the development of each civilization and also of transitions as basic tools for a social reconstruction. Sciences and techniques open new possibilities which are useful for the development of civilizations as well as for their transitions. But the main choices of orientation remain in the power of social leaders which are more or less aware of these possibilities and manage them in their own way. For these different civilizations, these leaders also change, tribe leaders in H, "knights" in F, "investors" in I. Such strong changes are characteristic of phase transitions. This remark validates the method used here.

1. F. Braudel, *Civilization and Capitalism, 15ᵗʰ-18ᵗʰ Centuries* (UC Press, Berkeley, 1992)
2. I. Khaldun, *Le Livre des exemples* (Gallimard, Paris 2002)
3. P. Boucheron et alii, *Histoire du Monde au XVe siècle* (Fayard, Paris 2009)
4. C. Levi-Strauss, *Tristes Tropiques* (Plon, Paris, 1955)
5. P. Clastres *Chronique des indiens Guayaki*, (Plon, Paris 1972)
6. C. Markovits, S. Subrahmanyam, in *Histoire du Monde au XVe siècle* (Fayard, Paris 2009) 603
7. Museum of Primitive Art, *Primitive Art masterworks* (American Federation of Arts, New York 1974)
8. G. Dumezil, *Mythe et Epopée* (Gallimard, Paris 1968)
9. S. Subrahmanyam, *L'Inde sous les yeux de l'Europe* (Alma, Paris 2018)
10. T.A. Kohler, M.E. Smith, A. Bogaard, G. M Feinman, Nature **551**, 619 (2017)
11. G. Duby, *Les trois ordres ou l'imaginaire du féodalisme* (Gallimard, Paris 1978)
12. F. Braudel, *L'identité de la France, I, II, III* (Arthaud, Paris 1986)
13. S. Freud, *The psychopathology of everyday life* (Berlin 1901)
14. H. Becker, *Art worlds* (UC Press, Berkeley 1982)
15. P. Bourdieu, *La distinction* (Les éditions de minuit, Paris 1979)
16. P.M. Menger, *Le paradoxe des musiciens* (Flammarion, Paris 1983)
17. N. Piqué, in *this volume* (EDP, Les Ulis, 2020)

EPJ Web of Conferences **244**, 01007 (2020) https://doi.org/10.1051/epjconf/202024401007
Complexity and Disorder Meetings 2018–2020

The Comminges County from the 10th to the 15th century

Maryse Casanova[1], *Jean-Louis* Brousse[2]

[1]Elected mayor from Gascony, village of Puymaurin
[2]Elected mayor from Gascony, village of L'Isle-en-Dodon

Abstract: From the 10th to the 15th centuries, the counts of Comminges developed their important domain and resisted the ambitions of their powerful neighbors. Alliances, treaties, marriages, wars, everything has been good to preserve their goods. These counts played happily with their personalities, their strengths, their weaknesses, their malice. They supported the economic and social development. The population gradually migrated from the mountains to the plain, first with the help of the Church and the creation of the "sauvetés". Then the liberality of the counts allowed the construction of numerous "bastides" in the 13th century. The county families provided the majority of the Commingeois bishops and reinforced the importance of the Secular Church. By their permanent support to the Regular Church, they favored the establishment of large monastic and templar domains, the development of as much farming land. The progressive close up with the raimondine city of Toulouse, placed the County under his protection after the crusade by the Albigensians in 1218. The war against the English, the devastations of the Black prince in 1355 opened the last page of this story, accompanied by calamities that left in 1453 a bloodless Comminges in the hands of the King of France.

1 Presentation

Medieval Comminges occupied the southern part of the present Haute-Garonne department and some nearby territories in the departments of Ariège, Hautes Pyrénées and Gers. Throughout the Middle Age, it kept essentially the same envelope despite some fluctuations over the centuries. [1]

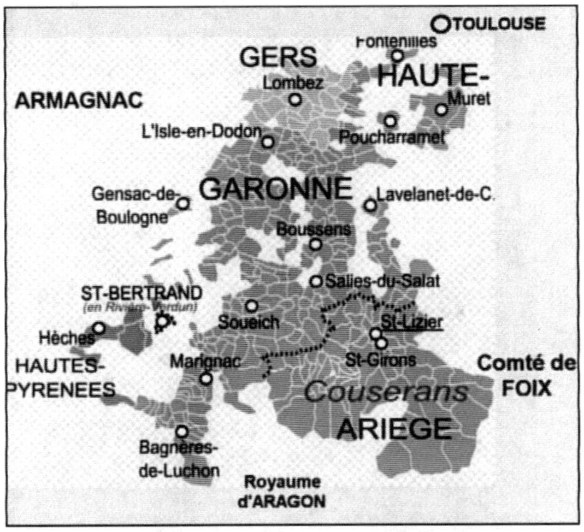

Fig.1 - Comminges county after the 15th century

Comminges extended in the southern part of the current department of Haute-Garonne, and also spread over the departments of Ariège, Gers and Hautes-Pyrénées. Saint-Gaudens and the Nebouzan were out of the county, possessions of the count of Foix. In the 8th century the Saracens, based in the North of Spain, crossed the Pyrenees to be defeated in Poitiers in 732. Before this date they had not invaded the South of France but carried out devastating raids, looted villages, massacred populations.

After the defeat of the invader, the inhabitants of these North Pyrenean regions, mainly residing in these mountains, were protected against possible new risks. They thus protected the valleys of Luchon and Garonne by building a network of watchtowers, a total of twenty, like the towers of Oo, Casteblancat, Castelvielh... and protection fortresses (St Béat, Fronsac, Marignac, Montespan, Aspet, etc.)

Fig.2 - The Saint-Beat castle

Little is known about the history of Comminges from the 7th to the 10th century. The few existing texts are too thin to deal with it seriously.

Fig.3 – The tower of Oo

Nevertheless, it is known that the influence of the Vascons, a people from the North-West of present-day Spain, who arrived towards the end of the sixth century in the Pyrenean valleys, was decisive in the evolution of the population, the harshness of the characters and the vigour of the language.

2 The origins of the county

Arnaud Ist, 957-979, is the first known count of Comminges. He reigns on an enclosed territory of valleys and mountains. Mixed farming (wheat, oats, beans, peas, vines, etc.) benefits from quality land. In pastures, intensive breeding of small animals (goats, sheep, ewes, etc.) is preferred. The forest suppliesfirewood and construction, transported by flotation on waterways. Roman quarries are used for construction.

The small seigneuries that make up the original county are passed on by inheritance to the elder. This regime marginalizes populations, cadets of families and people of medium and small conditions, who are in the vital obligation to undertake a progressive migration towards the plain. We deforest, we cultivate heath lands, fallow lands and vacant bushes. Soils are poor, crop rotation is used, yields are low.

Thus the county grew on the plains. Roger Ist, son of Arnaud, built the castle of Cazères. Great seigneuries settled in Aspet and Benque. Roger II connected the Lézat Abbey to Cluny in 1073. At the end of the eleventh century, the ancient land of the Convenes (Saint-Bertrand) stretches towards Piedmont and the plains from Luchon, Saint Béat, Aspet… up to the Garonne in Cazères and the high valley.

The poor, miserable people gather in "sauvetés", small villages created between 1050 and 1150 with the support of the Secular Church. Thus came the humble villages that dot the plains. At the same time appear the first fortified villages, villages grouped around a strong castle and protected by the lord. This is the case for L'Isle-en-Dodon. In the picture below can clearly be seen the circular boulevard that surrounds the old town, built on the site of the old fortifications. The town hall of the 19th century is located on the site of the former castle fort. A first fortification surrounded the castle and the church, practically on the limits of the present large square

Fig. 4 – L'Isle-en-Dodon aerial view

3 The Secular Church

The Secular Church favoured the establishment of villages where the poor found refuge and protection. Bertrand de L'Isle, a tireless evangelizer, travelled through mountains and valleys to convert populations that had been distant from religion. Appointed bishop in 1083, he abandoned Saint-Just of Valcabrère, a basilica from the 11th and 12th centuries, and started to build the cathedral of Saint-Bertrand and its cloister.

Saint-Bertrand instilled a new spiritual activity and monastic life in a relatively poorly endowed church, living mainly on heritage properties. The bishopric was fragmented down the centuries: Saint-Lizier, Rieux, Toulouse, Lombez. The commingeois bishops of Saint-Bertrand, great lords, always from large families of the county, will keep close relations with the counts who contributed to the cohesion of the country.

Fig.5 – Cathedral of Saint-Bertrand

https://doi.org/10.1051/epjconf/202024401007

4 The counts of Comminges

4.1 The conquest of the territory

The counts with the name of Bernard succeeded one another without interruption from Bernard Ist in 1105 to Bernard VIII in 1341.

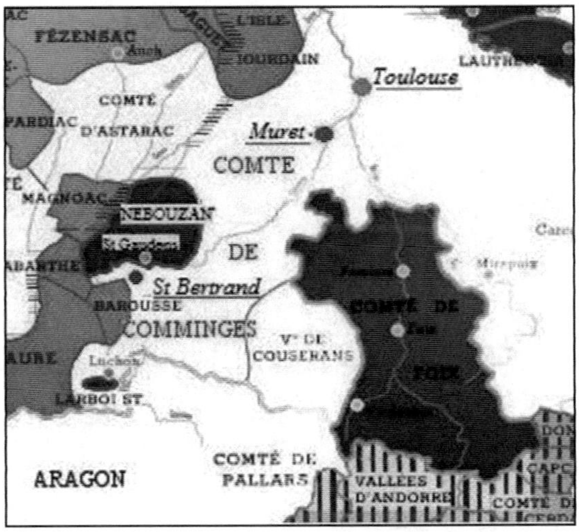

Fig.6 - Comminges county around 1150

Bernard Ist, 1105-1145, a belligerent, skilful negotiator and opportunist, tirelessly aggregated the land and prepared the county's future map during the 40 years of his reign. In 1118 he supported his neighbour, the king of Aragon, in his reconquest of Zaragoza. His marriage in 1120 with Dias of Samatan brought him the seigneuries of Samatan and Muret, the future capital of Comminges. His alliance with the count of Toulouse, Alphonse Jourdain, enabled him to annex the Couserans in 1130 after having sacked Saint-Lizier and massacred the population. In 1144 he added the Val d'Aran to the county, taking advantage of the victory of the Castilians over the Aragonese.

Bernard III, said Dodon, through negotiation and his religious learnings managed between 1153 and 1176 to keep a fairly consistent domain, although the division of Montsaunès between his three sons caused the county to lose the territories of Couserans and Savès. He had previously lost the Val d'Aran to the belligerent Alfonso II of Aragon.

4.2 The grand counts

The 13th century marked the peak of the county. Bernard IV, 1176-1225, courageous, strategist and skilled negotiator turns to Toulouse while retaining a prudent neutrality in the struggle between Raimond V, Count of Toulouse, and Alphonsus II, King of Aragon. The death of the two belligerents will bring together Raimond VI, Peter II, king of Aragon and Bernard IV.

Bernard IV lost the county of Bigorre when his wife, Countess Béatrix de Bigorre, was divorced. Pierre II, his ally, gave him the Val d'Aran in exchange for his support in obtaining the seigneury of Montpellier.

The Albigensian crusade, proclaimed by Pope Innocent III in 1208, against heretics, who denounce a rich and corrupt church that cares little for the interests of the people, will strengthen alliances. Simon de Montfort crushed the coalitions at Muret in 1213. Pierre II was killed in action. Raimond VI and Bernard IV found their salvation only in flight. Comminges was submitted until the grouping of allies, supported by the count de Foix, in 1217. Toulouse was reconquered in 1218. The city under siege for nine months was liberated on the day of Simon de Montfort's accidental death.

Comminges was still looted by the Crusaders until its total reconquest in 1222. The Crusade left deep scars. The country is impoverished, devastated by war and epidemics.

Bernard IV nevertheless leaves an intact, enlarged territory of the Val d'Aran.

Bernard V, 1225-1241, faithful supporter of his father, succeeded him. He initially deviated from the count of Toulouse, Raimond VII, who was excommunicated and opposed King Louis VIII. In 1227 he made allegiance to the king, Louis IX, returned to the count of Toulouse and placed his forces at the disposal of the Church. Bernard V remained until the end of his life in 1241 a close friend of the count of Toulouse. Combative, good negotiator, he kept his county intact.

Bernard VI, 1241-1295, will remain the faithful ally of the count of Toulouse all his life. In 1244, the tribute to Toulouse definitively brought the county into the fiefs of the house of Toulouse. This homage will link the county to the kingdom of France since, at the death of Raimond VII in 1249, Bernard VI swore an oath of fidelity to the Queen of France, who had taken possession of the Toulouse states, in the name of his son. He then took the oath to Philippe III Le Hardi in 1271 and definitively placed himself under the protection of royalty, heir to the Toulouse movement.

At his death in Muret in 1295, after 54 years of reign, Bernard VI yielded his power to his son with the approval of the king, Philippe le Bel. He was able to protect his county despite the ambitions of Gaston VII de Foix-Béarn, which nevertheless led to a compromise and to the definitive attachment of Nébouzan and Saint-Gaudens to the county of Foix.

4.3 The successors

Bernard VII, count of 1295-1312, already old at his advent, preferred procedure and negotiations to the use of weapons. In 1301, however, he was forced to take up arms against the count of Foix, Gaston Ist, who attacked his possessions, bullied the populations, and burnt villages. Supported by Pope Clement V and the king, Philip le Bel, Bernard VII concluded the peace of 1309.

Bernard VII left a large number of descendants for the county's political protection. One of his daughters was to marry the count of Foix, one of his sons, Jean-Raimond

https://doi.org/10.1051/epjconf/202024401007

was to become the first archbishop of Toulouse and became cardinal.

Bernard VIII, 1312-1336, will benefit from the inheritance of three marriages. Puelle, daughter of Géraud II de Béarn, brings him closer to the Armagnacs before dying. Marguerite in 1308, daughter of Raymond VI, count of Turenne, brought him rich estates in Limousin. After his second widowhood in 1312, Mathe, daughter of Bernard de L'Isle Jourdain and Marguerite de Foix, reconciled him with the house of Foix.

Entangled by the depravity and exactions of his brother Gui, who claimed the lands of Jean de Montfort and his father-in-law, lord of Lombers, he went to war in Albi's region for 20 years.

In 1332, King Philip VI of Valois granted him letters of forgiveness for the crimes committed thanks for his fidelity to the crown.

4.4 The agony of the county

The reign of Pierre-Raymond II, 1341-1375, son of Pierre-Raymond Ist, at the beginning of the Hundred Years' War, was a long succession of conflicts that would ruin the country. While Gaston Fébus sided with the English in 1352 when the king attributed the lieutenance of Languedoc to his rival Jean Ist d'Armagnac, Pierre-Raymond II had the favour of the king, Philippe VI de Valois, then remained faithful to his successor, John II the Good.

In 1355 The Black Prince, son of Edward III, king of England who holds Bordeaux and the Guyenne, plunders the country, bypasses Toulouse and arrives in Béziers. He continued his looting during his retreat from November until Bordeaux. In 1356 his new and terrible ride ended with his victory of Poitiers over King John II.

In 1359 Gaston Fébus entered the war and made prisoners Jean Ist d'Armagnac, Pierre-Raymond II de Comminges and 900 knights in 1362 at Launac. The ransom is 13,000 florins.

In 1369 the war against the English started again. Pierre-Raymond and Jean d'Armagnac fought for 5 years in Gascony, Agenais and Albigeois.

Wars, looting, armed gangs cause misery, famine in 1373, epidemics, plague. Many villages are abandoned, people take refuge in the mountains.

At the end of the reign, the count devoted himself to donations and pious foundations. The ruined Comminges, however, remained a stake for its powerful neighbours Foix and Armagnac

Marguerite, daughter of Pierre-Raymond II, is kidnapped by John II, count of Armagnac, in his castle of Muret in May 1378 at the age of twelve. The count married her the same day to her son. A year after the death of this first husband, she remarried in 1392 with Jean de Fézenguet, Comte de Pardiac, who died in 1402.

In 1399 Marguerite separated from her husband to fight the Pardiacs after the assassination of her allies, the two Lanta brothers, under the walls of the castle of L'Isle-en-Dodon. She approached the count of Armagnac, Bernard VII, who imprisoned her husband.

She was to govern alone from 1402 to 1419, still marked by her abduction and her first marriage when she was just a young teenager. For lack of experience, capricious and spirited, she won't be able to govern reasonably her county and defy the Armagnacs despite her proximity in 1412 with Jean Ist Comte de Foix.

In 1419 she married Mathieu de Foix, twenty years younger, brother of Jean Ist. Mathieu had her locked up a few months later in the castle of Saint-Marcet where she would remain for more than twenty years [2]. Liberated by the King of France in 1443 at the age of seventy-five, she died shortly there after at Poitiers.

Fig.7 - The castle of Saint-Marcet (being restored)

After joining the King of France in 1423, the county of Foix participated in the victory at Orléans in 1428 with the help of several Commingeois lords. The Comminges was invaded by Jean IV d'Armagnac from 1439 to 1445, covered with hordes of looters, until the victory of the royal army. Impoverished, devastated the county is now in the hands of Charles VII.

Sixty years later, in 1502, a judgment of the parliament of Toulouse made effective the attachment of Comminges to the crown of France.

5 The County Administration

5.1 The main characters

The county properties (Châtellenies) are administered by lords, parents or vassals of the count. They ensure the protection of populations in exchange for their fidelity. From the 10th to the 12th century the land was owned by the counts and did not depend on any seigneury. The peasants were free to use it.

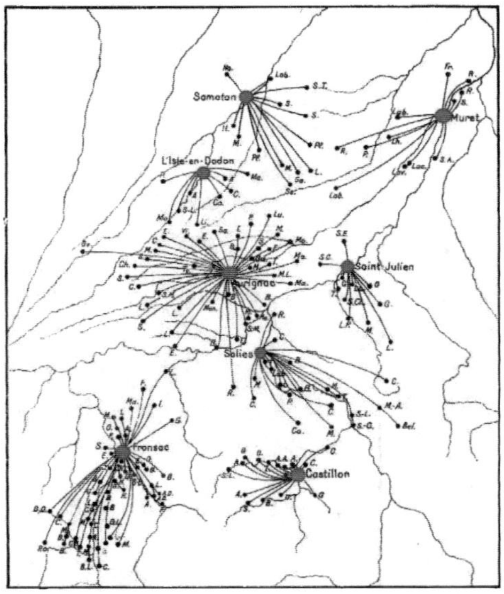

Fig.8 – The county properties in the 14th century

The Vassals, in paying public homage to the suzerain, constitute the countal movement. They administer their fiefdoms, but must help and assist the count who protects them. The lords of Saint Béat and Aspet are among the most important.

The "Clientele" has relations of proximity, exchange, circulation... for many independent lords. The lords collect taxes on crops, market fees, tolls...etc. The greatest barons enjoy a small administration and some officers.

Commingeoise feudalism reached its peak in the 12th century before entering the service of the count and then of the king [3,4],

5.2 The commons

From early thirteenth century onwards, rather liberal charters regulated relations between municipalities and suzerains: in Rieux, Muret, Saint-Gaudens [5], then about fifty municipalities between 1250 and 1350 [6].

Charters allow fairs and markets, toll exemptions. They record the in use of banalities, windmills, bread ovens, press... They Include Civil and Criminal Law Clauses. Residents enjoy freedom of persons, residence, displacement. It provides for county protection.

Consulates, two to six consuls according to the size of the cities, surrounded by prud'hommes, administer the cities. The consuls, appointed for a year, are chosen ("elected") from among notables. The bayle, representative of the count, sits with the consuls.

They control the economic life. They are also responsible for defence and security. They are responsible for real estate. They are supported by small local officials.

The count reserves the powers of justice and let cities govern themselves in a fairly liberal manner. This management is a wealth of the country. The free movement of people and goods facilitated the opening of large markets and the creation of "bastides" from the thirteenth century. In the 14th century, the bastides with the best human and economic location became large towns: Saint Lys, Carbonne, Le Fousseret, Boulogne, Rieumes and especially Montrejeau. The others lived and remained modest villages.

Fig.9 – The "bastide" of Valentine

A bastide is usually created according to a pre-established checkerboard street plan with central square, hall and covered. It has a fundamental economic and commercial role.

The largest cities are carefully distributed to cover the territory. The rational and methodical organization of the geographical distribution of these bastides, while making its wealth, allows the count to know his domain well, to manage it effectively although it leaves to the vassals and to the municipalities broad marks of liberality.

6 The Regular Church

The Regular Church, the most endowed, actively supported by all the counts, has acquired immense fortunes. Its powerful abbots, cadets of seigneurial houses, held an essential place in the political and economic life of the county until the 15th century. In the thirteenth century it had very large abbeys and priories. It developed agricultural and pastoral activities on immense properties.

The main abbey, the best endowed, Bonnefont, shelters the graves of 4 counts. His abbots favoured the creation of bastides in the upper Save country.

Women's Monasteries flourished in the 12th and 13th centuries: the Cistercians of Fabas, those of the Fontevrault order at St Laurent.

Fig.10 – Remains of the prior of Saint-Laurent

The Templars of Montsaunès in their fortress, guardian of the Pyrenean road, together with Bonnefont

The Order, faithful to the crusaders, is not affected by the albigeny crisis. In 1307, Philippe le Bel suppressed the Order, executed and burned his masters, including the great master Jacques de Molay in 1314. The commandery then passed into the hands of the Hospitallers of Jerusalem.

During their reign, by their generosity, by their gifts, by their faith, the counts attracted the good graces of the

.

constitute the most important ecclesiastical domination of the county.

Fig.11 – The church of Montsaunes
(last vestige of the templar castle)

Church. It contributed to the territorial and economic expansion of the county.

The counts of Toulouse, in delicacy with the papal authority at the time of the war of Albigeois, approached the commingeois lords to try to soften the anger of the pope

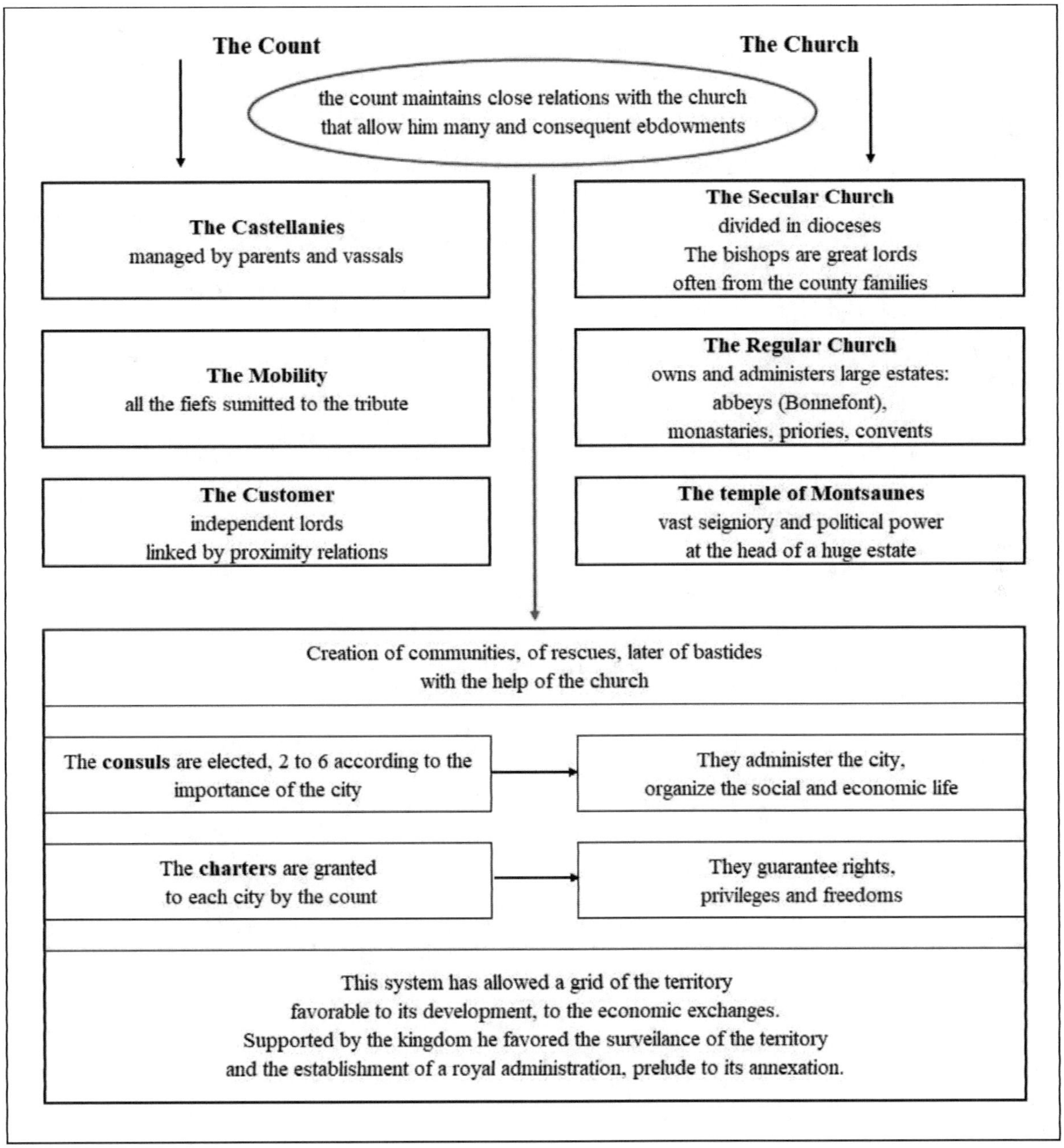

Fig.12 – The organisation of the county in the 13th century

7 Epilogue

The county of Comminges was surrounded by great neighbours, the count of Toulouse, the count of Foix-Béarn, the count of Armagnac, the king of Aragon. These powerful lords have always had the objective of seizing this territory.

These characters sought alliances, married their daughters, fought, invaded the county, sometimes looted and burnt towns and villages. The counts have resisted for five centuries with the same recipes. Married, divorced, remarried with the big neighboring families, they knew how to compose, find alliances, overthrow them, fight to preserve their domain. From 1244, paying homage to the Count of Toulouse, close to the King of France, and in 1271, taking an oath to the King, Philippe III Le Hardi, they received the support of the Crown. From the end of the thirteenth century, the royal administration gradually infiltrated Comminges. The establishment of the bastides, the pivot of trade and economic development, enabled the count, but also the king, to supervise the territory. The Royal Administration, Royal Justice and the Royal Army have insidiously and gradually invested it.

The counts, however, retained real authority in their domain, all the more so because they relied on the powerful and faithful Church as an ally: the secular Church from which the bishops came from their families, the regular Church strongly supported and endowed by their care.

Thanks to their sense of administration, their generosity and the promulgation of charters in more than fifty municipalities, thanks to the support of the Church, they have enlarged and developed their domain.. By leaving it to the cities to govern themselves with their consuls by instituting a regime of freedoms for the population, by authorizing the free movement of goods and persons, and by building good relations with their vassals and local lords, they received unwavering support.

The wars of religion, the beginning of the Hundred Years' War, the fatal passage of the Black Prince, the ambitions of Gaston Fébus de Foix and Jean Ie d'Armagnac have hindered the smooth functioning of the county. In the fourteenth century these events considerably weakened it. Misery, epidemics, the plague devastated the population.

The arrival in power of Marguerite, who had been kidnapped, married under pressure at twelve years of age, and ill-prepared for her duties, tolled the knell of the county.

This story has a morals. counts have never yielded. They have resisted for five hundred years to neighbours eager for conquest and power. The great lords intrigued, fought to get this County, and they never had possession of it. In 1502 Comminges County was officially attached to France by Toulouse Parliament.

8. Bibliography

1. C. Higounet, *The County of Comminges from its origins to its annexation to the Crown*, Editions ADRET 1949

2. JM. Fontan *Saint-Marcet a forgotten castle*, Librairie Victor Hugo 2014

3. L. Carsalade, *L'Isle-en-Dodon, from the county town to the capital of Bas-Comminges*, Office de Tourisme de L'Isle-en-Dodon 2002

4. L. Carsalade, *La Châtellenie de L'Isle-en-Dodon,* Office de Tourisme de L'Isle-en-Dodon 2003

5. S. Mondon, *the great charter of Saint-Gaudens*, Abadie and Marqueste 1910

6. J. Pétrowiste, *Charters of customs and local trade - The Commingeois case (13th - 16th century)*, Revue de Comminges 2004

EPJ Web of Conferences **244**, 01008 (2020) https://doi.org/10.1051/epjconf/202024401008
Complexity and Disorder Meetings 2018–2020

Zeta-regularization of arithmetic sequences

Jean-Paul Allouche[1,*]

[1]CNRS, IMJ-PRG, Sorbonne Université
4 Place Jussieu
F-75252 Paris Cedex 05 France

Abstract. Is it possible to give a reasonable value to the infinite product $1 \times 2 \times 3 \times \cdots \times n \times \cdots$? In other words, can we define some sort of convergence of the finite product $1 \times 2 \times 3 \times \cdots \times n$ when n goes to infinity? One way is to relate this product to the Riemann zeta function and to its analytic continuation. This approach leads to: $1 \times 2 \times 3 \times \cdots \times n \times \cdots = \sqrt{2\pi}$. More generally the "zeta-regularization" of an infinite product consists of introducing a related Dirichlet series and its analytic continuation at 0 (if it exists). We will survey some properties of this generalized product and allude to applications. Then we will give two families of possibly new examples: one unifies and generalizes known results for the zeta-regularization of the products of Fibonacci, balanced and Lucas-balanced numbers; the other studies the zeta-regularized products of values of classical arithmetic functions. Finally we ask for a possible zeta-regularity notion of complexity.

1 Introduction

Mathematicians and physicists like to bypass the "rules" that objects in their fields have to satisfy: they often want to explore whether there is something interesting beyond these rules. For example, they "invented" negative numbers to give a meaning to $3 - 5$. They legitimated expressions like $2/3$, $\sqrt{2}$, or $\sqrt{-1}$. They even introduced expressions like $\sum_{n \geq 1} 1/n^2$. Another example is the theory of distributions: does there exist a function which is zero everywhere except at 0 where its value is ∞, and whose integral on the real line is equal to 1? Sure! it evens has a name (the Dirac function of course). In the same spirit, how is it possible to give a reasonable meaning to non-convergents infinite products, e.g., $1 \times 2 \times 3 \times \cdots \times n \times \cdots$? This is a typical example of a product for which there exists a so-called "zeta-regularization", which assigns the value $\sqrt{2\pi}$ to this product.

In the sequel, we will first recall a "natural" definition of zeta-regularizations of infinite products, and give some properties and "classical" examples. For this part the reader is referred to the references given at the end, and to the references given in [1]. Then we will give two families of examples, one providing a unified treatment of Fibonacci-like sequences; the other showing zeta-regularized products that we did not find in the literature, where arithmetic functions like $d(n)$, the number of divisors of the integer n, enter the picture. Finally we will mention our (still unsuccessful) attempts to concoct a complexity measure from the zeta-regularized product of sequences of integers.

*e-mail: jean-paul.allouche@imj-prg.fr

It is worth noting that zeta-regularization of infinite products is used in physics, for example to define the determinant of certain infinite-dimensional operators. We cite only one reference, namely a 1977 paper by Hawking [10], which, in particular, gives a way of calculating the Casimir effect between two parallel reflecting planes.

2 Definition and first properties

2.1 The regularized product

Suppose that $\Lambda = (\lambda_i)_{1 \leq i \leq n}$ is a finite sequence of positive real numbers. Define

$$\zeta_\Lambda(s) = \sum_{i=1}^{n} \frac{1}{(\lambda_i)^s}.$$

We clearly have

$$\zeta'_\Lambda(0) = -\sum_{i=1}^{n} \log \lambda_i \ \text{ i.e., } \ \log \prod_{i=1}^{n} \lambda_i = -\zeta'_\Lambda(0)$$

which can be written

$$\prod_{i=1}^{n} \lambda_i = e^{-\zeta'_\Lambda(0)}.$$

Now suppose that $\Lambda = (\lambda_i)_{i \geq 1}$ is an infinite non-decreasing sequence of positive real numbers. Let $\zeta_\Lambda(s)$ the associated Dirichlet series, i.e.,

$$\zeta_\Lambda(s) = \sum_{i \geq 1} \frac{1}{(\lambda_i)^s}.$$

By analogy with what precedes, we give the following definitions (see, [6] or [25, p. 96–97]):

Definition 1 *Suppose that $\zeta_\Lambda(s)$ converges for $\Re s$ large enough. If $\zeta_\Lambda(s)$ has a meromorphic continuation to a region containing 0 with at most simple poles, and has no pole at $s = 0$, then the* zeta-regularized product *of the λ_i's, denoted $\prod_{i\geq 1} \lambda_i$, is defined by*

$$\prod_{i\geq 1} \lambda_i := e^{-\zeta'_\Lambda(0)}.$$

This definition clearly coincides with the usual product if the set Λ is finite.

A more general definition is given, e.g., in [12, 14]:

Definition 2 *Suppose that $\zeta_\Lambda(s)$ converges for $\Re s$ large enough. If $\zeta_\Lambda(s)$ has a meromorphic continuation to a region containing 0 and a pole at 0, then the* zeta-regularized product *of the λ_i's (still denoted $\prod_{i\geq 1} \lambda_i$), is defined by*

$$\prod_{i\geq 1} \lambda_i := e^{-\operatorname{Res}_{s=0} \frac{\zeta_\Lambda(s)}{s^2}}.$$

Of course both definitions coincide if $\zeta_\Lambda(s)$ satisfies the hypotheses in the first definition.

Remark 3 Several symbols occur in the literature for zeta-regularized products and/or their generalizations ($\prod_R$ $\prod_z$ $\hat{\prod}$ ⊡ ⊡ ⊡), see [11, 14, 17, 22]. Here we keep the same notation (the symbol $\prod$) for all variations on the zeta-regularized product. To type these symbols in LaTeX, see the very useful link: `https://tex.stackexchange.com/questions/50669/regularized-product-symbol`.

The following properties of $\prod$ are easy to prove.

Proposition 4

(i) If $\Lambda = \{\lambda_1, \lambda_2, \cdots, \lambda_k, \lambda_{k+1} \ldots\}$ with positive λ_i's, then $\prod_{i=1}^{\infty} \lambda_i = \prod_{j=1}^{k} \lambda_j \prod_{i=k+1}^{\infty} \lambda_i$.

(ii) If If $A \cup B$ is a partition of the positive integers, then $\prod_{i=1}^{\infty} \lambda_i = \prod_{i\in A} \lambda_i \prod_{i\in B} \lambda_i$.

(iii) If d is a positive integer, then $\prod \lambda_i^d = \left(\prod \lambda_i\right)^d$.

(iv) For $a > 0$, $\prod_{i=1}^{\infty}(a\lambda_i) = a^{\zeta_\Lambda(0)} \prod_{i=1}^{\infty} \lambda_i$.

Remark 5 In general $\prod(\lambda_i\mu_i) \neq \left(\prod \lambda_i\right)\left(\prod \mu_i\right)$.

3 Classical examples

We give some classical examples.

∗ The Kurokawa-Wakayama formula [14] reads

$$\prod_{n\geq 0}((n+x)^m - y^m) = \frac{(2\pi)^{m/2}}{\prod_{\xi^m=1} \Gamma(x-\xi y)} \quad \text{for } m = 1, 2, \ldots$$

$$\prod_{n\geq 0}((n+x)^m + y^m) = \frac{(2\pi)^{m/2}}{\prod_{\xi^m=1} \Gamma(x+\xi y)} \quad \text{for } m = 1, 3, \ldots$$

$$\prod_{n\geq 0}((n+x)^m + y^m) = \frac{(2\pi)^{m/2}}{\prod_{\xi^m=-1} \Gamma(x+\xi y)} \quad \text{for } m = 2, 4, \ldots$$

∗ The case $m = 2$ of the last formula above is due to Lerch. It reads

$$\prod_{n\geq 0}((n+x)^2 + y^2) = \frac{2\pi}{\Gamma(x+iy)\Gamma(x-iy)}.$$

In particular, by taking $y = 0$, then $y = 0$, $x = 1$,

$$\prod_{n\geq 0}(n+x) = \frac{\sqrt{2\pi}}{\Gamma(x)} \quad \text{and} \quad \prod_{n\geq 1} n = \sqrt{2\pi}.$$

Thus

$$\prod_{n\geq 1}(2n) = \sqrt{\pi} \text{ and } \prod_{n\geq 1}(2n+1) = \sqrt{2}.$$

Other examples deduced from the Lerch formula or from the Kurokawa-Wakayama formula are:

$$\prod_{n\geq 0}(n^2+1) = e^{\pi} - e^{-\pi}$$

$$\prod_{n\geq 0}(n^2-n+1) = e^{\pi\frac{\sqrt{3}}{2}} + e^{-\pi\frac{\sqrt{3}}{2}}$$

$$\prod_{n\geq 2}(n^4+1) = \cosh(\pi\sqrt{2}) - \cos(\pi\sqrt{2})$$

$$\prod_{n\geq 2}(n^4-1) = \pi\sinh(\pi).$$

∗ Some basic "arithmetic" examples are:

$\prod_{n\geq 0} a^n = a^{-1/12}$ for $a > 1$. (Compare with the famous "Ramanujan sum" $\sum_{n\geq 1} n = -1/12$, see, e.g., [27].)

$\prod_{n\in S} n = 2\pi$, where S is the set of squarefree integers. (Note that we also have $\prod_{n\geq 1} n^2 = 2\pi$.)

$\prod_{n\geq 1} n^n = e^{-\zeta'(-1)} = Ae^{-1/12}$, where $A = e^{-\zeta'(-1)+1/12}$ is known as the Glaisher-Kinkelin constant.

Remark 6

∗ From, e.g., [4, p. 6] one has (compare with Remark 5):

$$\frac{\prod_{n\geq 2}(n^4-1)}{\prod_{n\geq 2}(n^4+1)} = \prod_{n\geq 2} \frac{n^4-1}{n^4+1}.$$

∗ To prove $\prod_{n\in sqf} n = 2\pi$, let μ be the Möbius function. From, e.g., [9], $Q(s) := \sum_{n\geq 1} \frac{|\mu(n)|}{n^s} = \frac{\zeta(s)}{\zeta(2s)}$ for $\Re s > 1$. Then $Q'(0) = -\zeta'(0)/\zeta(0) = -\frac{-\log(2\pi)/2}{-1/2} = -\log(2\pi)$.

$*$ The example $\prod_{n\geq 1} n^n = e^{-\zeta'(-1)}$ might need some explanation: it should be considered as the zeta-regularized product of the sequence of integers

$$\underbrace{1}_{\text{1 factor}}\ \underbrace{2\,2}_{\text{2 factors}}\ \underbrace{3\,3\,3}_{\text{3 factors}}\ \ldots\ \underbrace{n\,n\,\ldots\,n}_{n\text{ factors}}\ \ldots$$

More generally, if (a_n) is a sequence of integers, then $\prod_{n\geq 1} n^{a_n}$ should be considered as the zeta-regularized product of the following sequence of integers

$$\Lambda = \underbrace{1\ldots 1}_{a_1\text{ factors}}\ \underbrace{2\ldots 2}_{a_2\text{ factors}}\ \underbrace{3\ldots 3}_{a_3\text{ factors}}\ \ldots\ \underbrace{n\ldots n}_{a_n\text{ factors}}\ \ldots$$

with associated Dirichlet series $\sum_{n\geq 1} \frac{a_n}{n^s} = \zeta_\Lambda(s)$.

4 Fibonacci and Fibonacci-like numbers

The zeta-regularized product of the Fibonacci numbers (i.e., the sequence A000045 = 0, 1, 1, 2, 3 ... in the OEIS [20]) and the zeta-regularized product of the balancing and Lucas-balancing numbers (i.e., the sequences A001109 and A001541 in [20]) are computed in [8, 13] and in [7]. Of course the proofs involve the zeta functions associated with these sequences of integers. We give here a unified proof based on "explicit" expressions for the meromorphic continuations of these sequences. Our approach is similar to the ones given, e.g., in [19, 23] or, in a different context, in [2] (also see, e.g., [1, 3, 26], and [5] which gives interesting historical remarks).

Theorem 7 *Let a and b be two rational integers with $a^2 - 4b > 0$ such that its two (real) roots λ and λ' satisfy $\lambda > 1$ and $|\lambda'| = |b|/\lambda < 1$. Let $(X_n)_{n\geq 0}$ be a sequence of integers that satisfies the recurrence equation $X_{n+2} = aX_{n+1} - bX_n$, for all $n \geq 0$. Let $X_n = \alpha\lambda^n + \beta\lambda'^n$. We let $\gamma = -\beta/\alpha$ and we suppose that $\alpha > 0$ and that $|\gamma b|/\lambda^2 < 1$. Define $\zeta_X(s) = \sum_{n\geq 1} 1/X_n^s$. Then ζ_X has a meromorphic continuation given by*

$$\frac{1}{\alpha^s(\lambda^s - 1)} + \frac{1}{\alpha^s}\sum_{k\geq 1}\binom{s+k-1}{k}\frac{\gamma^k\beta^k}{\lambda^{2k+s} - b^k}.$$

Furthermore the coefficient of s in the Laurent series expansion of this continuation in the neighborhood of $s = 0$ is equal to

$$\frac{\log\alpha}{2\log\lambda} + \frac{1}{2}\log\alpha + \frac{1}{12}\log\lambda - \log\prod_{n\geq 1}\left(1 - \gamma(b\lambda^{-2})^n\right).$$

Proof. We have $X_n = \alpha\lambda^n + \beta\lambda'^n = \alpha\lambda^n(1 - \gamma(b\lambda^{-2})^n)$, hence

$$\begin{aligned}
\zeta_X(s) &= \sum_{n\geq 1}\frac{1}{X_n^s} = \frac{1}{\alpha^s}\sum_{n\geq 1}\frac{1}{\lambda^{ns}}(1 - \gamma(b\lambda^{-2})^n)^{-s} \\
&= \frac{1}{\alpha^s}\sum_{n\geq 1}\frac{1}{\lambda^{ns}}\sum_{k\geq 0}\binom{s+k-1}{k}\gamma^k(b\lambda^{-2})^{nk} \\
&= \frac{1}{\alpha^s}\sum_{n\geq 1}\frac{1}{\lambda^{ns}} + \frac{1}{\alpha^s}\sum_{n\geq 1}\frac{1}{\lambda^{ns}}\sum_{k\geq 1}\binom{s+k-1}{k}\gamma^k(b\lambda^{-2})^{nk} \\
&= \frac{1}{\alpha^s(\lambda^s - 1)} + \frac{1}{\alpha^s}\sum_{n\geq 1}\frac{1}{\lambda^{ns}}\sum_{k\geq 1}\binom{s+k-1}{k}\gamma^k(b\lambda^{-2})^{nk} \\
&= \frac{1}{\alpha^s(\lambda^s - 1)} + H(s).
\end{aligned}$$

The function H is holomorphic, so that we have the meromorphic continuation of ζ_X, with poles located at s such that $\lambda^s = 1$. Furthermore $H(0) = 0$ (since $\binom{s+k-1}{k} = s(s+1)\ldots(s+k-1)/k!$). So that

$$\begin{aligned}
H'(0) &= \lim_{s\to 0}\frac{H(s)}{s} = \sum_{n\geq 1}\sum_{k\geq 1}\frac{1}{k}\gamma^k(b\lambda^{-2})^{nk} \\
&= -\log\prod_{n\geq 1}(1 - \gamma(b\lambda^{-2})^n).
\end{aligned}$$

On the other hand, a quick computation shows that the coefficient of s in the Laurent series expansion of $\frac{1}{\alpha^s(\lambda^s-1)}$ is

$$\frac{\log\alpha}{2\log\lambda} + \frac{1}{2}\log\alpha + \frac{1}{12}\log\lambda. \quad \square$$

Corollary 8 *With the notation of Theorem 7 we have*

$$\prod_{n\geq 1} X_n = \alpha^{-1/2}\lambda^{-1/12}e^{-\log^2\alpha/2\log\lambda}\prod_{n\geq 1}(1 - \gamma(b\lambda^{-2})^n).$$

In particular we have:

$*$ (see [13]) *Let F_n be the Fibonacci numbers, defined by $F_0 = 0$, $F_1 = 1$, and for all $n \geq 0$, $F_{n+2} = F_{n+1} + F_n$. Let $\varphi = \frac{1+\sqrt{5}}{2}$. Then*

$$\prod_{n\geq 1} F_n = \left(\frac{5^{1/4}e^{-(\log^2 5)/(8\log\varphi)}}{\varphi^{1/12}}\right)\prod_{n\geq 1}(1 - (-\varphi^2)^{-n}).$$

$*$ (see [7]) *Let B_n and C_n be the balancing and Lucas-balancing numbers, defined by $B_0 = 0$, $B_1 = 1$, and for all $n \geq 0$, $B_{n+2} = 6B_{n+1} - B_n$, respectively $C_0 = 0$, $C_1 = 3$ and for all $n \geq 0$, $C_{n+2} = 6C_{n+1} - C_n$. Let $\mu = 3 + \sqrt{8}$. Then*

$$\prod_{n\geq 1} B_n = \left(\frac{2^{5/4}e^{-(\log^2 32)/(8\log\mu)}}{\mu^{1/12}}\right)\prod_{n\geq 1}(1 - \mu^{-2n})$$

and

$$\prod_{n\geq 1} C_n = \left(\frac{\sqrt{2}e^{-(\log^2 2)/(2\log\mu)}}{\mu^{1/12}}\right)\prod_{n\geq 1}(1 + \mu^{-2n}).$$

Remark 9 Note that there is a misprint in [13]: $(-\varphi)^{-2n}$ should be replaced with $(-\varphi^2)^{-n}$.

5 Some more arithmetic examples

The first result of this section addresses the product of all primes. The definitions above for zeta-regularized products cannot be used: the Dirichlet series $\sum_{p \text{ prime}} 1/p^s$ cannot be extended meromorphically to a neighborhood of 0 since the imaginary axis is its natural boundary [16]. But, extending once more the zeta-regularization of a product, the notion of "super-regularization" was defined in [18] (also see [24]) yielding:

$$\prod_{p \text{ prime}} p = 4\pi^2.$$

A second arithmetic example is the product of all odious numbers. Recall that an integer is said to be *odious* if its binary expansion contains an odd number of 1's and *evil* otherwise. One has [1]:

Let $\Lambda = 1\ 2\ 4\ 7\ 8\ 11\ 13\ 14\ 16\ \ldots$ *be the sequence of odious numbers (sequence A000069 in the OEIS [20]). Then*

$$\prod_{n\in\Lambda} n = \pi^{1/4}\sqrt{2\varphi e^{-\gamma}}$$

where γ *and* φ *are respectively the Euler-Mascheroni and the Flajolet-Martin constants.*

The following examples might not be in the literature. They involve arithmetic functions (as was previously the case with the Dirichlet series $\sum \frac{|\mu(n)|}{n^s}$; see both parts of Remark 6 above) and largely use the catalog of Dirichlet series [9] and the references therein, from which it is easy to compute their derivatives at 0. We give only a few examples; several other examples can be deduced from [9] and its references.

Theorem 10 *Let* $d(n)$ *be the number of divisors of the integer* n, $\sigma(n)$ *be the sum of the divisors of the integer* n, *and* $\varphi(n)$ *be the Euler totient function. Let* $\theta(n)$ *be the number of ordered paris* a, b *of positive integers such that* $n = ab$ *and* $\gcd(a, b) = 1$ *(hence* $\theta(n) = 2^{\omega(n)}$ *where* $\omega(n)$ *is the number of distinct prime factors of* n*). Let* ζ *be the Riemann zeta function. Let* A *be the Glaisher-Kinkelin constant. Let finally* $r_2(n)$ *be the number of decomposition of the integer* n *into the sum of the squares of two integers, and* $\beta(n) = \sum_{n\geq 0}\frac{(-1)^n}{(2n+1)^s}$ *be the beta-Catalan (or beta-Dirichlet) function. Then*

$$\prod_{n\geq 1} n^{d(n)} = (2\pi)^{-1/2}$$
$$\prod_{n\geq 1} n^{\sigma(n)} = e^{1/24}(2\pi)^{-1/24}A^{-1/2}$$
$$\prod_{n\geq 1} n^{\varphi(n)} = (2\pi e)^{1/6}A^{-2}$$
$$\prod_{n\geq 1} n^{d^2(n)} = (2\pi)^{1/4}$$
$$\prod_{n\geq 1} n^{d(n^2)} = (2\pi)^{-1/4}$$
$$\prod_{n\geq 1} n^{\theta(n)} = 1$$
$$\prod_{n\geq 1} n^{r_2(n)} = \Gamma(1/4)/(\pi^{1/4}\sqrt{2}).$$

Proof. Using, e.g., [9], we have:

$$\sum_{n\geq 1}\frac{d(n)}{n^s} = \zeta^2(s), \text{ for } \Re s > 1$$
$$\sum_{n\geq 1}\frac{\sigma(n)}{n^s} = \zeta(s)\zeta(s-1), \text{ for } \Re s > 2$$
$$\sum_{n\geq 1}\frac{\varphi(n)}{n^s} = \frac{\zeta(s-1)}{\zeta(s)}, \text{ for } \Re s > 2$$
$$\sum_{n\geq 1}\frac{d^2(n)}{n^s} = \frac{\zeta^4(s)}{\zeta(2s)}, \text{ for } \Re s > 1$$
$$\sum_{n\geq 1}\frac{d(n^2)}{n^s} = \frac{\zeta^3(s)}{\zeta(2s)}, \text{ for } \Re s > 1$$
$$\sum_{n\geq 1}\frac{\theta(n)}{n^s} = \frac{\zeta^2(s)}{\zeta(2s)}, \text{ for } \Re s > 1$$
$$\sum_{n\geq 1}\frac{r_2(n)}{n^s} = \zeta(s)\beta(s), \text{ for } \Re(s) > 1.$$

It is then easy to finish the proofs using the well-known values $\zeta(0) = -1/2$, $\zeta'(0) = -\log(2\pi)/2$, $\zeta(-1) = -1/12$, $\zeta'(-1) = -\log A + 1/12$, as well as the possibly less-known values $\beta(0) = 1/2$ and $\beta'(0) = \log(\Gamma^2(1/4)/2\pi\sqrt{2})$ which can be obtained from values of the Hurwitz zeta function $\zeta(s, u) = \sum_{n\geq 0} 1/(n+u)^s$, namely $\zeta(0, u) = -u + 1/2$, $\zeta'(0, u) = \log(\Gamma(u)/\sqrt{2\pi})$, since $\beta(s) = (\zeta(s, 1/4) - \zeta(s, 3/4))/4^s$. □

6 Towards a notion of complexity of sequences of integers?

It is tempting to try to use the zeta-regularized product of a non-decreasing sequence of integers $\lambda_A, \lambda_2, \ldots$ to "measure how complex" this sequence is. Does this product detect whether these numbers are "dense" or whether they tend quickly to infinity? One possible difficulty is that, in a usual (finite) product, there might be some "compensation": the product of "dense" numbers could be larger than the product of "scarce" numbers, but on the other hand scarce integers could grow extremely quickly making the product possibly huge. What happens with a zeta-regularized product? An example given above is deceiving: the zeta-regularized product of the squarefree integers is equal to the zeta-regularized product of the squares.

Another approach could be to try to evaluate the tail of the zeta-regularized product: let $C_k(\Lambda) = \prod_{i=k+1}^{\infty}\lambda_i$. One has $C_k(\Lambda) = \left(\prod_{i=1}^{\infty}\lambda_i\right)\left(\prod_{j=1}^{k}\lambda_j\right)^{-1}$. This means that the zeta-regularized product could discriminate between two sequences whose first k terms give products with the same growth. But we have not found interesting examples yet.

On the other hand, let $(a_n)_n$ be the characteristic function of a sequence of integers Λ, and let us denote as previously $\zeta_\Lambda(s) = \sum_{n\in\Lambda} 1/n^s = \sum_{n\geq 1} a_n/n^s$. The *analytic* density of Λ is the limit (if it exists) of $\lim_{s\to 1}(s-1)\zeta_\Lambda(s)$ when s tends to 1_+. (Note that if ζ_Λ has a simple pole at $s = 1$, then this limit is equal to $\operatorname{Res}_{s=1}\zeta_\lambda(s)$.) The *logarithmic* density of Λ is the limit (if it exists) of $(\sum_{n\in\Lambda,\ n\leq x} 1/n)/\log n$ when n goes to infinity: a nice result is that one of these two densities exists for a sequence Λ if and only if the other one exists, and they must be equal (see, e.g., [21, p. 96]). Is it reasonable to think that there might exist a sort of density associated with this residue (compare with Definition 2, where the quantity $\operatorname{Res}_{s=0}\frac{\zeta_\Lambda(s)}{s^2}$ occurs), or is it totally hopeless to evaluate the scarcity/density of a sequence of integers from its zeta-regularized product?

References

[1] J.-P. Allouche, The zeta-regularized product of odious numbers, Adv. in Appl. Math. (2019) to appear. https://doi.org/10.1016/j.aam.2019.101944.

[2] J.-P. Allouche, H. Cohen, Dirichlet series and curious infinite products, Bull. London Math. Soc. **17**, 531–538 (1985).

[3] J.-P. Allouche, M. Mendès France, J. Peyrière, Automatic Dirichlet series, J. Number Theory **81**, 359–373 (2000).

[4] J. Borwein, D. Bailey, R. Girgensohn, *Experimentation in Mathematics: Computational Paths to Discovery* (Taylor & Francis, 2004).

[5] I. V. Blagouchine, Three notes on Ser's and Hasse's representations for the zeta-function, Integers **18A**, Paper ♯A3 (2018).

[6] C. Deninger, On the Γ-factors attached to motives, Invent. Math. **104**, 245–261 (1991).

[7] U. K. Dutta, S. Sangeeta Pradhan, P. K. Ray, Regularized products over balancing and Lucas-balancing numbers, Indian J. Math. **60**, 171–179 (2018).

[8] S. Egami, Some curious Dirichlet series, in *Analytic number theory and its interactions with other parts of number theory (Kyoto, 1998)*, Sūrikaisekikenkyūsho Kōkyūroku **1091** (1999), 172–174.

[9] H. W. Gould, Temba Shonhiwa, A catalog of interesting Dirichlet series, Missouri J. Math. Sci. **20**, 2–18 (2008).

[10] S. W. Hawking, Zeta function regularization of path integrals in curved spacetime, Comm. Math. Phys. **55**, 133–148 (1977).

[11] K. Kimoto, M. Wakayama, Remarks on zeta regularized products, Int. Math. Res. Not. **2004**, 855–875 (2004).

[12] K. Kimoto, N. Kurokawa, C. Sonoki, M. Wakayama, Some examples of generalized zeta regularized products, Kodai Math. J. **27**, 321–335 (2004).

[13] A. R. Kitson, The regularized product of the Fibonacci numbers, Preprint (2006), electronically available at https://arxiv.org/abs/math/0608187.

[14] N. Kurokawa, M. Wakayama, A generalization of Lerch's formula, Czechoslovak Math. J. **54**, 941–947 (2004).

[15] N. Kurokawa, M. Wakayama, Generalized zeta regularizations, quantum class number formulas, and Appell's O-functions, Ramanujan J. **10**, 291–303 (2005).

[16] E. Landau, A. Walfisz, Über die Nichtfortsetzbarkeit einiger durch Dirichletsche Reihen definierter Funktionen, Rend. Circ. Mat. Palermo **44**, 82–86 (1920).

[17] Y. Mizuno, Generalized Lerch formulas: examples of zeta-regularized products, J. Number Theory **118**, 155–171 (2006).

[18] E. Muñoz García, R. Pérez Marco, The product over all primes is $4\pi^2$, Comm. Math. Phys. **277**, 69–81 (2008).

[19] L. Navas, Analytic continuation of the Fibonacci Dirichlet series, Fibonacci Quart. **39**, 09–418 (2001).

[20] *On-Line Encyclopedia of Integer Sequences*, founded by N. J. A. Sloane, electronically available at http://oeis.org.

[21] H. Ostmann, *Additive Zahlentheorie* I, Ergebnisse der Math. u. ihrer Grenzgebiete, Springer, 1956.

[22] J. R. Quine, S. H. Heydari, R. Y. Song, Zeta regularized products, Trans. Amer. Math. Soc. **338**, 213–231 (1993).

[23] S. S. Rout, G. K. Panda, Balancing Dirichlet series and related L-functions. Indian J. Pure Appl. Math. **45**, (2014), 943–952 (2014).

[24] V. V. Smirnov, The ζ-regularized product over all primes, Preprint (2015), electronically available at https://arxiv.org/abs/1503.06954.

[25] C. Soulé, D. Abramovich, J.-F. Burnol, J. Kramer, The determinant of Laplace operators, in *Lectures on Arakelov Geometry*, Cambridge Studies in Advanced Mathematics **33**, Cambridge University Press, Cambridge, 1992, pp. 93–114.

[26] A. Sourmelidis, On the meromorphic continuation of Beatty Zeta-functions and Sturmian Dirichlet series, J. Number Theory **194**, 303–318 (2019).

[27] G. N. Watson, Theorems stated by Ramanujan (VIII): Theorems on divergent series, J. London Math. Soc. **4**, 82–86 (1929).

 https://doi.org/10.1051/epjconf/202024401009

How Combinatory Logic Can Limit Computing Complexity

Hugolin Bergier[1,*]

[1]Regis University

Abstract. As computing capabilities are extending, the amount of source code to manage is inevitably becoming larger and more complex. No matter how hard we try, the bewildering complexity of the source code always ends up overwhelming its own creator, to the point of giving the appearance of chaos. As a solution to the cognitive complexity of source code, we are proposing to use the framework of Combinatory Logic to construct complex computational concepts that will provide a model of description of the code that is easy and intuitive to grasp. Combinatory Logic is already known as a model of computation but what we are proposing here is to use a logic of combinators and operators to reverse engineer more and more complex computational concept up from the source code. Through the two key notions of computational concept and abstract operator, we will show that this model offers a new, meaningful and simple way of expressing what the intricate code is about.

1 Introduction

In Sept. 26, 2017, an article entitled "The Coming Software Apocalypse" [1] exposed the dangers we're facing as software implementations are becoming increasingly complex: "Software has enabled us to make the most intricate machines that have ever existed. And yet we have hardly noticed, because all of that complexity is packed into tiny silicon chips as millions and millions of lines of code. But just because we can't see the complexity doesn't mean that it has gone away (...) Just by editing the text in a file somewhere, the same hunk of silicon can become an autopilot or an inventory-control system. This flexibility is software's miracle, and its curse. Because it can be changed cheaply, software is constantly changed; and because it's unmoored from anything physical it tends to grow without bound. The problem is that we are attempting to build systems that are beyond our ability to intellectually manage."

As computing capabilities are extending, the amount of source code to manage is inevitably becoming larger and more complex. No matter how hard we try, the bewildering complexity of the source code always ends up overwhelming its own creator, to the point of giving the appearance of chaos. Most applications source code has become intrinsically complex for a human being to read, navigate and comprehend.

One needs to step back from the source code in order to look at the big picture. What happens if a developer tries to step back from the code? Unlike Google Maps, zooming in and out on a program source code will radically change the cognitive complexity of the content. The big picture contains simply more data and intricacy than the small picture.

The point of this paper is to propose a solution to the overwhelming cognitive complexity of source code in large applications. By *cognitive complexity*, we mean a level of intricacy in the code that makes it too difficult to grasp for a human mind.

We are proposing to use the framework of Combinatory Logic to construct complex computational concepts as a model of description of the source code that is easy and intuitive to grasp. Combinatory Logic is already known as a model of computation but what we are proposing here is to use a logic of combinators and operators to reverse engineer more and more complex computational concept up from the source code. This will lead to what we can call a vertical simplification of the computational concepts: through progressive layers of complexity, we can define high-level concepts from other (less complex) concepts without having to use the most primitive computational concepts, like incrementation or conditionals. To the vertical simplification, we will add an horizontal simplification: given that a concept in Combinatory Logic is essentially the application of an operator to an operand, we can use the combinators to extract a meaningful abstract computational operator that is simpler to grasp than the complex concept it composes.

2 Applicative Languages and Combinatory Logic

Combinatory Logic is an applicative language. While the primitive notions of application, operator and operand belong to applicative languages in general, the notion of combinator and β-reduction are specific to Combinatory Logic.

Both the notions that belong to applicative languages in general and to Combinatory Logic in particular play an important role in what follows.

*e-mail: hbergier@regis.edu

2.1 Applicative Languages

Applicative languages rely on the fundamental operation of applying an operator to an operand in order to dynamically produce a result. What distinguishes applicative languages from set-theoretical languages is that the application is considered as primitive notion and not as a notion derivable from that of set. Applicative languages study operational processes : their construction, functioning and nesting. By choosing to apprehend the application of an operator to an operand as a primitive notion, we place ourselves in a logical framework different from that which is used in most modern logic systems. There are a variety of applicative languages: the lambda-calculus of Church [2]; the combinatorial logic of Curry [3, 4] and F. Fitch [5]; the attempts of WVO Quine [6]. In Computer Science, applicative languages correspond to a whole family of programming languages called functional (among which Lisp, Haskell and ML). After having presented the foundations of applicative systems, we will focus on Combinatory Logic.

As we have just said, the primitive notion of an applicative system is a binary operation, called application. The first argument of the application is called an operator, the second argument is called an operand. The value of this operation is called result or outcome. In an application operation, an operator f is applied to its operand a to produce the result b. We can simply represent the application as follows:

$$fa$$

We call this expression an applicative expression that we can read "operator f applies to operand a". When the operation of application is executed, a result b appears. Between the application expression and the result, we introduce a relation, designated by $>_{eval}$; we then have:

$$fa >_{eval} b$$

which reads "the operator f applies to the operand a to give the result b. "The process of getting from operation to result is called evaluation ; it is expressed by the relation '$>_{eval}$'. The evaluation is a non-symmetrical and dynamic relation:

- Non-symmetrical because it is true that f and a determine b but not the other way around.
- Dynamic since there are two successive "moments": fa does not coexist with its result b but precedes it.

Note that these two properties of the evaluation – that the set-theoretic notion of function doesn't have – are tightly related to the properties of code execution in computer science. The execution of a program is nothing else that the evaluation of a formal expression. In that respect, the applicative principle fits very well the computing framework.

Example 1. The application "squared" can be written:

$$squared5 >_{eval} (5)2 >_{eval} 25$$

In set theory, we have:

$$squared(5) = (5)2 = 25$$

Unlike '$>_{eval}$' the relator '$=$' is both symmetrical and static. Indeed, in set theory, the function is given as a set of ordered pairs $< x, y >$ and any image y is coexisting with the corresponding argument x.

The result of an application operation is not necessarily an operand as in the previous example. It can also be a new operator. This fundamental property of the application operation is called *repeatability*. An application operation can produce a new operator which is in turn applicable to an operand. For example, the operation squared applied to plus-three produces the new plus-three-all-squared operation. Repeatability is a very important characteristic of applicative systems in our context because, as we mentioned above, we want to be able to understand complex computational concepts as related to other computational concepts, not directly to the actual implementation.

2.2 Combinatory Logic

2.2.1 Combinators and reduction

Combinators are abstract operators that combine the predefined operators of an application system so as to form new, more complex, operators. As operators, they are applicable to their operands. The evaluation of a combinator application is called β-*reduction*. This evaluation defines the meaning of the combinator, regardless of any external interpretation. The meaning of a combinator is going to depend on the way it combines its operands through β-reduction: permutation, duplication, composition, deletion,... Thus, combinators are formal tools endowed with an intrinsic semantics [**?**]. In other words, the semantics of combinators is not defined by an external interpretation in a model. Combinators are therefore very specific operators in that they are completely reducible to their combinatorial action (that which is performed on their operands). One could say that they belong to an additional level of abstraction compared to the operators since their domain of interpretation is not given. Let us now introduce the most common elementary combinators.

2.2.2 Elementary combinators

Combinatory Logic fits particularly well the framework of Natural Deduction [7] which defines the syntactic rules of formation of the language in same times as its formal semantics through a series of rules of introduction and rules of elimination of the logical operators.

Let us take the example of the combinator of composition **B**:

Rule of elimination [**B**-e]:

1	$\mathbf{B}xyz$	
2	$x(yz)$	[**B**-e]

This deduction corresponds to the β-reduction [3]:

$$\mathbf{B}xyz \geq_{\beta} x(yz)$$

Semantically, B can be interpreted as an operator (combinator) that takes to functions (x and y in this case) and compose them together to be applied to the third operand (z). The role played by B becomes more obvious if we take usual function names for the first two operands and if use the function notation:

$$\mathbf{B}fgx \geq_\beta f(g(x))$$

If we abstract from x and use the usual notation for composition '∘', we have[1]

$$\mathbf{B}fg \geq_\beta [f \circ g]$$

Rule of introduction [**B**-i]:

1	$x(yz)$	
2	$\mathbf{B}xyz$	[**B**-i]

Combinator of duplication W:

Rule of elimination [**W**-e]:

1	$\mathbf{W}xy$	
2	xyy	[**W**-e]

Rule of introduction [**W**-i]:

1	xyy	
2	$\mathbf{W}xy$	[**W**-i]

Given a rule of elimination of a combinator, the rule of introduction is straightforward. So we will only give the latter for the following combinators.

Combinator of identity I:

1	$\mathbf{I}x$	
2	x	[**I**-e]

Combinator of deletion K:

1	$\mathbf{K}xy$	
2	y	[**K**-e]

Combinators of distribution:

1	$\Phi xyzu$	
2	$x(yu)(zu)$	[Φ-e]
1	$\Psi xyzu$	
2	$x(yz)(yu)$	[Ψ-e]
1	$\mathbf{S}xyz$	
2	$xz(yz)$	[**S**-e]

In what follows, the β-reductions and β-expansions always follow a leftmost-outmost reduction strategy so we can omit to specify which combinator is introduced or eliminated (See Example 2).

[1]The brackets designate that we're not using left associativity as it is usually the case in Combinatory Logic.

Example 2.

1	**W B K**xyz	
2	**B K K**xyz	[**W**-e]
3	$\mathbf{K}(\mathbf{K}x)yz$	[**B**-e]
4	$\mathbf{K}xz$	[**K**-e]
5	x	[**K**-e]

Can be simplified as:

1	**W B K**xyz
2	**B K K**xyz
3	$\mathbf{K}(\mathbf{K}x)yz$
4	$\mathbf{K}xz$
5	x

2.3 A Complexity Threshold

Combinatory Logic is already known as a model of computation but what we are proposing here is to use a logic of combinators and operators to reverse engineer more and more complex computational concept up from the source code. This will lead to what we can call a vertical simplification of the computational concepts: through progressive layers of complexity, we can define high-level concepts from other (less complex) concepts. To the vertical simplification, we will add an horizontal simplification: given that a concept in Combinatory Logic is essentially the application of an operator to an operand, we can use the elementary combinators to extract a meaningful abstract computational operator that is simpler to grasp than the complex concept it composes.

As we go through the process of building up complex computational concepts out of simpler ones in the next section, we will explorer both ways of limiting the cognitive complexity with a particular focus on the vertical simplification. We will explore the horizontal simplification in further details in Section 5.

3 From Code to Higher-Level Concepts

This section describes the process of building up complex computational concepts in the framework of Combinatory Logic. If we had to give a name to this formal apparatus, it would be something like *computational logic of operators*. Although the approach is formal, we will not give an exhaustive account of it, particularly on the programming side where so many variants are possible. However, we will give the principles of this method for building computational concepts, illustrated with extensive examples that are aiming at: (1) showing how the method works with enough detail to be able to apply it to a larger domain ; (2) demonstrating how such computational concepts can considerably reduce the cognitive complexity of a program, i.e. how this method can make a complex piece of code much easier to grasp.

3.1 Primitive Computational Concepts

Primitive Computational Concepts are the most primitive operations of computation. Those will depend on the level of language we're abstracting from. Typically for a programming language, primitive operations will be arithmetic, boolean or memory operations such as addition, multiplication, negation, declaration or assignment. One could look at multiplication as non-primitive because built upon the more primitive concept of addition. Now, arguably, multiplication is not a complex notion for the human cognition. By *complex* notion, we do not mean the subjection notion but precisely the precise meaning that it is combining more primitive notions. Multiplication *is* such a combination with respect to addition but it is not perceived as such by people educated in arithmetic. It is truly perceived as a primitive notion.

3.1.1 Example: Incrementing

Incrementation is undoubtedly a primitive notion of computation[2].

Let *Inc* the incrementing operation which can be implemented as follow:

Example 3.

```
x = x + 1;
```

Or:

Example 4.

```
x++;
```

The operator may be applied to natural number to yield the following evaluations:

$$Inc\,1 \geq_{eval} 2$$

$$Inc\,2 \geq_{eval} 3$$

Inc is the abstract operation of incrementing. We could also express this abstraction from the second example of implementation above:

$$G \equiv \_++;$$

The operator *Inc* can be considered independently of any variable or constant: it just signifies "incrementing." As defined here, *Inc* is an *primitive computational concept* because it is defined independently of any other operator.

By itself, *Inc* is very easy to grasp. Naturally, it usually doesn't occur by itself. Incrementing is always used within a computational context, like a conditional or a loop for instance. The general interpretation of what "incrementing" means in the application domain depends on how it is combined with other primitive programming concepts. Such combination is the topic of the next section.

[2]Often presented as the successor function in computational models.

3.2 Combination of Concepts

We're now going one level up in the layers of abstraction, thus introducing the important role of the combinators with respect to our goal: organizing of the computational chaos. Combinators are operators that combine the primitive computational concepts in a certain applicative order to build more complex operations.

Let us give some examples based on the primitive operation of incrementing.

3.2.1 Example 1: Repetition

Let us consider the following snippet of code implementing an operation of incrementation repeated twice:

Example 5.

```
x = 1;
x = x++;
x = x++;
```

To express the double application of the incrementation operation, we will need:

- the combinator of duplication **W** (to express the duplication of the same operation);
- the combinator of composition **B** (to express the composition of the two operations).

The double incrementation in Example 5 can be formalized as

(Double Incrementation of 1) **W B** *Inc* 1

Indeed we have the following natural deduction:

1	**W B***Inc*1
2	**B***Inc Inc*1
3	$Inc(Inc1)$

Where the levels of abstraction can be interpreted as follows:

- **W B** *Inc* 1 means "increment 1 twice". In pseudo-code:

```
x = 1;
x = x++;
x = x++;
```

- **W B** *Inc* means "increment twice". In pseudo-code, we could represent the abstraction as

```
x = _;
x = x++;
x = x++;
```

- **W B** means "apply twice". In pseudo code, we could have somehting like

```
x = _;
x = __(x);
x = __(x);
```

Note that, as we go more and more into abstract operators, it becomes harder to express the idea in source code format. And this is precisely the point: abstracting *from the source code* to express computational operations via higher-level concepts.

Moreover, beside the fact that we are operating this move toward abstraction, the fact that Combinatory Logic doesn't contain any variables x or y to express concepts makes the implementation-level representation of operators more complicated because code is highly dependent on the use of variables.

3.2.2 Conditionals

Incrementation can also be part of a conditional block:

Example 6.

```
x = 1;
if (Boolean) then{
        x++;
    }
    else{
        x++;
        x++;
    }
```

Booleans can be represented as the following combinators:

$$True \equiv_{def} \mathbf{K}$$
$$False \equiv_{def} \mathbf{C\ K}$$

And the negation defined as

$$Not \equiv_{def} \mathbf{B}^3\ \mathbf{C}^2\ \mathbf{I}\ FalseTrue \equiv \mathbf{B}^3\ \mathbf{C}^2\ \mathbf{I}\ (\mathbf{C\ K})\ \mathbf{K}$$

Indeed we have

1	Not True
2	[Not True $\equiv_{def}$ $\mathbf{B}^3\ \mathbf{C}^2$ **I (C K) K K**]
3	**B B B C C I (C K) K K**
4	**B (B C) C I (C K) K K**
5	**B C (C I) (C K) K K**
6	**C (C I (C K)) K K**
7	**C I (C K) K K**
8	**I K (C K) K**
9	**K (C K) K**
10	**C K**
11	[False $\equiv_{def}$ **C K**]
12	False

And

1	Not False
2	[Not False $\equiv_{def}$ $\mathbf{B}^3\ \mathbf{C}^2$ **I (C K) K (C K)**]
3	**B B B C C I (C K) K (C K)**
4	**B (B C) C I (C K) K (C K)**
5	**B C (C I) (C K) K (C K)**
6	**C (C I (C K)) K (C K)**
7	**C I (C K) (C K) K**
8	**I (C K) (C K) K**
9	**C K (C K) K**
10	**K K (C K)**
11	**K**
12	[True $\equiv_{def}$ **K**]
13	True

So we have:

$$NotTrue \geq_{\beta} False$$

$$NotFalse \geq_{\beta} True$$

We can now define the computational operation in Example 6 as:

$$\mathbf{I}\ Boolean\ Inc\ (\mathbf{W\ B}\ Inc)\ 1$$

Assume that Boolean is *True*. We have the following deduction:

1	$\mathbf{I}Boolean\ Inc(\mathbf{W\ B}Inc)1$
2	[Boolean $\equiv True \equiv_{def}$ **K**]
3	$\mathbf{I\ K}Inc(\mathbf{W\ B}Inc)1$
4	$\mathbf{K}Inc(\mathbf{W\ B}Inc)1$
5	$Inc1$

Which formally represents the operation of incrementing 1. While if, on the contrary, Boolean is *False*:

1	$\mathbf{I}Boolean\ Inc(\mathbf{W\ B}Inc)1$
2	[Boolean $\equiv False \equiv_{def}$ **C K**]
3	$\mathbf{I\ (C\ K)}Inc(\mathbf{W\ B}Inc)1$
4	$\mathbf{C\ K}Inc(\mathbf{W\ B}Inc)1$
5	$\mathbf{K}(\mathbf{W\ B}Inc)Inc1$
6	$\mathbf{W\ B}Inc1$

Which formally represents the operation of incrementing 1 twice (see Section 3.2.1).

We thus have obtained the expected behavior from Example 6: if Boolean is true, increment 1, else increment 1 twice.

We can now explore the meaning of the complex operator of conditionals:

- **I** *Boolean Inc* (**W B** *Inc*) 1 means "increment 1 once if *Boolean* is true, twice otherwise". In pseudo-code:

```
x = 1;
if (Boolean) then{
        x++;
    }
    else{
        x++;
        x++;
    }
```

- **I** *Boolean Inc* (**W B** *Inc*) means "increment once if *Boolean* is true, twice otherwise". In pseudo-code:

```
x = _;
if (Boolean) then{
        x++;
    }
    else{
        x++;
        x++;
    }
```

- **I** *Boolean* means "apply first operand if *Boolean* is true, second operand otherwise". In pseudo-code:

```
__;
if (Boolean) then{
        __;
    }
    else{
        __;
    }
```

While the concepts of *incrementation* and *double incrementation* are easy to name, the concept *incrementing-once-if-Boolean-is-true-twice-otherwise* is more complex to define as a unified notion. Although it is not impossible. One could consider that the concept of *conditioned repetition of incrementation* would be accurate, assuming that it is either one or two incrementations. Defining and naming the combined concept is a crucial step in the conceptualization of source code.

3.3 Defining Complex Concepts

We said earlier that the progressive abstraction form the source code is crucial for the comprehension of the code. We're now going to see that the key to get a progressive abstraction from the source code is to establish intermediary meaningful layers.

We just saw how we could combine primary computational concepts to form more complex computational concepts. Naming and defining concepts is what makes it possible to zoom out from the source code without increasing the cognitive complexity.

To see that more clearly, let us examine the examples we just looked at.

From the incrementation snippet...

```
x = 1;
x = x++;
```

...to the double incrementation snippet

```
x = 1;
x = x++;
x = x++;
```

...to the conditioned repetition of incrementation snippet

```
x = 1;
if (Boolean) then{
        x++;
    }
    else{
        x++;
        x++;
    }
```

we can say that we've "zoomed out" in the sense that the third snippet is clearly a superset of the second, and the second of the first. Now, Can we say that the combinatorial representation of computational concepts allow us to keep a constant level of cognitive complexity while zooming out?

If we represent the second and third snippets as direct combination of primitive computational concept, it will not appear so:

(Double Inc.) **W B** *Inc*
(Conditioned Repet. of Inc.) **I** *Boolean Inc* (**W B** *Inc*)

The latter is clearly more complex than the former. Actually, as we monotonically increase the complexity of the code by zooming out, so are we increasing the complexity of the corresponding combinatorial expression. To maintain a low level of complexity, we have to advantage of the progressive construction of more and more complex operators by making sure that newly constructed complex concepts are *named*:

(Double Inc.) $Inc^2 \equiv$**W B** *Inc*
(Conditioned Repet. of Inc.) **I** *Boolean Inc* (Inc^2)

Now the two have a comparable level of complexity.

3.4 Higher-level Concepts

As we move up in the layers of abstraction by defining and naming more and more complex operators built upon other (less complex) operators, we are able to keep a reasonable and constant level of cognitive complexity because the less complex operators correspond to well known and well defined high-level computational concepts[3].

Let us assume that we have built complex computation concepts all the way up to the followings:

- S_b: Bubble Sort
- F^T_{100}: First element greater than 100

We can defined the following higher-level computational concept:

$$Class_{100} \equiv \mathbf{B}\ F^T_{100} S_b$$

What is the meaning of $Class_{100}$? Let us β-reduce $Class_{100}$ applied to a random array of numbers, say temperatures: *Temp*.

[3]which may be related to the application domain or not.

1	$Class_{100}\, Temp$
2	$\text{Class}_{100} \equiv \mathbf{B}\ F^{T}_{100}\, S_b$
3	$\mathbf{B}\ \text{F}^{T}_{100}\, S_b\, Temp$
4	$\text{F}^{T}_{100}\, (S_b\, Temp)$
5	$\quad \text{Temp}_S \equiv S_b\, Temp$
6	$\text{F}^{T}_{100}\, Temp_S$

$Class_{100}$ applied to $Temp$ is β-reducible to applying F^{T}_{100} (i.e. looking for the first element greater than 100) to $Temp_S$, a sorted version of $Temp$. So $Class_{100}$ can be interpreted as "find the first element greater than 100 in the sorted version of $Temp$". In other words $Class_{100}$ is a classifying operator that separates the temperatures into two subsets: those greater than 100 and the others.

Here again, the definition of $Class_{100}$ remains of very low cognitive complexity because it rests upon the two other complex computation concepts S_b (sorting) and F^{T}_{100} (first element > 100).

3.5 Using loops to create new concepts

So far, we have seen that any computational concept is either a primitive computational concept (e.g. incrementing) or a complex computational concept recursively defined over combinators and primitive concepts. Loops, however, do not correspond to one nor the other. They create new customized concepts from primitive or complex concepts with the use of a new loop operator Σ.

To handle the loop behaviors, we need a topological semantics: a semantics of space and of movement in that space. Locations in that space are analogous to actual physical memory locations in the machine.

Let us take the example of the computation concept F^{T}_{100} (Section 3.4) which could be implemented as follows:

Example 7.

```
i := 0;
While (arrayTemp[i] < 100){
      i:=i+1;
}
z := arrayTemp[i];
```

A loop-concept is a primitive computational concept created within the program.

Σ is a special operator that generates primitive computational concepts[4] by taking as its operands a movement M and an initial position P_0 in the memory topology:

- A position in memory is any defined location in a data structure, whether it is a cell in an array, a record in a database, a field in a table or a line in a file.
- A movement is an incremental change of position in the data structure, like moving to the next/previous cell, to the next record, line or field.

[4]More precisely, those primitive computational concepts are primitive computational predicates

Note that by memory topology, we do not necessarily mean the actual physical memory location on a device but any kind of location (virtual or physical). Obviously, the encoding of those notions will depend on the encoding of the program data structure. But, in general, if we refer to the computational model of Turing machines, we can show that any incremental movement in a data structure can be reduced to scanning through a tape (array). The initial position and the movement are analogous to the base case and inductive case in recursive functions.

Example 8. In Example 7, we have:

- The incremental movement M is "moving to the next cell in the array arrayTemp[]". It is represented in the code by:
  ```
  While (arrayTemp[i] < 100){
  i:=i+1;
  }
  ```
- The initial position P_0 is "the first cell" and is represented in the code by:
  ```
  i := 0;
  While (arrayTemp[i] < 100){
  i:=i+1;
  }
  ```

As we just said, Σ is a special operator that generates primitive computational concepts by taking as its operands a movement M and an initial position P_0. In the code, Σ corresponds to the inductive application of the movement to the initial position. So the following applicative operation

$$\Sigma M P_0$$

is a primitive computational concept and we can write:

$$T \equiv_{def} \Sigma M P_0$$

T may be interpreted as the concept of "being in tempArray". In the application domain it means "being a temperature". T is a primitive computational concept[5] in the program.

From this primitive concept, we can easily build more complex concepts by adding layer of determination. Adding determination to a concept consists in increasing its intension[6] by adding new qualifying attributes to the concept. For example, the determination "blue" can be added to the concept "car" to build the new concept "blue car". As the Logic of Port Royal [8] points out, adding determinations will always increase the intension of the concept and decrease its extension (there are less blue cars than there are cars).

The operator of determination δ take as operands two concepts to form a new concept: the first operand adds determination to the second one.

[5]Predicate

[6]The intension of a concept is its meaning. Increasing the intension can be seen as "eniching" the concept.

Example 9. Using the δ operator we can add the determination blue to the concept of car:

$$\delta\, Blue\, Car$$

Primitive loop concepts add determination through conditional within the loop block: first, through the loop guard; second, through the additional conditionals in the loop block. In Example 7, determination is added through the loop guard itself:

Example 10. In the following snippet of code

```
i := 0;
While (arrayTemp[i]      100){
      i:=i+1;
}
z := arrayTemp[i];
```

The guard is adding the determination "first greater than 100".

Let us call F_{100} the boolean concept associated with the while loop guard in Example 7. F_{100} means "the first greater than 100" (it doesn't say the "first what") and is represented in the code by:
While (arrayTemp[i] **< 100**){

We already defined T the primitive loop concept. So we have

$$F^T_{100} \equiv_{def} \delta\, F_{100}\, T$$

Meaning "From the temperature array" with the additional determination "greater than 100", i.e "the first temperature greater than 100." We've now formally constructed, from the primitive loop concept T, the complex concept F^T_{100} mentioned in Section 3.4.

The guard can add all kind of determination to the primitive loop concept but it can also add the empty concept determination $\delta\varepsilon \equiv \mathbf{I}$ like in the following snippet:

```
i := 0;
While (arrayTemp[i] != NULL){
      i:=i+1;
}
```

Assuming that NULL is the value of the first empty cell, the only complex concept here will be:

$$T' \equiv_{def} \delta\varepsilon\, T \equiv T$$

When the loop guard is empty, the conditionals within the loop block can generate more complex concepts through additional determination. We will only show an example here without getting into the details[7]. Consider the following snippet of code with an empty determination in the loop guard and a conditional inside the loop to check if the value is grater than 100:

[7] See subsequent paper for more on loop concepts.

```
i := 0;
While (arrayTemp[i] != NULL){
     if arrayTemp[i] > 100{
          array2.add(arrayTemp[i]);
     }
     i:=i+1;
}
```

The additional determination is given by the conditional guard. Note that such a conditional in the loop block is not going to select only the first greater than 100 (F_{100}) but *all the values* greater than 100: A_{100}. We thus have the following new complex concept:

$$A^T_{100} \equiv_{def} \delta A_1 00(\delta\varepsilon T) \equiv A_1 00T$$

The complex concept A^T_{100} means "all the temperatures greater than 100".

4 Computational concepts and cognitive complexity

We've already hinted to the fact that the cognitive complexity of combinatorial computational concepts is close to invariant under increasing scope of source code (what we've called "zooming out" from the source code), just like the complexity of a map doesn't increase as the user zooms out of a certain place on Google Map.

With the capability to express loop computational concepts, we can now make this point more clear.

Suppose the following snippet of code:

```
if Boolean then{
     i := 0;
     While (arrayTemp[i] < 100){
          i:=i+1;
          }
     z := arrayTemp[i]
     z++;
     z++;
     }
     else{
     i := 0;
     While (arrayTemp[i] < 100){
          i:=i+1;
          }
     z := arrayTemp[i]
     z++;
     }
}
```

We can use the primitive concepts, loop concepts and combinators we've examined so far to define the corresponding complex concept:

(C_1) $\quad X \equiv_{def} \mathbf{I}\, Boolean\,(Inc^2\, F^T_{100})(Inc\, F^T_{100})$

Which can be expressed as "the conditioned double incrementation of the first temperature greater than 0." This high-level computational concept X combines other (less) complex concepts:

$(C_2.1)$ $\quad F^T_{100} \equiv_{def} \delta F_{100} T$

$(C_2.2)$ $\quad Inc^2 \equiv_{def} \mathbf{W}\,\mathbf{B}\, Inc$

https://doi.org/10.1051/epjconf/202024401009

$(C_3) \quad T \equiv_{def} \Sigma M P_0$

We can define a tree of computational concepts[8] where the root is the highest level and most complex concept (the complete scope of the code) and the leafs are the primitive computational concepts as defined previously. Going up and down the tree corresponds to zooming in and zooming out on the source code. Just like on Google Map, the zooming in and out doesn't mean an decrease or increase in cognitive complexity.

As a matter of fact, each of the definition above (C_1, $C_2.1$, $C_2.2$, C_3) are of *comparable level of cognitive complexity* despite their different size of scope on the source code. The combinatorial abstraction into computational concepts is robust with respect to cognitive complexity.

5 Abstract Computational Operators

We have said earlier (Section 2.3) that there are two ways to reduce the cognitive complexity of a high-level concept expressed in Combinatory Logic that we can call the vertical and horizontal way:

- Define and name intermediary concepts that are contained in the complex concept;
- Define and name abstract operators of this concept.

We've extensively looked at the vertical way in Section 3. We've also briefly mentioned some aspects of the second, as in the following:

- **W B** *Inc* 1 means "increment 1 twice".
- **W B** *Inc* means "increment twice".
- **W B** means "apply twice".

Although this is not a complex one, this small example can help us clarify what we mean by: *defining and naming abstract operators of a complex concept can reduce the cognitive complexity of that concept.*

Let us remember that a combinatorial expression is assuming left associativity and is, in essence, the application of an operator to an operand. If we can divide a combinatorial expression in two parts, we have now an abstract operator applied to an operand. Those two concepts might be easier to grasp than the whole. This is, in some sense, a divide-and-conquer strategy for reducing the cognitive complexity of the expression.

As explained above **W B** *Inc* 1 contains the abstract operator **W B** *Inc* which means "increment twice". So we can divide the complex computational concept into two parts: Increment Twice | 1. We simply need to understand "1" and "increment twice" instead of the whole complex concept. If **W B** *Inc* ("increment twice") is still too complex to grasp, we can divide it again into two part as the above abstraction suggests: Apply Twice | Increment. Each of those concepts are simpler to grasp than the application of one to the other.

The power of Combinatory Logic lies in the capacity of reorganizing the combination of operators (hence the name) in order to build meaningful abstract operators. Without the **W** and **B** combinators, **W B** *Inc* 1 would be expressed as Inc(Inc(1)). This latter expression cannot separate the concept of incrementing from the concept of applying twice because the two are entangled.

This powerful feature of combinatory logic will find a better illustration in the complex computational concept X:
$X \equiv_{def} \mathbf{I}\, Boolean\, (Inc^2\, F^T_{100})(Inc\, F^T_{100})$

As it is defined now, there is no much interest in abstracting... It would be just like reducing the scope of the code...

We have the following β-expansion:

1	$[X \equiv_{def} \mathbf{I}\ Boolean\, (Inc^2\, F^T_{100})(Inc\, F^T_{100})]$
2	$\mathbf{I}$ Boolean $(\text{Inc}^2\, F^T_{100})(Inc\, F^T_{100})$
3	$\Phi\, (\mathbf{I}$ Boolean$)$ $\text{Inc}^2 Inc F^T_{100}$
4	$\mathbf{B}\,\Phi\, (\mathbf{I}$ Boolean$)$ $\text{Inc}^2 Inc F^T_{100}$
5	$[X_1 \equiv_{def} \mathbf{B}\ \Phi\ (\mathbf{I}\ Boolean)\ Inc^2 Inc]$
6	$[X \equiv_{def} X_1 F^T_{100}]$

We can now describe the complex concept X as the application of:

X_1: "The conditioned doubling of the incrementation" (meaning, incrementation is doubled only if *Boolean* is true)
onto:

F^T_{100}: "The first temperature greater than 100."

Here again, X_1 can be further abstracted if needed.

Note that, although we can now focus on X_1 instead of X (thanks to the combinators **B** and **Φ**), this is not a matter of zooming into a subset of the initial code. It truly is an abstraction. In the source code, the abstract operator X_1 could be represented as:

```
if Boolean then{
    z := ____
    z++;
    z++;
    }
    else{
    z := ____
    z++;
    }
}
```

Abstract computational operators shed a new light on the understanding of a complex computational concept as the application of a simpler operator to a simpler operand. The Combinators make it possible to build the most simple and meaningful operator/operand separation.

[8]Analogous to the computational tree in recursive theory [9]. Although, those computational tree do not have the capacity to reduce multiple levels of function because recursive functions don't include combinators. For example, S(S(S(0))) is irreducibly on 4 levels in the tree.

6 Conclusion

The starting point of this paper was to propose a solution to the overwhelming cognitive complexity of source code in large applications. By *cognitive complexity*, we mean a level of intricacy in the code that makes it very difficult to grasp for a human mind.

We have proposed to use the framework of Combinatory Logic for constructing complex computational concepts as a simple model of description of the source code of a program. By "simple model of description" we mean a model of description that doesn't increase in cognitive complexity as the complexity or size of the code increases.

In this paper, we have given the foundations of this formal method by defining the primary notions of primitive computational concepts, primitive loop concept, operation of determination and complex computational concept.

Through a series of examples, we have shown that the applicative framework of Combinatory Logic allows for setting a complexity threshold by defining intermediary concepts that are contained in the more complex concepts. As complex computational concepts are combined (using combinators) into even more complex concepts, the complexity of the former doesn't have to be included into the latter as it has been already ontologically defined.

Finally, we have explored an alternative way of reducing the cognitive complexity of a computational concept: abstract computational operator. Using combinators and the fundamental idea that a complex computational concept is the application of a simpler operator to a simpler operand, we can now divide a complex concept into two simpler ones in order to better grasp the complex application as a whole.

References

[1] S.b.J. Somers, *The coming software apocalypse* (2017), `https://www.theatlantic.com/technology/archive/2017/09/saving-the-world-from-code/540393/`
[2] A. Church, Noûs **7**, 24 (1973)
[3] H.B. Curry, R. Feys, W. Craig, *Combinatory logic* (North-Holland Publishing Company, 1958)
[4] H. Curry, *Outlines of a formalist philosophy of mathematics* (North-Holland, 1970)
[5] F.B. Fitch, *Elements of combinatory logic* (Yale University Press, 1974)
[6] W.V. Quine, *Word and Object* (M.I.T. Press, 1960)
[7] D. Jean-Pierre, G. Gaëll, B. Sauzay, *Logique combinatoire et lambda-calcul: des logiques d'opérateurs* (Cépaduès-éditions, 2016)
[8] A. Arnauld, P. Nicole, *La logique ou L'art de penser* ... (1741)
[9] P. Odifreddi, *Classical recursion theory. the theory of functions and sets of natural numbers* (1999)
[10] H. Bergier, D. Jean-Pierre, M.D. Popelard, T.G. Pavel, A. Vaetus, L. Peridy, Ph.D. thesis (2016)
[11] D.J. P., *Langages applicatifs, langues naturelles, et cognition* (Hermès, 1990)
[12] F. Maribel, *Models of computation: an introduction to computability theory* (Springer, 2009)
[13] D.S.O. KROENING, *DECISION PROCEDURES: an algorithmic point of view* (SPRINGER, 2019)
[14] M. Sipser, *Introduction to the theory of computation* (Thomson Course Technology, 2006)
[15] A. Vaetus, D. Jean-Pierre, Ph.D. thesis (2001)
[16] T. Biggerstaff, B. Mitbander, D. Webster, Proceedings of 15th International Conference on Software Engineering (1993)

The measurement problem in Quantum Mechanics: Convivial Solipsism

Hervé Zwirn[1]

Abstract: The problem of measurement is often considered an inconsistency inside the quantum formalism. Many attempts to solve (or to dissolve) it have been made since the inception of quantum mechanics. The form of these attempts depends on the philosophical position that their authors endorse. I will review some of them and analyze their relevance. In this paper, I defend a new position, the "Convivial Solipsism", according to which the outcome that is observed is relative to the observer, different but in close parallel to the Everett's interpretation and sharing also some similarities with Rovelli's relational interpretation and Quantum Bayesianism. I also show how "Convivial Solipsism" can help getting a new standpoint about the EPR paradox providing a way out of the seemingly unavoidable non-locality of quantum mechanics.

Keywords Measurement problem, consciousness, decoherence, realism, entanglement, non-locality

1. Introduction

La mécanique quantique est l'une des théories les plus précises dont nous disposions actuellement en physique. Elle permet de comprendre un très grands nombre de phénomènes qui vont de la structure de l'atome à la couleur des corps, en passant par la supraconductivité. Elle fonctionne remarquablement bien et n'a jamais été mise en défaut depuis quasiment un siècle qu'elle a été inventée. Cependant, si on cherche à analyser les fondements mathématiques sur lesquels elle repose, on se heurte à des difficultés d'interprétations qui opposent les physiciens depuis sa naissance même. Le problème ne réside pas dans l'utilisation de son formalisme pour calculer le comportement d'un système ou pour prédire le résultat d'une expérience. Dans ce domaine, tous les physiciens s'accordent sur une manière commune de procéder et qui fonctionne très bien. La question est plutôt de savoir ce que représentent réellement les entités mathématiques qui constituent son formalisme. Par exemple, les outils qu'on appelle fonction d'onde ou vecteur d'état représentent-ils vraiment l'état d'un système réel ou ne sont-ils que des intermédiaires de calculs qui permettent de prédire le résultat numérique de telle ou telle expérience ? Autre possibilité : représentent-ils en fait uniquement la connaissance qu'un physicien a du système et non pas le système en lui-même ? Lorsqu'un physicien constate le résultat d'une mesure, ce résultat matérialise-t-il un véritable changement dans l'état du système ou n'est-il que la mise à jour de la connaissance du physicien à propos de cet état ? En fait, dès qu'on s'interroge plus précisément sur ce type de questions, on ouvre la porte à une série de problèmes qui soulèvent des difficultés actuellement non résolues de manière consensuelle. En particulier, un point important est de décider si la mécanique quantique décrit la réalité telle qu'elle est vraiment ou si, malgré son succès empirique, elle n'est qu'une suite de recettes efficaces pour prédire des résultats expérimentaux. La question du statut de ce qu'on appelle une observation est centrale dans l'étude des fondements de la mécanique quantique. Contrairement à ce qui se passe en physique classique ou le concept d'observation ne pose aucun problème, la mécanique quantique interdit de considérer qu'une observation n'est rien d'autre que le constat passif par un observateur d'une situation préexistante. Il semble que ce soit le fait même de mesurer les propriétés d'un système qui soit à l'origine de la valeur que prennent ces propriétés. Cela est bien entendu extrêmement contre-intuitif et demande à être expliqué plus précisément. Or, la difficulté principale est l'impossibilité dans laquelle se trouve la mécanique quantique de donner à l'intérieur même de son formalisme une définition précise et objective de ce qu'est une mesure. C'est

[1] UFR de Physique (LIED, Université Paris 7), CMLA (ENS Cachan, France) & IHPST (CNRS, France), herve.zwirn@gmail.com

ce qu'on appelle le « problème de la mesure » et c'est à ce sujet que nous allons consacrer ce texte. Comme nous le verrons, résoudre le problème de la mesure va nous amener à analyser des suggestions très variées qui ont été faites au cours de l'histoire et à proposer une solution qui remet profondément en cause la notion de la réalité que nous pouvons avoir selon le sens commun.

2. Le problème de la mesure

Le problème de la mesure vient du fait que le formalisme quantique contient deux postulats différents pour calculer l'évolution d'un système. Le premier est l'équation de Schrödinger :

$$i\hbar\frac{d|\Psi\rangle}{dt} = H|\Psi\rangle \tag{1}$$

qui est supposée être utilisée pour décrire l'évolution d'un système isolé quand aucune mesure n'est faite sur lui. Le second est le postulat de réduction du paquet d'onde qui traite de la mesure d'une certaine observable P sur un système qui est initialement dans un état de superposition des états propres de P, $|\Psi\rangle = \sum c_i|\varphi_i\rangle$. Dans ce cas, si le résultat de la mesure est λ_k, une des valeurs propres de P, l'état $|\Psi\rangle$ est projeté sur le vecteur propre $|\varphi_k\rangle$ lié à cette valeur propre, $\sum c_i|\varphi_i\rangle \rightarrow |\varphi_k\rangle$ ou sur le sous-espace engendré par les vecteurs propres liés à λ_k, si λ_k est dégénérée.

L'application de ces deux principes ne donne pas les mêmes résultats. Si on suit la célèbre présentation de von Neumann [1], une mesure est une interaction entre un système S dans un état $|\Psi_S\rangle = \sum c_i|\varphi_i\rangle$ et un appareil A dans un état initial $|A_0\rangle$ à travers un hamiltonien d'interaction H_{int} agissant durant une coure durée. Avant qu'ils n'interagissent, l'état du système total constitué à la fois du système et de l'appareil est :

$$|\Psi_{SA}\rangle = |\Psi_S\rangle \otimes |A_0\rangle = \sum c_i|\varphi_i\rangle \otimes |A_0\rangle \tag{2}$$

Après l'interaction entre le système et l'appareil l'équation de Schrödinger qui décrit un processus linéaire et unitaire donne :

$$|\Psi_{SA}\rangle = \sum c_i|\varphi_i\rangle \otimes |A_0\rangle \rightarrow \sum c_i|\varphi_i\rangle \otimes |A_i\rangle \tag{3}$$

où $|A_i\rangle$ est l'état de l'appareil correspondant au résultat λ_i. Maintenant si la valeur λ_k est trouvée (supposons qu'elle n'est pas dégénérée), le postulat de réduction donne :

$$|\Psi_S\rangle = \sum c_i|\varphi_i\rangle \rightarrow |\varphi_k\rangle \text{ et } |A_0\rangle \rightarrow |A_k\rangle \tag{4}$$

L'équation (3) montre qu'après l'interaction, le system et l'appareil sont dans un état intriqué. En particulier, cela peut être interprété comme si l'appareil était dans une superposition d'états liés aux différents résultats possibles de la mesure[2]. Bien sûr, aucune superposition macroscopique de ce genre n'a jamais été observée. . Si on ajoute un autre système (comme un chat ou un homme) au système initial et à l'appareil, il s'intrique également avec les deux premiers. C'est le principe du fameux chat de Schrödinger [2] et de l'ami de Wigner [3].

Il serait possible de penser que la mécanique quantique ne s'applique qu'aux ensembles de systèmes et une interprétation facile serait alors qu'un état superposé représente un ensemble statistique d'états différents. Mais il est facile de montrer qu'une telle interprétation ne marche pas. Donc si nous considérons que la mécanique quantique est complète (c'est-à-dire, ne doit pas être complétée par des

[2] En fait, l'appareil étant dans un état intriqué avec le système ne possède pas d'état à proprement parler puisqu'à travers l'intrication seul le système composé S+A a un état. Dire que l'appareil est dans une superposition d'état $|A_i\rangle$ est donc en toute rigueur faux. Le formalisme correct pour traiter ce type de situation est celui des matrices densité.

variables cachées), une mesure ne peut pas être considérée comme un processus qui ne fait que révéler une valeur pré-existante.

Ceci montre que le problème de l'incompatibilité entre les deux principes d'évolution ne peut pas être résolu facilement. L'équation de Schrödinger décrit un processus unitaire tandis que le postulat de réduction ne l'est pas. Cela signifie qu'il n'y a a priori aucune possibilité d'obtenir une réduction par l'équation de Schrödinger. Ceci ne serait pas un problème s'il était possible de définir rigoureusement ce qu'est une mesure. Dans ce cas, le postulat de réduction s'appliquerait lors d'une mesure et on utiliserait l'équation de Schrödinger en l'absence de mesure.

Est-il possible de définir clairement ce qu'est une mesure ? Ce que beaucoup de physiciens cherchent est une définition objective, au sens où elle ne fait pas mention d'un observateur humain. Largement acceptée par beaucoup de physiciens qui imaginent qu'elle résout les problèmes, l'interprétation de Copenhague, avancée principalement par Bohr, dit qu'une mesure est simplement une interaction entre un système et un appareil de mesure macroscopique. Cette définition est-elle objective ? Nous allons voir qu'en dépit des apparences ce n'est pas le cas.

Nous passerons rapidement en revue plusieurs des principales solutions qui ont été avancées et tenterons de montrer en quoi elles sont insatisfaisantes. Nous exposerons alors le Solipsisme Convivial qui résout le problème de la mesure de manière satisfaisante même s'il conduit à une transformation assez radicale du concept de réalité auquel on est habitué.

3. De nombreuses interprétations

Face à ce problème qui ressemble à une véritable contradiction, les physiciens ont proposé de nombreuses solutions qui dépendent pour une grande part de leurs penchants philosophiques. Une description sommaire des différentes familles de position est la suivante :

- Les positions instrumentalistes considèrent que la mécanique quantique n'est qu'un outil permettant de prédire le résultat des mesures effectuées par les physiciens. Il ne faut donc pas la voir comme une description objective de la réalité. La position de Bohr et l'interprétation de Copenhague, défendue également par Heisenberg, sont instrumentalistes. Dans la même famille, les interprétations pragmatistes essaient de coller à la pratique des physiciens et acceptent comme entités de base des caractéristiques que d'autres interprétations essaient d'expliquer (comme par exemple l'unicité du résultat de mesure) [4 – 6]. Certaines positions pragmatistes sont cependant partiellement réalistes [7].

- Les positions réalistes considèrent qu'il y a une réalité extérieure, indépendante de tout observateur, qu'elle ressemble à peu près à ce que nous en percevons et que le rôle de la physique est d'en donner une description la plus fidèle possible. C'était la position spontanée de la majorité des physiciens au XIXième siècle et au début du XXième siècle et c'est dans ce cadre que la formulation initiale de la mécanique quantique a été faite. C'était la position d'Einstein, Schrödinger, Bell, de Broglie et Bohm.

- Les positions idéalistes donnent la primauté à l'esprit et considèrent que tout ce que nous percevons n'est rien d'autre qu'une création de notre esprit. Il existe de nombreux types d'idéalisme qui dépendent du degré auquel le concept de réalité est accepté. La forme la plus extrême est le solipsisme qui nie l'existence d'autre chose que l'esprit d'une seule personne (celle qui s'exprime). Comme nous le verrons, le Solipsisme Convivial n'est en fait pas un véritable solipsisme en ce qu'il accepte non seulement l'existence d'autres esprits mais également celle d'une réalité extérieure. Un idéalisme prudent peut se borner à affirmer que la seule réalité à laquelle nous avons accès est celle de nos perceptions et rester agnostique sur l'existence d'une réalité indépendante. L'idéalisme transcendantal de Kant ne nie pas l'existence d'une réalité (la chose en soi, les noumènes) mais prétend qu'il existe un fossé cognitif infranchissable entre les phénomènes que nous percevons et les noumènes qui ne sont pas connaissables.

Il n'est évidemment pas question ici de passer en revue la totalité des interprétations qui ont été proposées pour résoudre le problème de la mesure. Même pour les plus récentes, à comparer avec le Solipsisme Convivial, je me contenterai de donner quelques indications sur les raisons pour lesquelles je ne les trouve pas satisfaisantes.

Je passerai rapidement sur les interprétations qui modifient le formalisme quantique et je me concentrerai sur celles qui se placent à l'intérieur du formalisme standard.

3.1. Les interprétations qui modifient le formalisme quantique

3.1.1. Les theories à variables cachées

Pendant de nombreuses années, une preuve donnée par von Neumann en 1932 a fait croire qu'il était impossible d'ajouter des variables cachées à la mécanique quantique. Mais Bell [8] réussit à construire une théorie de ce type pour un spin ½ et l'exemple d'aujourd'hui est la théorie de Bohm [9] qui reproduit toutes les prédictions de la mécanique quantique en introduisant des variables cachées qui sont les positions des particules. Dans cette théorie, qui ajoute une seconde équation à l'équation de Schrödinger, le problème de la mesure n'existe pas car toute particule occupe à tout moment une position bien définie dans l'espace.

3.1.2. Modification de l'équation de Schrödinger

Comme nous l'avons vu, l'équation de Schrödinger décrivant une évolution déterministe, linéaire et unitaire ne peut rendre compte de la réduction probabiliste du paquet d'ondes. Il est donc naturel de tenter de la modifier pour lui ajouter un terme qui expliquerait cette réduction lorsqu'une mesure est faite mais qui préserverait les prédictions courantes en dehors de toute mesure. La plus connue des théories de ce type est celle de Ghirardi, Rimini and Weber (théorie GRW) [10] qui ajoute un terme non linéaire stochastique à l'équation de Schrödinger. La fonction d'onde est alors soumise à des localisations spontanées aléatoires qui, lorsque les paramètres sont correctement ajustés, permettent aux systèmes macroscopiques d'être bien localisés sans pour autant modifier les prédictions quantiques des micro-systèmes. Le problème de la mesure est donc là aussi résolu. Il existe des différences de prédictions avec la mécanique quantique mais elles ne sont pas testables avec les moyens actuels [11].

3.1.3. Ces modifications sont-elles acceptables ?

Il n'est pas dans l'objet de cet article de détailler les différents problèmes posés par ces théories qui proposent un nouveau formalisme. Nous nous contenterons ici de dire qu'il semble qu'il soit difficile d'en construire une extension relativiste bien que des progrès aient été faits dans ce domaine[3]. Mais par ailleurs, ces théories ne sont pas exemptes de difficultés. La théorie GRW explique la réduction du paquet d'ondes par un mécanisme qui semble vraiment ad hoc. La théorie de Bohm était initialement destinée à restaurer une représentation intuitive des particules et de leur trajectoire, ce que la mécanique quantique interdit. Mais en fait, l'image de la réalité donnée par cette théorie est très loin de son but initial et le réalisme de la théorie de Bohm ne ressemble que très peu à celui de la mécanique classique. La question de décider si l'une de ces théories doit être acceptée est pour le moment ouverte mais aucune d'entre elles n'a réussi à obtenir un consensus en sa faveur[4]. Cela justifie l'effort de tenter de résoudre le problème de la mesure en conservant le cadre quantique standard.

[3] Voir [12] pour la théorie de Bohm et [13,14] pour la théorie GRW.

[4] Voir [15] pour une discussion ouverte entre plusieurs physiciens au sujet des raisons d'accepter ou de refuser la théorie de Bohm.

 https://doi.org/10.1051/epjconf/202024401010

3.2. La position de Bohr et l'interprétation de Copenhague

L'interprétation de Copenhague est principalement due à Bohr avec des contributions essentielles de Heisenberg et Born. On peut la décrire de manière approximative comme partant de l'idée que les objets macroscopiques ont des propriétés bien définies et n'obéissent pas à la mécanique quantique. On considère alors qu'une mesure est une interaction entre un système quantique et un appareil de mesure macroscopique, et que la propriété mesurée n'appartient pas au système seul mais à l'ensemble constitué par le système et l'appareil de mesure. Dans ce cas, un physicien utilisant un appareil macroscopique sait qu'il fait une mesure et doit appliquer le principe de réduction du paquet d'ondes. L'ambiguïté de choix avec l'équation de Schrödinger semble donc résolue. En fait, bien que cette position soit cohérente dans un cadre instrumentaliste, elle repose sur le qualificatif de macroscopique qu'il est impossible de définir précisément. Elle ne fait donc que repousser le problème si l'on veut être rigoureux. La position de Bohr est en fait plus subtile car il avait en tête des raisons pragmatistes. Mais nous nous contenterons ici d'indiquer que, bien que dominante pendant plusieurs décennies, cette position n'est plus guère soutenue que par les physiciens qui ne se préoccupent pas des problèmes de fondements du formalisme.

3.3. Interprétations faisant intervenir la conscience de l'observateur

Devant la difficulté d'éviter de mentionner l'observateur durant le processus de mesure, un certain nombre d'auteurs ont proposé que bien que la mécanique quantique ait une validité universelle, la conscience de l'observateur restait en dehors de son champ d'application. Comme le dit von Neumann [1] :

"Experience only asserts something like: an observer has made a certain (subjective) perception, but never such as: a certain physical quantity has a certain value."

"It is inherently entirely correct that the measurement or the related process of the subjective perception is a new entity relative to the physical environment and is not reducible to the latter."

"But in any case, no matter how far we calculate, [....], at some time we must say: and this is perceived by the observer. That is, we must always divide the world into two parts, the one being the observed system, the other the observer."

Et Wigner ajoute [16] :

"When is the measurement completed? We will see that [...] the measurement is completed only when we have observed its outcome"

Selon ces points de vue, une mesure n'est faite sur un système que lorsque la conscience d'un observateur a interagi avec lui. C'est cette interaction qui a pour effet de déterminer la valeur du résultat et de changer l'état du système. Cet effet est postulé par Wigner [17] et par London et Bauer [18]. Comme nous le verrons, ces auteurs eurent une intuition correcte concernant le fait que la conscience ou la perception de l'observateur ne peut être éliminée si on veut définir ce qu'est une mesure dans un cadre quantique standard mais ils en tirèrent une conclusion erronée. Postuler que la conscience échappe à une description physique mais peut cependant avoir une action sur la matière rappelle étrangement le dualisme cartésien qui est aujourd'hui rejeté de manière unanime. Nous verrons que le Solipsisme Convivial fait aussi jouer un rôle majeur à la conscience mais d'une manière toute différente et qui échappe à cette critique car la conscience n'a aucun effet sur la matière.

3.4. Interprétations considérant le vecteur d'état comme relatif

Je présente dans ce qui suit trois interprétations qui partagent le point commun de considérer que le vecteur d'état n'est pas absolu mais est relatif. Ceci sera aussi une caractéristique du Solipsisme Convivial.

3.4.1. L'interprétation relationnelle

L'interprétation relationnelle est due à Rovelli qui nie que l'état d'un système est indépendant de l'observateur et dit qu'au contraire, un système n'a d'état que relativement à un autre système [19 - 21]. Rovelli appelle l'autre système un « observateur » mais il insiste sur le fait que cet autre système n'a nul besoin d'être un humain, d'être conscient ou même d'être macroscopique : un électron peut jouer le rôle d'un observateur vis à vis d'un autre électron. Mais Rovelli n'explique nulle part ce qu'une observation et une mesure sont. Il semble postuler le fait que toute interaction entre deux systèmes physiques (qui a pour conséquence que les deux systèmes s'intriquent, selon la conception usuelle) aboutit au fait que l'état de l'un des systèmes est réduit relativement au point de vue de l'autre (et vice versa). Cette conclusion étrange provient du fait qu'il semble confondre deux choses : le fait a) qu'après l'interaction entre S et O, il y a une corrélation entre l'état de S et celui de O (par exemple si S est dans l'état $|1\rangle$ alors O est dans l'état $|O_1\rangle$ et si S est dans l'état $|2\rangle$ alors O est dans l'état $|O_2\rangle$), et le fait b) qu'une mesure a été faite ce qui aboutit à ce que S et O sont dans un état unique bien défini :

"The fact that the pointer variable in O has information about S (has measured q) is expressed by the existence of a correlation between the q variable of S and the pointer variable of O. The existence of this correlation is a measurable property of the S-O state". [19]

Cette corrélation à laquelle il fait allusion reflète simplement l'intrication entre les deux systèmes alors qu'une véritable mesure aboutit à une réduction à une seule des possibilités offertes, soit $|O_1\rangle|1\rangle$ soit $|O_2\rangle|2\rangle$. Assimiler une simple corrélation à une mesure est difficile à accepter[5]. Et si ce n'est pas le cas, on ne voit vraiment pas pourquoi toute interaction entre deux systèmes (même microscopiques) devrait être une mesure qui aboutit à sélectionner l'une des valeurs possibles. Cette solution du problème de la mesure n'est donc pas acceptable.

3.4.2. Le Bayesianisme quantique ou QBism

Le QBism est une interpretation issue du Bayésianisme quantique et elle est aujourd'hui principalement défendue par Fuchs, Schack and Mermin [22-25]. Les QBists pensent que l'objet central de la science est l'expérience individuelle. Pour eux, le vecteur d'état d'un système ne représente pas les propriétés objectives de ce système mais uniquement les probabilités subjectives qu'un agent attribue aux résultats des mesures potentielles qu'il pourrait faire sur le système. Le vecteur d'état est donc entièrement relatif à chaque agent. La mécanique quantique ne porte donc pas sur le réel mais sur la manière dont chaque agent peut quantifier ses propres attentes de résultats futurs. Dans ce cadre, une mesure est une action qu'un agent fait sur le monde extérieur. Il n'y a donc aucune mesure quand il n'y a pas d'agent. Le résultat de la mesure est l'expérience personnelle que l'agent récolte après son action. Le résultat de la mesure est donc lui aussi relatif à l'agent qui a fait la mesure. Il n'y a donc plus d'ambigüité sur le choix entre l'équation de Schrödinger et le principe de réduction puisque de toute façon, le vecteur d'état ne représente pas le système mais uniquement les croyances de l'agent sur le système. Le principe de réduction signifie seulement que ces croyances sont révisées lorsqu'un nouveau résultat est obtenu. Des points communs avec le Solipsisme Convivial sont d'une part, le fait que l'observateur joue un rôle essentiel dans la mesure et que d'autre part, on est conduit à renoncer à une description absolue de la réalité. Mais le QBism reste flou sur beaucoup de points importants qui demanderaient à être précisés pour pouvoir considérer que cette interprétation est totalement satisfaisante. On se référera à l'analyse détaillée que j'en donne dans [26].

3.4.3. L'interprétation d'Everett

Everett a explicitement développé son interprétation dans le but de résoudre le problème de la mesure qu'il considérait comme une véritable contradiction au sein de la mécanique quantique. En

---

[5] Rovelli prétend cependant que l'hypothèse selon laquelle un observateur est simplement un système physique ayant acquis de l'information (c'est à dire une corrélation) sur un autre système est au cœur de l'interprétation relationnelle [19].

particulier, il trouvait le principe de réduction du paquet d'onde « répugnant ». Il proposa [27, 28] une formulation sans réduction, appelée interprétation des états relatifs, dans laquelle la fonction d'onde de l'univers évolue uniquement selon l'équation de Schrödinger. Ses idées furent ensuite popularisées par Graham et De Witt sous le nom de théorie des mondes multiples [29]. Pour rendre compte du fait que l'observateur voit bien un seul résultat de mesure, il est postulé que lors de chaque mesure, l'univers et l'observateur se scindent en autant d'exemplaires différents qu'il y a de résultats de mesure possibles. Donc tout ce qui est possible se produit et l'univers se ramifie en permanence en branches qui contiennent toutes les possibilités. Cette conception a évidemment suscité dès le début de nombreux commentaires négatifs mais étrangement, elle connait un regain récent de popularité malgré les nombreux problèmes qu'elle soulève. Un premier problème est celui de la prolifération exorbitante de mondes différents (en nombre infini continu). Mais cela pourrait être considéré comme une simple affaire de goût personnel. Un deuxième problème beaucoup plus difficile à résoudre est le fait que, comme tout ce qui est possible se produit, la notion de probabilité perd tout sens. La règle de Born que chaque observateur peut expérimenter doit alors trouver une explication. Mais toutes les tentatives pour réintroduire de manière cohérente la notion de probabilité dans ce cadre, se révèlent loin d'être convaincantes. Un certain nombre d'autres problèmes complémentaires que nous n'aborderons pas ici, font que cette théorie ne nous semble pas acceptable et c'est d'ailleurs en réaction à cette prolifération excessive de mondes que le Solipsisme Convivial a été initialement développé.

4. Une synthèse des questions à résoudre

A ce stade, il est utile de résumer les différentes questions, relatives aux fondements du formalisme, que toute interprétation cherche à résoudre (on pourra consulter [30] où ces question sont plus longuement justifiées et détaillées) :

- Qu'est-ce qu'une mesure et quand devons-nous utiliser l'équation de Schrödinger ou le postulat de réduction pour décrire l'évolution d'un système ?
- Quand et pourquoi un seul des résultats possibles est-il obtenu ?
- Si une mesure ne peut être considérée comme révélant une valeur pré-existante, comment est-il possible que la valeur obtenue puisse-t-être créée lors de la mesure ?
- Cette valeur appartient-elle au système lui-même, au système et à l'appareil de mesure ou est-elle liée également à l'observateur ?
- Concerne-t-elle la réalité extérieure ?
- Comment sait-on quelle propriété on mesure quand on utilise un appareil donné (c'est ce qu'on appelle communément le problème de la base préférée) ?
- Comment doit-on comprendre la non-localité montrée par la violation des inégalités de Bell et existe-t-il des actions à distance instantanées ?

Certaines des interprétations mentionnées ci-dessus répondent à une partie de ces questions mais aucune ne répond de manière satisfaisante à la totalité d'entre elles. Nous n'aurons pas ici le temps d'examiner en détail les deux dernières questions qui appelleraient des développements complémentaires mais nous verrons cependant que le Solipsisme Convivial permet de répondre à toutes. On pourra consulter [30, 34, 35, 36] pour des analyses plus détaillées de ces points ou [39] pour une présentation vulgarisée.

5. Le Solipsisme Convivial

Le solipsisme convivial est né dans le but de résoudre le problème de la mesure en évitant le principe de réduction du paquet d'ondes sous sa forme standard, comme dans l'interprétation d'Everett mais sans pour autant devoir accepter l'existence d'innombrables mondes parallèles. Bien sûr, la majorité des physiciens préféreraient résoudre les problèmes des fondements de manière totalement objective, c'est-à-dire en se passant de mentionner l'observateur. Mais il semble bien, qu'à moins d'accepter de modifier le formalisme standard, aucune tentative dans ce sens ne soit satisfaisante. Il est donc intéressant d'explorer les possibilités qu'offre le fait de faire jouer un rôle à l'observateur. Cette direction n'est pas nouvelle. Nous avons déjà mentionné le rôle que von Neumann et Wigner voulaient faire jouer à la conscience mais même Planck disait :

"I regard consciousness as fundamental. I regard matter as derivative from consciousness. We cannot get behind consciousness. Everything that we talk about, everything that we regard as existing, postulates consciousness."[6]

En fait, il est facile de voir que le problème de la mesure survient essentiellement dans un cadre réaliste où le vecteur d'état représente l'état physique du système indépendamment de tout observateur et où il est donc le même pour tous. Si en revanche, le vecteur d'état est relatif à chaque observateur et s'il est clair que le postulat de réduction ne traduit que le fait qu'un observateur devient conscient d'un résultat donné, alors le problème disparaît comme nous allons le voir.

Comme le dit Bitbol [31] :

"The measurement problem boils down to finding a way to articulate the indefinite chain of relational statements of the quantum theory to the absolute statements that are used in the experimental work. An articulation of this kind can easily be found, provided one realizes that the latter absolute statements are in fact indexical; provided one realizes that these statements are only absolute relative to us [...]. At this point one is bound to realize the ineliminability of situatedness from the apparent neutral descriptions of quantum mechanics."

Le Solipsisme Convivial[7] tire toutes les conséquences de ces idées dans une perspective néokantienne. Il suppose que la dynamique d'évolution de l'univers est décrite par l'équation de Schrödinger et qu'une mesure n'est que la perception d'un des résultats possibles par un observateur. L'idée principale est qu'en raison des limites perceptives humaines, une fonction d'onde superposée ne peut être perçue comme telle par un observateur. En conséquence, un observateur qui voit un système dans un tel état superposé le percevra à travers certains filtres mentaux qui lui donneront l'impression d'observer un résultat bien défini et que le système est lui aussi dans un état macroscopiquement bien défini. Mais ce qu'il verra n'est que le résultat de ses limites perceptives et le système en lui-même ne changera pas d'état et restera dans un état superposé. Il n'y a donc aucune réduction physique du paquet d'ondes car la projection prédite par ce postulat n'est que le reflet de ce que peut percevoir l'observateur. Elle n'a aucune réalité physique.

On peut donner une idée intuitive de ce qui se passe par analogie avec certaines images qu'il est possible de voir de différentes manières. L'une des plus illustratives est l'image animée d'une danseuse que l'on peut voir tourner sur elle-même tantôt dans le sens des aiguilles d'une montre tantôt dans le sens inverse[8]. C'est une illusion d'optique bistable. Selon l'observateur qui la regarde, la danseuse semble danser dans le sens des aiguilles d'une montre ou dans le sens inverse. Se demander dans quel est sens réel tourne la danseuse n'a pas de sens. Il n'existe pas de direction réelle de rotation car cette image est simplement un ensemble de pixels en mouvement que notre cerveau interprète comme une danseuse tournant dans un sens ou dans l'autre. Ce n'est pas une image de danseuse tournant au sens propre du terme. En y mettant toutes les précautions nécessaires, on pourrait comparer l'état de cette danseuse avec une superposition :

$$|sens\ des\ aiguilles\ d'une\ montre\rangle + |sens\ inverse\ des\ aiguilles\ d'une\ montre\rangle$$

---

[6] Je remercie Chris Fuchs de m'avoir signalé cette citation de Planck dans un journal.

[7] Le Solipsisme Convivial est une version largement modifiée et étendue d'un modèle initialement proposé par d'Espagnat [32, 33]. J'en ai exposé une première version dans un livre en 2000 [34].

[8] https://www.youtube.com/watch?v=9CEr2GfGilw

Cet état ne correspond ni à tourner dans un sens ni à tourner dans l'autre mais représente quelque chose qui n'a pas d'équivalent classique. Quand nous regardons une telle image en revanche, nous ne sommes capables que de voir une danseuse qui tourne dans un sens déterminé. De plus, ce sens n'est pas nécessairement le même pour tous les observateurs. Mais voir la danseuse tourner dans un sens déterminé n'implique nullement que la danseuse tourne réellement dans ce sens et bien sûr, l'image en elle-même n'est pas modifiée et reste une superposition. Comme nous sommes incapables de percevoir deux sens de rotation superposés notre cerveau en sélectionne un au hasard. Il y a bien sûr de nombreuses différences entre un état quantique superposé et l'état de la danseuse mais cela permet d'avoir une idée approximative de ce qui se passe lorsqu'on perçoit un état superposé.

Formellement, le Solipsisme Convivial repose sur deux hypothèses principales : le mécanisme d'accrochage qui définit ce qu'est une mesure et la relativité des états quantiques.

5.1. Première hypothèse : le mécanisme d'accrochage

Mécanisme d'accrochage : *Une mesure est la prise de conscience d'un résultat par un observateur dont la perception sélectionne aléatoirement (en accord avec la règle de Born) l'une des branches du vecteur d'état intriqué (avec l'appareil de mesure et l'environnement) du système, écrit dans la base préférée donnée par le mécanisme de décohérence. Nous appellerons cette sélection l'accrochage à la branche. Une fois que la perception est accrochée à une branche, elle ne pourra s'accrocher qu'à des branches filles de cette branche lors de toute observation ultérieure.*

La dernière partie du mécanisme d'accrochage[9] garantit que si on répète la même mesure, on obtiendra le même résultat. Prenons l'exemple de la mesure d'une particule de spin ½ dans un état superposé suivant Oz :

$$|\Psi_S\rangle = \alpha\,|+\rangle_z + \beta\,|-\rangle_z \tag{5}$$

Après l'interaction avec l'appareil, l'état devient:

$$|\Psi_{SA}\rangle = \alpha\,|+\rangle_z\,|\uparrow\rangle + \beta\,|-\rangle_z\,|\downarrow\rangle \tag{6}$$

Et si on inclue l'état physique d'un observateur regardant l'appareil :

$$|\Psi_{SAO}\rangle = \alpha\,|+\rangle_z\,|\uparrow\rangle\,|☺\rangle + \beta\,|-\rangle_z\,|\downarrow\rangle\,|☹\rangle \tag{7}$$

où $|\uparrow\rangle$ (resp. $|\downarrow\rangle$) est l'état de l'appareil corrélé au spin + (resp. spin -) and $|☺\rangle$ (resp. $|☹\rangle$) est l'état physique du cerveau de l'observateur corrélé à l'état $|\uparrow\rangle$ (resp. $|\downarrow\rangle$) de l'appareil.

Maintenant le mécanisme d'accrochage stipule que la perception de l'observateur sélectionne une branche. Notons ☺̃ le fait d'être conscient d'avoir perçu "+" (resp. by ☹̃ avoir perçu "-"). Après accrochage, soit l'observateur aura vu "+" soit il aura vu "-" . Donc après la mesure, la fonction d'onde du système global sera toujours (7) mais l'état de perception de l'observateur sera ☺̃ ou ☹̃. Il est important de faire une différence entre l'état physique du cerveau de l'observateur et sa perception. $|☺\rangle$ and $|☹\rangle$ sont les états physiques du cerveau de l'observateur et sont des kets entrant dans la fonction d'onde superposée. Alors que ☺̃ et ☹̃ ne sont pas des kets et ne sont nullement les composantes d'une fonction d'ondes. Ils décrivent simplement des états de perception. Bien entendu, l'état de perception ☺̃ est associé à l'état physique du cerveau $|☺\rangle$ au sens où si le cerveau est dans l'état physique $|☺\rangle$ alors la perception est nécessairement ☺̃ (et idem pour l'autre état).

Selon le mécanisme d'accrochage, une fois une branche sélectionnée, il ne sera possible à la perception de l'observateur que de s'accrocher à des branches filles de la première, lors des mesures ultérieures. Donc, même si la fonction d'onde globale reste la fonction superposée (7), tout se passera

[9] En fait, le mécanisme d'accrochage est plus complexe que cela si on prend en compte la décohérence et la relativité des états, mais cela ne change pas la présentation simplifiée faite ici. Voir [30, 35, 36] pour une analyse plus détaillée.

pour l'observateur comme si la fonction d'onde était réduite à $|+\rangle_z |\uparrow\rangle |☺\rangle$ ou à $|-\rangle_z |\downarrow\rangle |☹\rangle$ selon que son état de perception est ☺ ou ☹. Ceci garantit que répéter la même mesure fournit bien le même résultat.

Contrairement à ce qui se passe avec l'interprétation d'Everett, il n'y a ici aucune difficulté avec les probabilités puisque, exactement comme en mécanique quantique standard, la règle de Born est explicitement utilisée par le mécanisme d'accrochage, ce qui permet de rendre compte des probabilités que nous observons. En revanche, les probabilités ne sont plus associées au phénomène physique de réduction (qui n'existe plus) mais à la sélection faite par la conscience de la branche à laquelle elle s'accroche. En réponse à la fameuse phrase d'Einstein qui, refusant le hasard objectif en mécanique quantique avait dit « Dieu ne joue pas aux dés », on peut dire que c'est l'observateur qui y joue !

Une autre caractéristique essentielle est que pour un observateur donné, les autres observateurs sont des systèmes physiques comme n'importe quel autre système physique. Ils peuvent donc être également dans des états superposés et s'intriquer avec les autres systèmes. En revanche, un observateur ne peut avoir aucun accès direct aux perceptions d'un autre observateur. Les seules informations qu'il peut connaitre au sujet des perceptions d'un autre doivent être communiquées par un moyen physique quelconque (la parole, la vision, l'écriture etc ...). Cela sera fondamental pour expliquer la raison pour laquelle il ne peut y avoir de divergence entre deux observateurs au sujet du résultat d'une même mesure.

5.2. Deuxième hypothèse : la relativité des états

Tout ce qui vient d'être dit pourrait être compris comme s'il y avait une réalité indépendante unique dont tous les observateurs sont témoins et qui est décrite par une unique fonction d'ondes globale enchevêtrée. Bien entendu, compte tenu du mécanisme d'accrochage qui s'applique indépendamment à chaque observateur, chacun possèderait sa propre perception de cette réalité mais il y aurait une seule fonction d'onde globale. C'est ce qui se produit dans la conception d'Everett. Mais le Solipsisme Convivial partage avec le QBism et l'interprétation relationnelle de Rovelli l'idée que toutes les entités du formalisme sont en fait relatives (à un système dans le cas de l'interprétation relationnelle, à un agent dans le cas du QBism et à un observateur dans le cas du Solipsisme Convivial). Le renoncement à une description absolue de la réalité est donc encore plus fort puisque même la description formelle sur laquelle repose les possibilités de prédiction des perceptions de l'observateur lors d'une mesure qu'il effectuera, est propre à cet observateur. L'univers n'est donc plus une entité absolue existant par elle-même indépendamment de tout observateur mais devient une description relative à chaque observateur. Comme je l'explique dans [30] :

"Convivial Solipsism is situated in a neo-Kantian framework and assumes that there is "something" else than consciousness, something that (according to the famous Wittgenstein's sentence) it is not appropriate to talk of. This is close to what Kant calls "thing in itself" or "noumenal world". Consciousness and this "something" give rise to what each observer thinks is her reality, following Putnam's famous statement "the mind and the world jointly make up the mind and the world". So perception is not a passive affair: perceiving is not simply witnessing what is in front of us but is creating (independently for each us) what we perceive through a co-construction from the world and the mind. The hanging-on mechanism takes part in this co-construction and helps (very partially) understanding it through the selection it does."

Cette relativité des états a une conséquence fondamentale sur le langage autorisé par le Solipsisme Convivial. Toute phrase doit être prononcée du point de vue d'un interlocuteur unique et rapportée à sa propre perception. En particulier, il est interdit de parler simultanément des perceptions de deux observateurs différents. Seul un meta-observateur pourrait avoir accès aux perceptions d'autres observateurs et un tel meta-observateur (qu'on appelle quelquefois le point de vue de Dieu) n'existe pas. La phrase « Alice a vu ceci et Bob a vu cela » n'est donc pas autorisée car elle se réfère directement aux perceptions simultanées de deux observateurs différents. En revanche, il est possible de dire « Alice a vu ceci et a entendu Bob lui dire qu'il a vu cela » qui est une phrase qui se réfère au point de vue d'Alice uniquement. En effet, la perception de Bob n'est mentionnée qu'à travers la perception qu'Alice en a eue par la parole.

5.3. Pourquoi le Solipsisme Convivial est-il convivial ?

Puisque le mécanisme d'accrochage est relatif à chaque observateur, on peut se demander s'il peut en résulter un conflit entre deux observateurs qui divergeraient sur ce qu'ils ont observé (comme c'est le cas pour la danseuse que nous avons vue plus haut). La réponse est que cela ne peut se produire et c'est la raison pour laquelle cette interprétation est qualifiée de conviviale alors même qu'on a noté le fait que les perceptions de chaque observateur lui sont propres. On peut déjà remarquer que conformément à ce qui vient d'être dit, une phrase comme « Sachant qu'Alice a vu le spin "+" et que Bob a vu le spin "-", qu'entendra Alice si elle interroge Bob ? » n'est pas autorisée car elle mentionne simultanément les perceptions de Alice et Bob. En revanche, on a le droit de s'interroger pour savoir si Alice ayant vu "+", elle peut entendre Bob lui dire qu'il a vu "-". La réponse est que cela est impossible en raison du fait que toute communication entre deux observateurs est en fait une mesure de l'un sur l'autre. Comme le dit d'Espagnat [33] :

"A*ny transfer of information from B to A—for example, any answer made by B to a question asked by A— unavoidably proceeds through physical means. Therefore it necessarily takes the form of a measurement made by A on B. And we know that under these conditions A necessarily gets a response (answer) that agrees with his own perception*".

Alice ayant fait une mesure et étant accrochée à la branche correspondant au résultat "+" ne peut s'accrocher qu'à des branches filles de cette branche pour toute mesure ultérieure. Bob (considéré comme un simple système physique) est dans un état intriqué avec le spin du système mais lorsqu'Alice l'interroge, elle mesure Bob et ne peut obtenir come résultat que celui qui provient de la composante de l'état de Bob qui est corrélée au spin "+". Il en résulte qu'Alice entendra bien Bob lui dire qu'il a vu "+" conformément à ce qu'elle a elle-même perçu. Aucun conflit n'est donc possible. En revanche, Alice doit éviter d'en conclure que Bob a « réellement » vu "+" car elle ne peut avoir aucun accès aux perceptions de Bob et bien sûr elle doit encore plus éviter de conclure que le spin était « réellement » "+".

Ce processus de communication entre deux observateurs est important car il est la clé pour comprendre comment le Solipsisme Convivial évite la non-localité.

5.4. Comment éviter la non-localité ?

On supposera connu du lecteur l'argument d'Einstein, Podolsky et Rosen [37] et les inégalités de Bell [38] qui conduisent en général à la conclusion que toute théorie faisant les mêmes prédictions que la mécanique quantique est non-locale. Le raisonnement repose sur l'examen de deux particules U et V intriquées dans un état singulet de spin du type :

$$|\psi\rangle = \frac{1}{\sqrt{2}}\left[\, |+\rangle^U \, |-\rangle^V - |-\rangle^U \, |+\rangle^V \right] \tag{8}$$

Selon la présentation traditionnelle, lorsqu'une mesure du spin selon une direction est faite sur l'une des particules à un endroit donné, son état est projeté sur l'un des deux états possibles et l'autre particule voit également son état projeté sur l'état corrélé correspondant et ce, instantanément et quelle que soit la distance entre les deux particules. Cette corrélation qui intervient même lorsqu'un intervalle du genre temps sépare les deux mesures, semble dont faire intervenir une action non-locale. Cette conclusion vient du fait que la mécanique quantique interdit de penser que l'état des particules est déterminé avant la mesure et les inégalités de Bell dont on a montré expérimentalement qu'elles sont violées, interdisent de considérer que des variables cachées locales peuvent expliquer les corrélations à distance qui sont observées.

Mais ce raisonnement repose sur la corrélation obtenue entre deux mesures (celle faite par un observateur sur la première particule à un endroit donné et celle faite par un autre observateur sur l'autre particule à un autre endroit). Dans le raisonnement traditionnel, il parait évident qu'il est possible de parler de manière absolue de ces deux résultats comme de faits objectifs et pouvant s'être produits simultanément. D'où la conclusion de non-localité. Mais il n'en est rien dans le Solipsisme Convivial puisque nous l'avons vu, toute mesure est relative à un observateur unique. Les corrélations obtenues (qui seront bien vérifiées) ne pourront l'être qu'en deux temps. Un observateur fera une mesure sur une particule puis pour constater la corrélation avec l'autre résultat, il devra interroger ultérieurement l'autre observateur et connaître ainsi le deuxième résultat. Mais dans le cadre de cette interprétation, comme aucun changement physique ne se produit lors d'une mesure, cette procédure doit seulement s'interpréter comme le fait qu'une première mesure donne pour un observateur un résultat qui est bien corrélé avec le résultat que le même observateur obtiendra quand il interrogera le deuxième observateur. Bien entendu, cette interrogation ne pourra se produire que dans un intervalle du genre espace avec la première mesure et il n'y aura donc plus aucune non-localité (voir [36] pour un raisonnement plus approfondi sur la non-localité).

6. En résumé

Il est maintenant possible de jeter un regard en arrière et de comprendre les points positifs des différentes interprétations qui ont été proposées antérieurement. Chacune contenait un élément positif.

- L'interprétation de Copenhague insistait à juste titre sur l'expérience et sur l'aspect contextuel de la mesure mais reposait sur une distinction microscopique / macroscopique ambigüe et ne reconnaissait pas pleinement le rôle de l'observateur.
- Wigner, von Neumann, London et Bauer faisaient remarquer qu'il est impossible de donner une interprétation cohérente de la mécanique quantique sans mentionner la conscience de l'observateur. Mais ils attribuaient à cette conscience une action sur la matière qui n'est pas acceptable.
- Everett avait correctement énoncé le fait que la fonction d'onde globale de l'univers n'est jamais réduite. Mais dans son interprétation, d'une part, la notion de probabilité perd son sens et d'autre part, la multiplication de mondes parallèles à laquelle le conduit son explication de la raison pour laquelle un observateur voit un résultat unique n'est pas satisfaisante.
- L'interprétation relationnelle admet l'aspect relatif des vecteurs d'état mais sa conception de la mesure est incohérente.
- Le QBism bien que clarifiant le problème de la mesure laisse beaucoup trop de questions ouvertes concernant son ontologie et est incapable d'expliquer l'apparence classique d'un monde qui reste quantique dans son essence.

Le Solipsisme Convivial donne des réponses satisfaisantes à toutes les questions évoquées au paragraphe 4. Seule la réponse à la sixième question portant sur le choix de la base préférée n'a pas été détaillée dans ce texte mais la réponse provient de l'utilisation faite de la décohérence. Pour plus de précisions on se référera à [30, 34, 35, 36, 39].

Bien sûr, l'image donnée par le Solipsisme Convivial est très loin des conceptions réalistes traditionnelles. La réalité n'est plus la même pour tous les observateurs qui, d'une certaine manière, vivent chacun dans leur propre monde de perceptions. C'est en ce sens que cette interprétation peut être considérée comme solipsiste car il n'existe pas de réalité commune. Mais ce n'est pas un solipsisme au sens fort du terme puisqu'il y est admis non seulement l'existence d'autres observateurs mais aussi celle d'une réalité indépendante. Par ailleurs, comme aucune divergence ne peut apparaître entre les différents observateurs, le qualificatif de convivial peut lui être appliqué. Le prix à payer est aussi d'accepter l'impossibilité de parler directement des perceptions d'un autre observateur que celui qui s'exprime.

Mais la physique nous a habitué à renoncer progressivement aux notions qui nous paraissaient les plus intuitives. Qu'on se rappelle la difficulté avec laquelle l'abandon du concept d'évènements simultanés a été accepté.

Références

1. Von Neumann, J.: Mathematische Grundlagen der Quanten-mechanik, Springer-Berlin (1932). English translation: Mathematical Foundations of Quantum Mechanics, Princeton University Press (1955)
2. Schrödinger, E.: Die gegenwärtige Situation in der Quantenmechanik (The present situation in quantum mechanics). Naturwissenschaften 23 (1935)
3. Wigner, E.P.: Remarks on the mind-body question. In: I.J. Good. The Scientist Speculates. London, Heinemann (1961)
4. Hacking, I.: Representing and Intervening. Cambridge University Press (1983)
5. Pickering, A.: The Mangle of Practic. Chicago University Press (1995)
6. Bachtold, M. : L'interprétation de la Mécanique Quantique. Une approche pragmatiste. Hermann (2008)
7. Healey, R.: Quantum Theory: a Pragmatist Approach. British Journal for Philosophy of Science, 63 (2012)
8. Bell, J.S.: On the problem of hidden variables in quantum mechanics. Rev. Mod. Phys., 38, (1966)
9. Bohm, D.: A suggested interpretation of the quantum theory in terms of 'hidden' variables. I. Physical Review, 85: 166–179; II. Physical Review, 85: 180–193 (1952)
10. Ghirardi, G.C., Rimini, A., Weber, T.: Phys. Rev., D34, 470 (1986)
11. Ghirardi, G.C.: Collapse Theories. In: The Stanford Encyclopedia of Philosophy (2011)
12. Dürr, D., Goldstein, S., Norsen, T., Struyve, W., Zanghì, N.: Can Bohmian mechanics be made relativistic?. Proceedings of the Royal Society A 470, doi:10.1098/rspa.2013.0699 (2013). Preprint arXiv:1307.1714 (2013)
13. Tumulka, R.: A Relativistic Version of the Ghirardi-Rimini-Weber Model. Journal of Statistical Physics. 125: 821 (2006)
14. Bedingham, D.: Towards Quantum Superpositions of a Mirror: an Exact Open Systems Analysis. Journal of Physics. A38: 2715 (2011)
15. d'Espagnat, B., Zwirn, H. : Le monde quantique. Les débats philosophiques de la mécanique quantique. Editions Matériologiques (2014)
16. Wigner E. P.: Interpretation of quantum mechanics. (1976) In: Quantum Theory and Measurement. Wheeler J. A., Zurek W. (eds.) Princeton University Press (1983)
17. Wigner, E.P.: Symetries and Reflections. Bloomington, Indiana University Press (1967)
18. London, F., Bauer, E.: La théorie de l'observation en mécanique quantique. Hermann (1939)
19. Rovelli, C.: Relational Quantum Mechanics. International Journal of Theoretical Physics. 35, 1637-1678 (1996)
20. Rovelli, C., Smerlak, M.: Relational EPR. Foundations of Physics. 37 (2007)
21. Laudisa, F., Rovelli, C.: Relational quantum mechanics. In: The Stanford Encyclopedia of Philosophy (2008)
22. Fuchs, C.A.: 'Quantum Bayesianism at the perimeter'. *arXiv: 1003:5182* (2010)
23. Fuchs, C.A.: 'On participatory Realism'. *arXiv.org/abs/1601.04360* (2016)
24. Fuchs, C.A.: 'Notwithstanding Bohr, the Reasons for QBism'. *arXiv: 1705.03483* (2018)
25. Fuchs, C.A., Mermin, D.N. & Schack, R.: 'An Introduction to QBism with an application to the locality of quantum mechanics', *American Journal of Physics*, vol. 82, p.749. *arXiv: 1311:5253.* (2014)
26. Zwirn, H.: Is QBism aPossible Solution to the Conceptual Problems of Quantum Mechanics?, *arXiv: 1912.11636,* (2019) to appear in the forthcoming Oxford Handbook of the History of Interpretations and Foundations of Quantum Mechanics.
27. Everett, H.: On the Foundations of Quantum Mechanics. Ph.D. thesis. Princeton University, Department of Physics (1957)
28. Everett, H.: Relative State Formulation of Quantum Mechanics. Reviews of Modern Physics. 29: 454–462 (1957)
29. DeWitt, B. S., Graham N. (eds.): The Many-Worlds Interpretation of Quantum Mechanics. Princeton: Princeton University Press (1973)

30. Zwirn, H.: 'The Measurement Problem: Decoherence and Convivial Solipsism', *Found. Phys.* Vol. 46, p.635. *arXiv:1505.05029* (2016)
31. Bitbol, M.: Reflective Metaphysics: Understanding Quantum Mechanics from a Kantian Standpoint. Philosophica 83 (2010)
32. d'Espagnat, B.: Le Réel voilé, analyse des concepts quantiques. Fayard (1994). English Transl: Veiled Reality: An Analysis of Quantum Mechanical Concepts. Westview Press, Boulder, Colorado (2003)
33. d'Espagnat, B.: Conceptual Foundations of Quantum Mechanics. Benjamin, New York (1971)
34. Zwirn, H.: 'Les limites de la connaissance', Odile Jacob (Ed) (2000)
35. Zwirn, H.: 'Delayed Choice, Complementarity, Entanglement and Measurement', Physics Essays, Vol. 30, 3. arXiv:1607.02364 (2017)
36. Zwirn, H.: 'Non Locality versus Modified Realism', Found. Phys. Vol. 50, pp 1-26. arXiv:11812.06451 (2020)
37. Einstein, A., Podolsky, B., Rosen, N.: Can Quantum-Mechanical Description of Physical Reality Be Considered Complete?. Physical Review. 47: 777–780 (1935)
38. Bell, J.S.: On the Einstein-Podolski-Rosen Paradox. Physics. 1 (1964)
39. Zwirn, H.: 'Le rôle de l'observateur en mécanique quantique', Pour la Science, mars 2020, num. 509, (2020)

EPJ Web of Conferences **244**, 01011 (2020) https://doi.org/10.1051/epjconf/202024401011
Complexity and Disorder Meetings 2018–2020

Light, water and physics in Monet painting

Pierre Coullet[1] and Yves Pomeau[2]
[1] *Université de Nice-Sophia Antipolis, Nice, France*
[2] *Ladhyx, Ecole Polytechnique, Palaiseau, France*

Abstract A common observation is the one of reflection of the Sun or the Moon by the slightly perturbed surface of water. In "Impression, soleil levant", now in Marmottant museum in Paris, Monet painted the luminous stripe resulting of this reflection when the source is low on the horizon. As we explain this stripe originates from the fluctuations of the angle of the reflecting surface when they are big enough to spread the multiple images to make them overlap, which requires that the fluctuations of the surface angle are of the same order as the angle of the Sun (or Moon) above the horizon. At higher angle the stripe become a set of non overlapping points representing each the reflected image of the source. This makes an interesting percolation transition by a continuous change of a parameter.

Man has forever observed the ocean and the reflection of light by it. In the city of Nice, a morning the authors had a chance to, admire the glitter of the sea, obviously due to the specular reflection of the sun by a slightly agitated surface of the sea, with likely an elevation of this surface that is random in space and time. This blinking has drawn the attention of physical oceanography with the idea that one could derive from its analysis statistical properties of the wave pattern. As far we know, this remains a challenging problem because of the large number of parameters involved. We shall not dwell into this compiex problem and limit ourselves to simple observations which do not seem to have been made before.

Shortly after WWII Munk and collaborators tried to find a way to measure the state of the wave system in the Pacific ocean, a reasonable attempt because this Ocean is so big that there is no way to have a dense enough set of buyos to monitor accurately the wave system in this big Ocean. Various theories were proposed in relation with this line of research, but it does not seem that they take into account the phenomenon painted by Monet in "Impression, soleil levant" that we describe below (see Figure 1). Piotr Szymczak pointed out to us a small book devoted to the Wonders of physics [2] and specifically its chapter 5 where the phenomenon examined below is considered, namely the existence of bands of light created by the reflection of either the Sun or the moon on a random surface at small incidence. This chapter 5 gives no detailed explanation however, and only says that such a stripe is more frequent at small incidence without explaining why. We can only recommend this excellent book, full of new perspectives and of good remarks.

To come to the great painter in the title of this article, Claude Monet, he painted very accurately the reflected image of the Sun on the water in the harbor of Le Havre, shortly after Sunrise. He noticed that, even if the reflecting surface is almost planar the reflected image is not a disc as it would be for a perfect plane mirror, but instead a stripe approximately of the same width as the apparent radius of the Sun, a stripe oriented in the direction of the Sun and seeming to go to infinity.

Cézanne said of Monet: he is an eye only but what an eye!. Monet did not paint his "Impression, soleil levant" on the spot, this pa!nting being particularly complex in its organization and in the display of different colors .Most likely he had to paint it in his workshop by relying on his fantastic visual memory. This memory showed that the image of the Sun is not the result of a simple reflection on the sea surface but tha this one played so to speak an active role in diluting the image into a luminous stripe of warm colors. This transformation by the surface fluctuations from a geometric reflected image into a stripe occurs at low incidence only. As we shall explain at higher incidences the image becomes a set of disconnected points of light. This will be discussed via order of magnitude estimates, all relying on the law of geometrical optics for reflection, a law going back to the ancient Greeks. Our analysis will show, hopefully, that order can be put in a complex situation without dwelling into an analysis with the paraphernalia of a formal statistical approach. This emphasizes also the generic character of our results, partly because of the simplicity of their derivation.

One thinks quite naturally to two parameters to characterize the fluctuations of the sea surface: the range of those fluctuations along the surface, which can be see also as the average wavelength of the waves making those fluctuations. We shall assume that the height is of order of magnitude as this wavelength multiplied by a small number of order 0.15. This small number gives the order of magnitude of the slope of the waves to be compared to two other parameters, the apparent diameter of the Sun, denoted as α and the angle of the Sun with respect to the horizontal.

A theory of the phenomenon we wish to study begins with the Cartesian equation of the reflecting surface written in its simplest form as

$$z = h(x, y)$$

, z being the elevation of the surface and (x, y) the coordinates in the horizontal plane. We assume furthermore that

FIG. 1: Impression, soleil levant, Monet (1872)

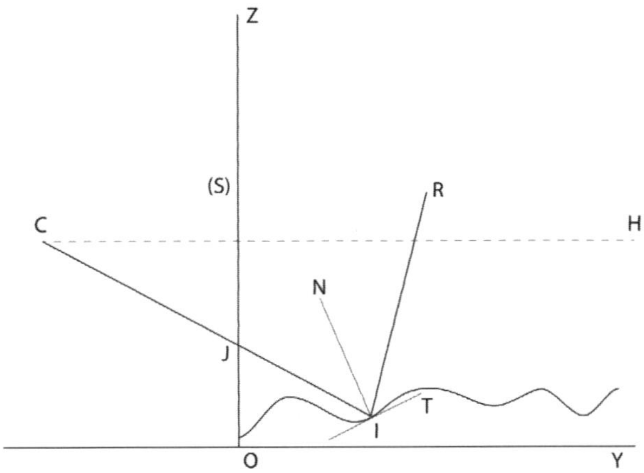

FIG. 2: This figure is to explain the ray tracing algorithm used for numerical simulations. A cross section is displayed, such as the sea surface is in the plane $z = 0$. It crosses the shore on the line $y = z = 0$. A screen is put in the plane $y = 0$. From a point C a ray is sent that crosses the reflecting sea surface at I. One compute then the direction of the reflected ray in the solid angle of the Sun seen from I, one points a point J of a different color than the background. In the simulation to get rid of effects of discrete representation of the surface the sea is represented by a set of tiny mirrors whose normal are taken randomly between two values.

the reflecting surface is only slightly tilted with respect to the horizontal. Therefore the gradients of $h(x, y)$ are small. This permits to simplify the equations for the reflected ray, given that the incident ray is nearly horizontal.

Figure 2 explains how to relate the condition of specular reflection to the position of the observer (Monet sitting near the quay) to the instantaneous shape of the reflecting surface. Two conditions have to be written for a ray incident along the direction indexed by the unit vector $\mathbf{n}$, the direction of the reflect ray being along the unit vector $\mathbf{m}$. The relation between $\mathbf{n}$ and $\mathbf{m}$ depends also on the unit vector $\mathbf{N}$ normal to the reelecting surface. It reads:

$$\mathbf{n} = \mathbf{m} - 2\mathbf{N}(\mathbf{N} \cdot \mathbf{m}).$$

In the limit of a small slope of the surface the Cartesian components of $\mathbf{N}$ are $(-h_{,y}, h_{,x}, 1)$ where both $h_{,x} = \frac{\partial h}{\partial x}$ and

$h_{,y} = \frac{\partial h}{\partial y}$ are small. Whence the two components of **n** and **m**:

$$h_{,y} = \frac{m_x - n_x}{2m_z},$$

and

$$h_{,x} = \frac{n_y - m_y}{2m_z}.$$

For two given unit vectors **m** and **n**, and given equation $z = h(x, y)$, the conditions above yield a discrete set of solutions that are pairs of values of x and y. This explains the glitter observed when the Sun is well above the horizon. In this case each of the points where a deflection takes place that sends the reflected ray toward the observer yiedls an apparent luminous point on the surface. In this case the angular diameter of the Sun is too small to have overlapping images. The glitter is due to the fact that, as the surface changes in the course of time, the points where the reflections takes place change and give the impression of appearing and disappearing all the time. To estimate their apparent lifetime one can reason as follows. Let λ be the range of correlation of the height of the waves, practically their wavelength. Along such a length the slope of the surface will change by an angle $\delta\theta$, an angle that we shall assume to be larger than the angular diameter of the Sun (or of the Moon which is nearly the same). By definition the time τ during which the ray will continue to reach the observer is such that during this time the change of slope in the equation for the point (x, y) is compensated by the choice of another point n the angular diameter of the Sun to define the direction of the incoming ray. If $\delta\theta$ is much bigger than the apparent angle, the compensation by the change of point on the disc of the Sun will be possible only on a period of time much shorter than the period of the wave. We assume more precisely that this time τ is the time necessary for the slope of the wave to change by an amount of the order of the angular diameter of the Sun. This period s related to the wavelength by Newton's relation and has the order of magnitude $\left(\frac{\lambda}{g}\right)^{1/2}$, with g acceleration of gravity. During this time the slope of the surface changes by $\delta\theta$, larger than α for a established sea state. More specifically one can assume that this time is obtained by multiplying the time τ by the small ratio of the angular diameter α to the total variation of the slope. This yields the following estimate of the coherence time of the fluctuations:

$$t_{corr} = \frac{\alpha}{\delta\theta}\left(\frac{\lambda}{g}\right)^{1/2}.$$

Let us remind the reader that this concerns the blinking of isolated points. Nevertheless this is also the order of magnitude of the correlate time typical of fluctuations of the reflected light when the image of theSun is more or less continuous as in Monet painting, a continuity following the overlap of images of the solar disc by the sea surface, the problem we shall consider now.

We shall derive from the formal equations giving the location of the point of reflection an understanding off what is observed by using the various parameters involved in the problem, parameters which are predominantly angles: local angle defining the slope of the surface and angular diameter of the Sun. Let θ be the angle of the Sun with respect to the horizon and recall that λ denotes the range of correlations of the fluctuations of the reflecting surface, and that $\delta\theta$ is the order of magnitude of the angle of deviation of the normal **N** with respect t the vertical. Inside a piece of the surface of area λ^2 all orientations of the normal are represented inside a small closed curve on the unit sphere that we assimilate to a small circle of radius $\delta\theta$. Another relevant parameter is the ratio $\frac{\alpha}{\delta\theta}$ assumed to be small. Lastly let $l \approx \frac{d}{\theta}$ be the horizontal distance between the observer and the average point of reflection. Let $\delta l_L \ll l$ be the fluctuation of l due to the change of local orientation of the surface, a fluctuation assumed to be small with respect to θ. A small change in the relationship between l and θ gives:

$$\delta l_L \sim \frac{\delta\theta\ d}{\theta^2}.$$

that is valid n the longitudinal direction along the reflected ray. In the perpendicular direction the change of position of the point of refection due to the change of orientation of the reflecting surface is

$$\delta l_T \sim \delta\theta\ d.$$

.

In order to have many reflected rays reaching the observer, δl_L must be bigger than the correlation length of the fluctuations of the surface, that is $\delta l_L \gg \lambda$ of the same order of magnitude as $\lambda \ll \frac{\delta\theta\ d}{\theta^2}$.

If this condition is satisfied there is about one ray reaching the observer coming from each area of correlation in region distant of the point of specular reflection less than δl_L:. AT smaller distances one finds a point of reflection of an angle of deviation less than the fluctuation of the slope of the surface. .

Rays reflected at infinity could reach the observer f the fluctuation $\delta\theta$ is of the order of magnitude or bigger than θ, because in this case the lccal variation of the angle allows to reach the point of observation at infinity with a brazing incidence, this assuming a flat sea surface, the curvature of the Earth could change a bit this picture, infinity becoming then the point of tangency of straight lines issued from the observer and tangent to the Earth surface.

Let us consider now the effect of angular width α of he source. If this angles very small, the image seen by the observer will be a set of points, all issued from the same area of correlation of slope of the surface of the sea. If n the contrary α is big enough the reflected image will fill continuously the field by overlapping of all the point images. Therefore it is natural to compare α et $\delta\theta$.

If $\frac{\alpha\ d}{\theta^2} \ll \lambda$, the images originating from the various area of correlation will be disconnected and the impression will she one f a set of independent points.

On the contrary many points of reflection will exist in the opposite limit $\frac{\delta\theta\ d}{\theta^2} \gg \lambda$. The existence of apparent disconnected points of reflection implies $\alpha \ll \theta$. Let us assume that the opposite is true, namely that

$$\lambda \ll \frac{\alpha\ d}{\theta^2},$$

and that

$$\lambda \ll \frac{\delta\theta\ d}{\theta^2}.$$

In this case one has an image with an apparent continuous stripe by overlapping of images of the Sun (or the Moon). This happens if there are many points of reflection inside an area f correlation. This area s of order of magnitude $\delta l_L \delta l_T$. Therefore th image of a continuous stripe impies $\delta l_L \delta l_T \gg \lambda^2$. In this case there is about one reflected ray reaching the observer issuing from each area of correlation. This image has the same angular width as the source because it is made of rays spread along the axis source-observer.

When the angle θ increases one observes a transition of the percolation type in the reflected image. This transition occurs in the longitudinal direction, as watt happens in the transverse direction is barely dependent on the angle θ.

In the continuous stripe seen at low incidences there is also some time dependence of the intensity of reflected light, less visible than the one of isolated points at higher incidences. This time dependence is a varitation of the intensity around an average value, whereas at higher incidences one sees blinking of point-like sources appearing and diapering at random locations. As we have seen the typical time for the blinking is $\left(\frac{2\pi\lambda}{g}\right)^{1/2}$ for gravity waves. It could be that part of the blinking is due to capillary waves of shorter wavelength than the gravity waves. For water the transition occurs at a fraction of a centimeter. This transition (particularly through its effect on the time correlation of the intensity of blinking) is of interest. The figures 3 and 4 display two examples of continuous luminous stripe seen by the authors just after sunrise on the mediterranean shore of Southern France.

Figures 5 and 6 display the result of a numerical simulation of the transition from a continuous stripe low incidence (figure 5) to a set of blinking point at higher incidences (figure 6). The two figures use an algorithm of ray tracing based on the idea of representing the sea by a cut (x, z), x the horizontal coordinate and z vertical. Without fluctuation the sea surface is the plane $z = 0$ The shore is the line $y = z = 0$.

https://doi.org/10.1051/epjconf/202024401011

FIG. 3: Sunrise on the Mediterranean in Nice

FIG. 4: Early morning view taken east of the Giens peninsula in Southern France

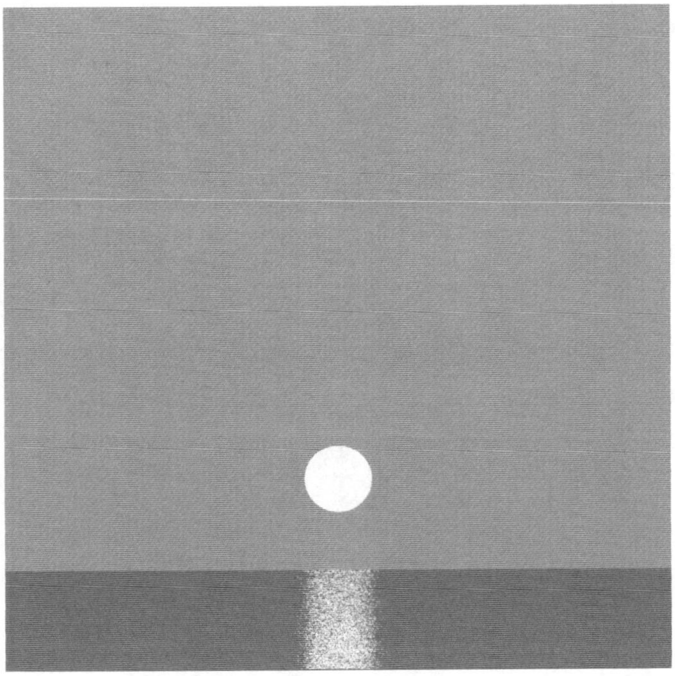

FIG. 5: Numerical simulation of the reflection at small angle of incidence of a light-emitting disc by a surface of randomly fluctuating orientation

To conclude we discussed a few ideas permitting to understand a quite common natural phenomenon, the blinking of the sea when the Sun is high and the formation of an apparent continuo stripe by reflection when the Sun is low. It seems t us that besides its obvious aesthetical interest this phenomenon could ope the way to a better understanding of the reflection by a random surface with time dependent fluctuations. It is noticeable that this understanding follows from simple order of magnitude estimates. One could also wonder if it could be pertinent for other type of waves, like matter waves of quantum mechanics.

FIG. 6: Numerical simulation of the reflection at finite angle of incidence of a light-emitting disc by a surface of randomly fluctuating orientation

[1] C. Cox and W. Munk, "Statistics of the sea surface derived from sun glitter," J. Marine Res. **13**, 198-227, (1954). C. Cox and W. Munk, "Measurement of the roughness of the sea surface from photographs of the Sun's glitter," J. Opt. Soc. Am. **44**, 838-850, (1954).

[2] L.G. Aslamazov and A.A. Varlamov, "The Wonders of Physics" , World Scientific (2001), Singapore.

https://doi.org/10.1051/epjconf/202024401012

Disorder-enhanced luminescence kinetics in volcanic feldspars

Eric Bringuier[1]
eric.bringuier@univ-paris-diderot.fr
[1]Matériaux et Phénomènes Quantiques, Unité mixte 7162 CNRS & Université de Paris, 5 rue Thomas Mann, 75013 Paris, France

Abstract. A granitic feldspar is well-ordered and has a stable thermoluminescence signal enabling its dating with high reliability. In contrast, a volcanic feldspar (sanidine) exhibits a slight cristallographic disorder and an anomalously fast fading of the thermoluminescence signal (Visocekas *et al.* 2014). It is shown here how disorder changes the decay of the signal and enhances the kinetics, while the increase in the microscopic complexity plays no role.

1. Introductory description of the phenomenon and the material

We begin with a few definitions [1] of the terms used in this paper.

Definition of thermoluminescence (TL). It is the luminescence I emitted upon heating a mineral at a constant rate dT/dt where T (t) is the temperature (time). If the I-vs-T curve at a given rate is reproducible, it allows for dating of the mineral.

The luminescent material. It is a K-feldspar (K-aluminosilicate) which can be found in two varieties, called sanidine and microcline. The latter variety is also called granitic whereas the former is a volcanic feldspar. Quotation from [1]: « Sanidines and microclines have the same composition and similar lattice structures. They are two extreme phases of $K\,Al\,Si_3O_8$ feldspars. Sanidine is the high-temperature form whereas microcline is stable at low temperatures, or below approximately 450 °C. [...] The angular difference between their optical axes is very small; an angle of 90 ° in sanidine becomes 87 ° 40 ' in ' maximum ' microcline. Microcline is ordered, whereas sanidine is still a crystal but ' disordered '. The 25 % Al atoms substituted for Si are randomly distributed in sanidine, whereas they are ordered in microcline. » The quick cooling of a volcanic feldspar quenches its high-temperature lattice structure which is metastable at room temperature [2].

Microscopic origin of the luminescence. It is due to a very small fraction of impurities (called activators) interspersed in the solid lattice. In feldspars, the presence of Fe^{3+} results in light-emitting centres in the blue and far-red ranges. Besides light-emitting centres, the mineral hosts electron traps whose energy levels lie in the 7.7-eV forbidden band gap. Once detrapped, an electron can be captured near the centre and excite it. A subsequent radiative deexcitation of the centre gives rise to a luminescence whose sensitivity to temperature is due to the fact that electron detrapping is thermally activated. As the temperature is raised the freed electrons continually feed the light-emitting centres.

The thermoluminescence phenomenon. When a microcline sample is stored at room temperature, its TL signal does not fade during storage. In contrast, the TL signal of sanidine is observed to fade at a rate –25 % per year. Such a fast fading is called *anomalous*. Because its I-vs-T curve is not reproducible over time, sanidine cannot be used for dating by TL.

The goal of this paper is to understand the physics of the so-called anomalous fading of sanidine. What is it that links the ill-ordered nature of sanidine to its inability to retain the energy released (in part) as the TL signal emitted upon heating? To answer this question, we shall examine what happens at a constant temperature because isothermal physics is easier to deal with. In section 2 we recall the state of knowledge of the isothermal luminescence decay in microcline and more generally speaking well-ordered minerals. In section 3 we examine how the tunnelling model which accounts for the kinetics in a well-ordered material can be rescued if the material exhibits some disorder. In section 4 we parallel electron transfer by tunnelling and energy transfer by exchange; the latter mechanism has been investigated in more detail. In section 5 we show how our electron-transfer problem can be traded for an energy-transfer problem for which a mathematical solution has already been reached. Section 6 explains why the complexity of disorder is not involved.

2. Isothermal luminescence decay in well-ordered materials

The time-resolved luminescence intensity $I(t)$ in feldspars at a constant temperature does not follow the usual exponential decay law of phospho- or fluorescence. Decay is much slower, typically $I(t) \propto 1/t$ at large times. This had previously been observed in Mn-activated calcium carbonate ($CaCO_3$, 6-eV band gap): figure 2 of [3] shows constant It *vs* t over almost three decades of time. As I was independent of T in the range 80–180 K, a tunnel-based decay mechanism had been suggested [3]. In Mn-activated zinc silicate (Zn_2SiO_4, 5-eV band gap) a similar very slow and athermal decay was observed later by Avouris and Morgan [4]. Quotation: « Both phosphorescence and photostimulated luminescence intensities are found to decay as the

https://doi.org/10.1051/epjconf/202024401012

reciprocal of the time, a result which requires a different interpretation from that given by the usual model of electron release from a distribution of trap levels. To account for these results we propose a new model based on the radiative recombination of electrons and holes through tunnelling from shallow traps or from excited states of the deeper traps. A simple expression is derived which describes the decay of both types of luminescence in phosphors under very general conditions for which tunnelling is the dominant recombination mechanism. »

In a word, luminescence in Mn-activated calcium carbonate and zinc silicate is due to *variable-range tunnelling*. By tunnelling a trapped electron escapes to a capture centre where it will excite the light-emitting impurity (activator). It is alternatively said that the tunnelled electron ‘recombines’ at the centre. As time goes by, trapped electrons have been captured by nearby capture/recombination centres, and subsequently electrons can be captured only by remoter centres. A longer distance entails a slower decay rate. This has been called the *gruyère* [5] or Swiss cheese [6] model: the diameter of a spherical volume freed from trapped electrons increases logarithmically with time; see fig. 1.

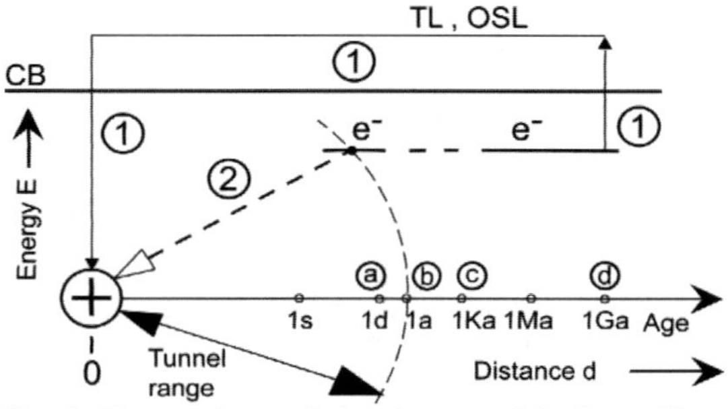

Fig. 1. The *gruyère* or Swiss cheese model of tunnelling-induced luminescence in a solid. From [6].

A more general decay law was obtained later by Huntley [7]. Quotation: « Luminescence decay with time often shows a power-law dependence of the form intensity $I \propto t^{-m}$, where t is time and m is usually in the range 1–1.5. [...] This power law can result from the tunnelling of trapped electrons to recombination centres that are randomly distributed, and [...] the range of exponents matches that of the observations. The explanation accounts for the most extreme case of an observed $t^{-1.06}$ dependence extending over nine decades of time. »

Let us reckon luminescence $I(t) = N_0|\mathrm{d}\phi/\mathrm{d}t|$ in photon per second, where N_0 is the initial number of trapped electrons able to excite a light-emitting centre, and $\phi(t) = N(t)/N_0$ is the fraction of as yet untransferred electrons at time t. (This formula for $I(t)$ omits the radiative yield which effectively reduces N_0.) Let n_A denote the number density of recombination centres capturing electrons released from traps, and let $1/\tau(r) = s_0 \exp(-\kappa r)$ denote the rate of electron tunnelling from a trap to a recombination centre, as a function of their separation distance r. The number of electron-capture centres in a sphere of radius κ^{-1} is

$$\tilde{n}_A = \frac{4\pi\kappa^{-3}}{3} n_A .$$

For a time $t >> s_0^{-1}$, Huntley arrives at

$$\phi(t) \approx \exp[-\tilde{n}_A \ln^3(s_0 t)].$$

The unsigned argument of the exponential function is the number of capture centres in a sphere of radius $\kappa^{-1}\ln(s_0 t)$ which grows logarithmically with time. This is in keeping with the *gruyère* or Swiss cheese model of fig. 1. For plausible values of $\tilde{n}_A$ and over a wide time range, $I(t)$ is found to be closely approximated by a power law A/t^m where $0.95 \leq m \leq 1.5$.

3. The tunnelling model in sanidine

3.1. The problem

From the above expression of $\tilde{n}_A$, it is seen that $I(t) \propto |\mathrm{d}\phi/\mathrm{d}t|$ cannot depend on temperature. This comes about because tunnelling is an athermal mechanism. Now in sanidine the fading of the TL signal is observed to depend on the storage temperature of the sample. The crucial point is that no loss of TL is observed if the sample is stored at liquid-nitrogen temperature [6].

A possible explanation for a temperature dependence was proposed long ago [3, 4]: electrons are not only tunnelled out of the *ground* state of a trap lying at level E_g but also out of an *excited* state lying at level $E_e > E_g$. Since the excited state is populated thermally according to a Boltzmann factor $\exp(-(E_e - E_g)/kT)$, this would account for the freezing of electron release at lower temperatures. This scenario predicts an Arrhenius dependence not observed in sanidine. The softer actual dependence might be accounted for by assuming a continuum of excited states. This mathematical assumption is, however, not physically realistic. The next subsection offers an alternative explanation.

3.2. The physics of a disordered solid

Room-temperature fading is observed only in the ill-ordered feldspars known as sanidines. When a crystal exhibits some disorder, whether translational or orientational, its energy-band structure is altered. Between the first unoccupied band of extended (Bloch) states and the band-gap where no electron state is allowed, there is an energy range of localized (Mott) states, called the *band tail*. A state in the band tail is quantum-mechanically allowed but localized. This is shown in figure 2 after [8].

https://doi.org/10.1051/epjconf/202024401012

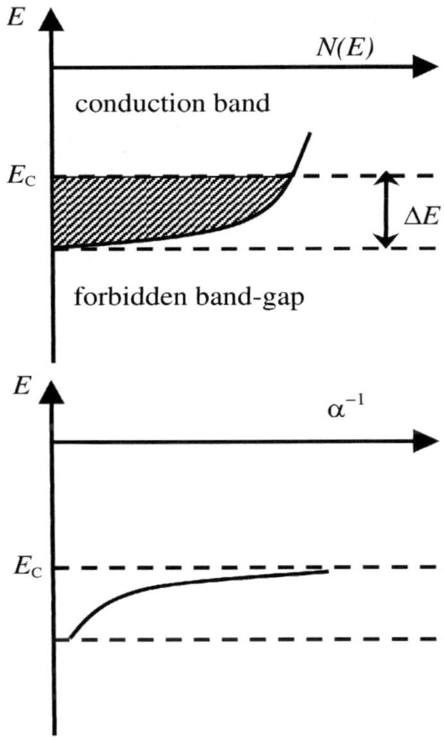

Fig. 2. The allowed one-electron quantum states in a disordered solid. Besides the extended states of the conduction band lying above the mobility edge E_c, there exists a tail of localized states (hatched area) over a range ΔE. The conduction band is virtually empty if the solid is semiconducting. Top: density of allowed states $N(E)$. Bottom: decay length α^{-1} of the localized states; at the mobility edge, α^{-1} is becoming infinite which corresponds to an extended (Bloch) state. After figure 6.8 of [8].

Let us give details about the physical nature of the electron states involved. A Bloch state of pseudo-momentum $\mathbf{p} = \hbar\mathbf{k}$ and energy $E(\mathbf{p})$ is a *travelling matter wave* with a group velocity $\partial E/\partial \mathbf{p}$ expressing the mean flow of the probability of presence. Were the lattice perfectly periodic, that wave would be a stationary solution of Schrödinger's wave equation, i.e. with an infinite lifetime. Imperfections of the lattice, whether static (flaws and impurities) or dynamic (thermal vibrations), entail a finite lifetime and a finite velocity-relaxation time $\tau_v(\mathbf{p})$ of the Bloch state. As a result the mean free path of an electron in the Bloch state, $\lambda = v_g\tau_v$, is finite. Then,

(i) under no electric force, an initially sharply peaked electron ensemble spreads out isotropically with a Fick diffusion coefficient $D = \lambda^2/3\tau_v$;

(ii) under a force $\mathbf{F} = \bar{e}\nabla(-V)$ derived from the macroscopic electric potential V, where $\bar{e}$ is the signed electron charge, electrons drift along the force at an ensemble-average velocity $\tau_v\mathbf{F}/m^*$ where the effective mass m^* is determined from the dispersion relation $E(\mathbf{p})$.

In contrast, a state in the band tail is an *evanescent matter wave* which does not propagate; a pseudo-wavevector **k** is not relevant. The spatial extension of the evanescent matter wave, α^{-1}, is finite. If such a state is occupied by an electron and there is an empty state nearby, then the electron can ‘ hop ’ from the occupied to the empty state if the overlap of the two wave functions is not too small. The mechanism is tunnelling, but since there is a misfit in the energies of the initial and final states, the lattice has to supply or collect the energy difference in the guise of a phonon. Thereby an electron can walk at random between band-tail states lying at almost the same energy. In some steps energy is supplied by the lattice while in others it is released to the lattice.

In the simplest (‘ nearest-neighbour ’) scenario, a step has a length α^{-1} and the hopping frequency ν depends on the tunnelling probability per unit time and the rate at which the lattice can supply energy. Statistically speaking, the random walk is characterised by a Fick diffusivity D. Taking hopping to be isotropic, D is given by $\nu\alpha^{-2}/3$.

A note on nomenclature is important. The usual parlance of disordered conductors makes use of the word ‘ mobility ’ in e.g. the phrase ‘ mobility edge ’ denoting the energy border E_c between extended (Bloch) and localized (Mott) states. However, the quantitative definition of mobility μ refers to the response of an electron to an applied force, with $\mu = \tau_v/m^*$ in the Drude model [9]. In our problem, there is no force and electrons move by diffusion. It is more appropriate to speak of a ‘ diffusivity edge ’ as advocated by Butcher [10] when discussing mobility μ^* and diffusivity D^* as functions of the electron energy E. Quotation: « we would then speak of ‘ energy-dependent diffusivity ’ instead of ‘ energy-dependent mobility ’ and ‘ diffusivity edge ’ instead of ‘ mobility edge ’. It is important to emphasize that what is involved here is more than a matter of semantics. The terminology which is growing up in work on amorphous materials may ultimately lead to physical confusion because $\mu^*(E)$ is much more intimately related to diffusivity than mobility. [...] The diffusive nature of the electronic motion in amorphous materials suggests that a greater emphasis will be placed on diffusivity than has been appropriate in crystalline materials. The energy-dependent diffusivity provides the obvious tool for this purpose. By inserting a factor of $1/kT$ so that the result has the dimensions of mobility, we gain nothing in the formalism and lose something in the conceptual simplicity of the subject. » (See also [11].)

Two hopping mechanisms are met in practice:

(i) nearest-neighbour hopping giving an Arrhenius dependence $D(T) \propto \exp(-E_0/kT)$;

(ii) optimum-range hopping involving second, third... neighbours, such that

$$D(T) \propto \exp(-(E_1/kT)^\gamma) \text{ with } 1/4 \leq \gamma \leq 1/3.$$

The latter is the result of a trade-off beween tunnelling and thermal activation [8].

3.3. Adapting the tunnelling model to the case of sanidine

Call D (donor) an occupied electron trap lying in the band tail. The distance r between the trapped electron and a recombination centre acting as an electron acceptor A, is no longer constant in time. Because the electron can hop from a band-tail state to another, the distance r becomes a function of time for a given electron. The distance is a random variable in that, in a statistical ensemble of electrons in Gibbs' sense, different electrons will have different histories. Denote Gibbs-ensemble averaging by $\langle..\rangle$. Insofar as disorder is homogeneous, $\langle..\rangle$ may be replaced by spatial averaging. The spatial average over a large volume is identical with the average over a large number of realisations, that is to say a Gibbs-ensemble average. This is an ergodicity property in space instead of time [12]. Now the tunnelling rate $1/\tau(r) \propto \exp(-\kappa r)$ shown in figure 3 is a convex function of distance r so that, over a range of values of r,

$$\left\langle \frac{1}{\tau(r)} \right\rangle \text{ exceeds } \frac{1}{\tau(\langle r \rangle)}.$$

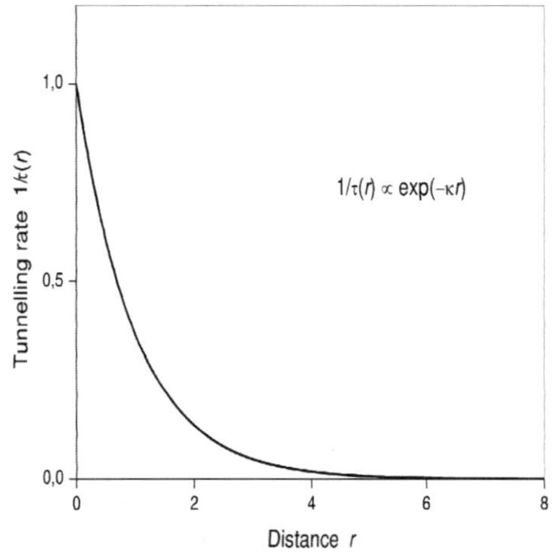

Fig. 3. The tunnelling rate per unit time $1/\tau$ as a function of distance r (arbitrary units).

Tunnelling is enhanced by the fact that r is a random variable owing to the diffusive motion of band-tail electrons. Enhancement can be strong because of the strong dependence of $1/\tau$ on r. This qualitatively explains why the phenomenon of hopping between band-tail states is able to enhance the kinetics. We shall now address the phenomenon quantitatively. To this end we first recall the knowledge gained from exchange-mediated energy-transfer studies in luminescent solids.

4. Energy transfer by exchange

4.1. What is meant by energy transfer?

We quote the *Encyclopedia of Spectroscopy and Spectrometry* [13]: « Energy transfer refers to a process in which an excited atom or molecule (donor) transfers its excitation energy to an acceptor atom or molecule during the lifetime of the donor excited state. [...] As a result of energy transfer, the donor returns to its ground state while the acceptor is promoted to its excited state. If the acceptor is a luminescent species, it can emit by virtue of energy transfer, that is, the acceptor luminesces as a result of the excitation of the donor. Such a luminescence is called ' sensitized luminescence ', and some textbooks use the terms ' sensitizer ' and ' activator ' instead of ' donor ' and ' acceptor '. » This is pictured in figure 4.

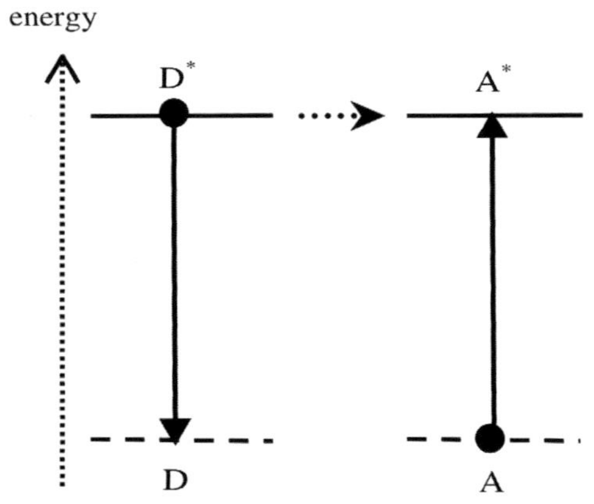

Fig. 4. Energy transfer from donor D to acceptor A. In the case of an energy difference between the excited state of D and that of A, the transfer has to be assisted by a phonon. After [13].

Donor (D) to acceptor (A) energy transfer can proceed via two coupling mechanisms, termed multipolar and exchange. This terminology originates in the definitions of Coulomb and exchange integrals. Let

$$\psi(\mathbf{r}_1, \mathbf{r}_2) \propto \varphi_D(\mathbf{r}_1)\varphi_A(\mathbf{r}_2) - \varphi_D(\mathbf{r}_2)\varphi_A(\mathbf{r}_1).$$

denote the two-electron D-A wave-function for parallel spins. It is antisymmetric in the exchange of electrons 1 and 2. The coupling involves the matrix element

$$\left(\psi \left| \frac{e^2}{4\pi\varepsilon|\mathbf{r}_1 - \mathbf{r}_2|} \right| \psi\right) =$$

Coulomb integral C_{DA} – exchange integral J_{DA}.

Depending on the symmetries of the wave functions, the Coulomb integral is dipolar, quadrupolar etc, which is why one speaks of multipolar coupling. The basic studies are Förster's [14] (Dexter's [15]) for multipolar (exchange) coupling.

In the remainder of the paper we shall be interested in exchange-mediated D-to-A energy transfer. It is epitomized by Rice [16] in the following sentences: « The exchange integral effectively reflects the initial overlap of the wave functions of donor and acceptor molecules, [...] weighted by the Coulomb energy, $e^2/4\pi\varepsilon|\mathbf{r}_1 - \mathbf{r}_2|$, of interaction between these initial and final states. Provided that both initial- and final-state wave functions are appreciable in the same region of space, the exchange integral is not negligible. Since the eigenfunctions decay as $\exp(-r/a)$ with a an approximate Bohr radius for these eigenfunctions (≈ 0.14 nm), the transfer probability [roughly] varies as the square of the exchange integral, i.e.

$$I(r) = A \exp(-2r/a).$$

[...] The pre-exponential factor of the transfer probability is

$$A \propto \int f_D(\nu) \in_A(\nu)\, d\nu,$$

where $f_D(\nu)$ is the frequency-dependent donor emission spectrum (phosphorescence) and $\in_A(\nu)$ the absorption spectrum of the acceptor when the electron spin restriction is removed. »

4.2. Electron transfer by tunnelling *vs* energy transfer by exchange

We again quote Rice's review [16]: « The dependence on the distance of separation of donor and acceptor is similar for energy transfer by the exchange effect and electron transfer by tunnelling. The probability of energy transfer from donor to acceptor (electron scavenger) is

$$l(r) = \alpha \exp[-\beta(r - R)]$$

where $\alpha \approx 10^{14}$ s^{-1} and $\beta^{-1} \approx 0.1$ nm. In the same manner as energy transfers non-radiatively, the electron transfers rapidly (less than 0.01 ps or so) during which time the donor and acceptor nuclei remain essentially frozen (Franck-Condon principle). Henglein has emphasised the similarity of energy and electron transfer processes by representing electron transfer as the overlap of the donor oxidation spectrum and the acceptor reduction spectrum weighted by the orbital overlap of the donor anion and acceptor states. It is this latter term which leads to the exponential dependence of $l(r)$. »

In the next subsection we avail ourselves of this formal similarity to swap the electron-transfer problem for an energy-transfer problem which has already been investigated quantitatively.

5. The solution

5.1. The two-body problem in Smoluchowski's stochastic mechanics

In the physical problem at stake in this paper, we have to do with electron donors D which move randomly by hopping, and electron acceptors A fixed at definite positions. Let us contemplate the reverse mathematical problem where a donor D is fixed while acceptors A move by diffusion. The number density n_A of acceptors is governed by Fick's second law,

$$\frac{\partial n_A}{\partial t} + \mathrm{div}(-D_A \nabla n_A) = 0,$$

involving the diffusivity D_A of A. This results in a continuous-time random walk of A,

$$\langle x_A(t)\rangle = x_A(0) \text{ and } \langle x_A(t)^2\rangle - \langle x_A(t)\rangle^2 = 2D_A t$$

in one dimension [17]. On the average, A does not move. It spreads about its initial position $x_A(0)$.

We now consider the more general, two-body problem where both A and D are diffusing. In addition we have

$$\langle x_D(t)\rangle = x_D(0) \text{ and } \langle x_D(t)^2\rangle - \langle x_D(t)\rangle^2 = 2D_D t,$$

and the covariance $\langle x_D(t)x_A(t)\rangle - \langle x_D(t)\rangle\langle x_A(t)\rangle$ vanishes if the random variables x_A and x_D are independent. The upshot is that the D-A distance keeps constant on the average,

$$\langle x_D(t) - x_A(t)\rangle = x_D(0) - x_A(0),$$

while its variance grows up linearly in time,

$$\langle(x_D(t) - x_A(t))^2\rangle - \langle x_D(t) - x_A(t)\rangle^2 = 2D_D t + 2D_A t.$$

The relative motion is therefore a stochastic process characterized by a coefficient of mutual diffusion,

$$D = D_D + D_A.$$

This enables us to trade the problem of fixed donors and moving acceptors for the problem of moving donors and fixed acceptors. As a result, if the problem of exchange-mediated energy transfer from static D to moving A is solved, then the problem of tunnelling electron transfer from moving D to static A is solvable. It turns out that the former problem has indeed been solved, and this is the subject of the next subsection.

5.2 The solution of energy transfer by exchange

Just as in section 2, let $\phi(t) = N(t)/N_0$ denote the fraction of untransferred electrons at time t. The luminescence (in photon/s) is $N_0|d\phi/dt|$. As trapped electrons can hop, $\phi(t)$ will be less than $\phi_0(t)$ as calculated by Huntley in his model of static electron donors [7]. We write

$$\phi(t) = \phi_0(t)\, \phi_D(t),$$

where $\phi_0(t)$ is the limiting form of $\phi(t)$ when diffusion is frozen i.e. as $D \to 0$. The calculation of ϕ_D due to electron hopping is possible using the study of exchange-mediated energy transfer by Allinger and Blumen [18]. They found that

$$\phi_0(t) = \exp[-\tilde{n}_A\, g_3(s_0 t)],$$

where $g_3(u) \approx \ln^3 u + g_{32} \ln^2 u$ for $u >> 1$ and $g_{32} \approx 1.73165$. The g_{32} term is a small correction to Huntley's result given in section 2. Besides,

$$\phi_D(t) = \exp[-3\tilde{n}_A(\kappa^2 D t)^{1/2} g_2(s_0 t)],$$

where $g_2(u) \approx \ln^2 u$ for $u >> 1$.

The luminescence intensity is proportional to

$$\left|\frac{d\phi}{dt}\right| = 3\tilde{n}_A \frac{\ln^2(s_0 t)}{t}\left[1 + \frac{2g_{32}}{3\ln(s_0 t)}\right]\phi_0(t)$$
$$\times\left[1 + \frac{(\kappa^2 D t)^{1/2}}{2}\, \frac{\ln(s_0 t) + 4}{\ln(s_0 t) + 2g_{32}/3}\right]\phi_D(t).$$

In the case that $\ln(s_0 t) >> 1$ this may be simplified to

$$\left|\frac{d\phi}{dt}\right| = 3\tilde{n}_A \frac{\ln^2(s_0 t)}{t}\,\phi_0(t)\left[1 + \frac{(\kappa^2 D t)^{1/2}}{2}\right]\phi_D(t).$$

For vanishing D i.e. $\phi_D = 1$, Huntley has shown that $|d\phi/dt| \approx A/t^m$ over a wide range of times $t >> s_0^{-1}$. We now address the correction due to non-vanishing D for $t = 3\text{x}10^7$ s ≈ 1 year. Again we have to resort to typical, plausible values of the microscopic parameters. With $\kappa^{-1} \approx 0.1$ nm and $n_A = 5\text{x}10^{17}$ cm^{-3} i.e. $\tilde{n}_A = 3\text{x}10^{-6}$ [7], we compute $s_0 t \approx 10^{21}$ and $\phi_0(t) = \exp(-0.36)$ so that traps have been slightly depleted. For a hopping diffusivity $D = 10^{-6}$ m^2/s, $(\kappa^2 D t)^{1/2} \approx 5\text{x}10^{10}$. The ensuing reduction in the number of excited donors is $\phi_D(t) = \exp[-3\tilde{n}_A (\kappa^2 D t)^{1/2} \ln^2(s_0 t)]$, whence $\phi_D(t) \approx \exp(-10^9)$ means that luminescence has been drastically exhausted by hopping.

What is the justification for choosing $D = 10^{-6}$ m^2/s? In a disordered poor conductor, $D = kT\mu$ and $e\mu$ does not exceed 1 cm^2/V·s at room T (this is related to the so-called Ioffe-Regel criterion) [8]. Thus we have taken an excess value of D and, in practice, TL fading over one year will be less drastic but it can be very significant.

6. Synopsis

This paper has been concerned with the way a luminescence decay can be affected by the appearance of a cristallographic disorder. The disorder gives rise to localized electron states in a band tail lying below the conduction band of extended (Bloch) states of the solid. An electron in the band tail can hop between states with a small, temperature-dependent diffusivity. Hopping enhances an electron's probability per unit time to tunnel toward a recombination centre and activate a light-emitting centre lying nearby. The enhancement of tunnelling depends on temperature, and it is prevented at liquid-nitrogen temperature where diffusivity is lower.

Generally speaking, disorder generates complexity in the sense that a large number of microscopic configurations become possible. If the ' disorder variable ' is a random scalar field endowed with statistical homogeneity, disorder is characterised by a (position-independent) average and 2-point, 3-point... spatial correlation functions [12]. Complexity may then be assessed by the number of correlation functions that are needed to describe the phenomenon. In contrast, simplicity may be associated with the need of resorting to the average and/or the 2-point function only. For example, in the scattering of light by the density fluctuations of an almost homogeneous medium, no role is played by the 3-point, 4-point... correlation functions of the random refraction-index field [19]. In the issue at hand in this paper, the disorder shows up through one single parameter, namely the diffusivity of band-tail electrons which reflects a 2-time velocity-correlation function [20]. In this sense complexity plays no role.

It is a pleasure to acknowledge Raphaël Visocekas (Université Denis Diderot) for a number of stimulating and clarifying conversations about thermoluminescence. The present investigation on anomalous luminescence decays owes much to interactions with the late André Geoffroy (Université Pierre et Marie Curie) and Jacques Duran (CNRS).

References

1. R. Visocekas, C. Barthou, P. Blanc, *Radiation Measurements* **61** 52–73 (2014)
2. N. W. Ashcroft, N. D. Mermin, *Solid State Physics* (Holt, Rinehart & Winston, New York, 1976) pp. 620–1
3. R. Visocekas, T. Ceva, C. Marti, F. Lefaucheux, M. C. Robert, *phys. stat. sol.* (a) **35** 315–327 (1976)
4. P. Avouris, T. N. Morgan, *J. Chem. Phys.* **74** 4347–4355 (1981)
5. R. Visocekas, *PACT* **3** 258–265 (1979)
6. G. Guérin, R. Visocekas, *Radiation Measurements* **79** 1–6 (2015)
7. D. Huntley, *J. Phys. Condens. Matter* **18** 1359–1365 (2006)
8. N. F. Mott, E. A. Davis, *Electronic Processes in Non-Crystalline Materials* 2nd edn (Clarendon, Oxford, 1979)
9. E. Bringuier, *Eur. J. Phys.* **39** 025101 (2018)
10. P. N. Butcher, *J. Phys. C* **5** 3164–3167 (1972)
11. E. Bringuier, *Phil. Mag. B* **77** 959–964 (1998)
12. J. M. Ziman, *Models of Disorder: The theoretical physics of homogeneously disordered systems* (Cambridge University Press, Cambridge, 1979) chap. 3
13. M. A. Omary, H. H Patterson, *Luminescence theory*, in: Encyclopedia of Spectroscopy and Spectrometry 2nd edn, edited by J. C. Lindon, G. E. Tranter, D. W. Koppenaal (Elsevier, Amsterdam,1999) pp. 1186–1207
14. T. Förster, *Z. Naturforsch.* A **4** 321–327 (1949)
15. D. L. Dexter, *J. Chem. Phys.* **2** 836–850 (1953)
16. S. A. Rice, *Long-range transfer effects and diffusion-controlled reactions*, in: Comprehensive Chemical Kinetics vol. **25** (Elsevier, Amsterdam, 1985) pp. 71–104
17. S. Chandrasekhar, *Rev. Mod. Phys.* **15** 1–89 (1943); *Rev. Mod. Phys.* **21** 383–388 (1949)
18. K. Allinger, A. Blumen, *J. Chem. Phys.* **75** 2762–2771 (1981)
19. P. Debye, A. M. Bueche, *J. Appl. Phys.* **20** 518 (1949)
20. G. H. Wannier, *Statistical Physics* (Wiley, New York, 1966) chap. 23

https://doi.org/10.1051/epjconf/202024401013

Critical temperatures of the Ising model on Sierpiñski fractal lattices

Michel Perreau[1,*]

[1]Université de Paris, IUT Paris Pajol, 20 quater rue du département, 75018 Paris, France

Abstract. We report our latest results of the spectra and critical temperatures of the partition function of the Ising model on deterministic Sierpiñski carpets in a wide range of fractal dimensions. Several examples of spectra are given. When the fractal dimension increases (and correlatively the lacunarity decreases), the spectra aggregates more and more tightly along the spectrum of the regular square lattice. The single real root v_c, comprised between 0 and 1, of the partition function, which corresponds to the critical temperature T_c through the formula $v_c = \tanh(1/T_c)$, reliably fits a power law of exponent $-k$ where k is the segmentation step of the fractal structure. This simple expression allows to extrapolate the critical temperature for $k \to \infty$. The plot of the logarithm of this extrapolated critical temperature versus the fractal dimension appears to be reliably linear in a wide range of fractal dimensions, except for highly lacunary structures of fractal dimensions close from 1 (the dimension of a quasilinear lattice) where the critical temperature goes to 0 and its logarithm to $-\infty$.

1 Introduction

Phase transitions on fractals have been investigated since the early applications of fractals in physics, initiated by B. Mandelbrot in three pionnering papers using mainly real space renormalisation group (RSRG) techniques[1–3]. Subsequently, the Sierpiñski carpet[4] and its extensions have been used as models to test (i) the congruence between critical exponents calculated by the analytical continuation of ε-expansions of the renormalisation approach in non integer dimensions[5] and their values obtained by direct calculations by different methods (ii) the validity of scaling relations involving the critical exponents when replacing the dimension of space by the fractal dimension.

Actually, Sierpiñsky carpets are infinitely ramified, a condition which is mandatory to get a phase transition at non zero temperature and, by varying parameters, their fractal dimensions may approach any desired value as close as necessary. Furthermore, the Ising model is one of the simplest model of phase transitions This lead many authors to combine Sierpiñsky carpets and the Ising model to investigate phase transitions on fractal lattices.

Previous litterature contains many estimations of these critical parameters obtained by different methods: RSRG[1–3, 6, 7]; high temperature expansions [7]; Monte-Carlo simulations either with the Metropolis or with the Wolf or the Swendsen-Wang algorithms combined with a finite size scaling analysis (MCFS) [8–17]; Monte-Carlo simulations combined with renormalisation group (MCRG) [18]; Monte-Carlo simulations combined with short time dynamic scaling (MCSD) [19–22]. According to references, spins are located either on the center of the sites [11–17, 20–22] or on the vertices of the lattice [1–3, 6–11, 19, 23]. The results presented in this work are obtained with spins located in the center of the sites, and so we will compare critical paramers only within this topology.

The most accurate values of critical exponents β and γ have been obtained by the various methods involving Monte Carlo simulations and show that values of critical exponents are different than those obtained by continuation of ε-expansions. So replacing translation invariance by scale invariance changes significantly the critical behavior. But scaling relations – at least those which do not involve α, the estimation of which is unaccurate in fractals[13] – as the Rushbrooke and Josephson's scaling law: $d\nu = \gamma + 2\beta$ are satisfied within the accuracy of these numerical simulations[12, 15]

However, Pruessner and Loison[16] questioned the relevance of finite size scaling performed on the successive segmentation steps of a single pattern, arguing that the size of the structures is not large enough to exceed the correlation length in the critical region. Alternatively, they based their calculations by reintroducing translation invariance with the juxtaposition of several identical patterns in the two dimensions of space to increase the size of the elementary cell before applying the usual periodic boundary conditions. For a scale invariance $n = 3$ with a single centered removed site, the values of the critical temperatures obtained after this modification are close to those obtained previously, but significantly different according to their respective accuracy, 1.50 instead of 1.48. This significant discrepancy reveals the difficulty of calculating accurate values of the critical temperature which is crucial for using histogram and finite size scaling method after Monte Carlo simulations.

The aim of this paper is to push forward the method previously introduced[24] to calculate the critical temper-

*e-mail: michel.perreau@u-paris.fr

https://doi.org/10.1051/epjconf/202024401013

atures the Ising model on Sierpiñski carpets by investigating a larger range of structures and higher segmentation steps to increase the accuracy of results.

2 The Sierpiñsky carpets

Let us remind the fractal structures corresponding to Sierpiñski carpets. Starting from an initial unit size square, divided into n^2 subsquares of equal size we remove p^2 subsqures in the center and iterate the processus k times. This structure in noted $SC(n, p, k)$. The fractal structure $SC(n, p)$ is the limit of this process when $k \to \infty$. Fig. 1 shows the third segmentation step of $SC(3, 1)$, i.e. $SC(3, 1, 3)$. Ising spins are located on center of the remaining sites.

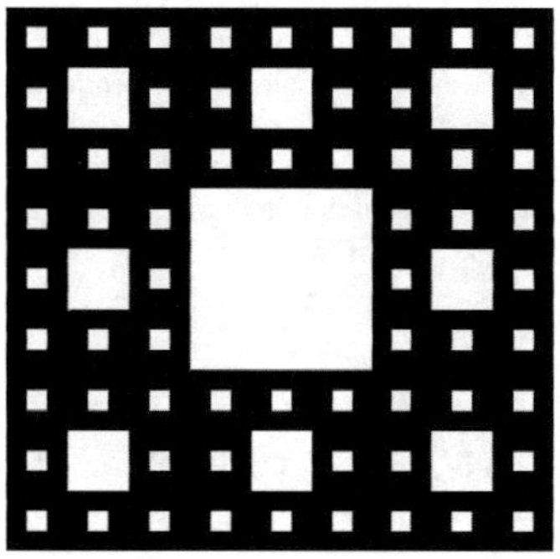

Figure 1. The third segmentation step of $SC(3, 1)$

3 Ising model on Sierpiñski carpets

3.1 Partition functions

In a previous paper[24] we introduced a method to calculate the partition function of the Ising model in planar lacunary and especially fractal lattices, at any segmentation step. We could calculate the full spectrum (i.e. the set of the roots) of this partition function on Sierpiñski carpets and particularly the critical temperature T_c which corresponds to the single real value v_c of the spectrum comprised between 0 and 1 through the formula

$$v_c = \tanh(1/T_c)$$

The method is an extension of the path counting method used to calculate the partition function of the two dimensional Ising model on square lattice[25]. The aim of this paper is not to expose again the method, but to give more accurate results based on further calculations in the three fields which can be investigated in this way on planar fractal lattices: (i) the partition functions and its spectrum (ii) the critical temperatures on finite values of the segmentation step k and an extended set of fractal dimensions (or equivalently of values of parameters n and p defined above), (iii) the extrapolation from the sequences of critical temperatures at increasing values of the segmentation step k of the critical temperature at the actual fractal limit $k \to \infty$.

Generally, the partition function is expressed by a polynomial $\mathcal{P}(N, v)$ which counts the closed pathes on the lattice:

$$Z = 2^N \cosh\left(\frac{1}{T}\right)^{N_z} \mathcal{P}(N, v)$$

where N is the total number of patterns, N_z is the number of neighbours, $v = \tanh(1/T)$.

For two dimensional lattices, $\mathcal{P}$ is obtained as the characteristic polynomial of an appropriate matrix[24]. For example, for $SC(3, 1, 1)$, the first segmentation step of the most simple Sierpiñski carpet, this polynomial is

$$\mathcal{P}(N, v) = \prod_{p,q=1}^{N} \left\{ Q_1(v) + Q_2(v)\left[\cos\left(\frac{2\pi p}{N}\right) + \cos\left(\frac{2\pi q}{N}\right)\right] \right.$$
$$\left. + Q_3(v) \cos\left(\frac{2\pi p}{N}\right) \cos\left(\frac{2\pi q}{N}\right) + Q_4(v)\left[\cos\left(\frac{2\pi p}{N}\right)^2 + \cos\left(\frac{2\pi q}{N}\right)^2\right] \right\}^{\frac{1}{2}}$$

with

$$\begin{aligned} Q_1(v) &= (1 + v^2)^2(1 - 2v^2 + 13v^4 - 8v^6 + 126v^8 + 108v^{10} \\ &\quad +474v^{12} + 248v^{14} + 57v^{16} + 6v^{18} + v^{20}) \\ Q_2(v) &= -4v^3(1 - v^2)^2(1 + 3v^2)(1 + v^2 + 2v^4) \\ &\quad (1 + 2v^2 + 8v^4 + 4v^6 + v^8) \\ Q_3(v) &= -4v^6(1 - v^2)^4(1 + v^2)(7 + 11v^2 + 13v^4 + v^6) \\ Q_4(v) &= +4v^6(1 - v^2)^5(1 + v^2)(1 + 3v^2) \end{aligned}$$

The critical temperature is given by the real positive root of $P(v) = \mathcal{P}(1, v)$:

$$P(v) = 1 - 4v^3 + 5v^4 - 16v^5 - 10v^6 - 20v^7 + v^8 - 24v^9 + 2v^{10} + v^{12}$$

which is $v_c \approx 0.4960$ giving $T_c = 1/\text{Atanh}(v_c) \approx 1.8384$.

The polynomial $P(v)$ can be factorized through rotation invariance in

$$P(v) = Q^+(v).Q^-(v)$$

with

$$Q^\pm(v) = 1 + v^2 + 5v^4 + v^6 \pm \sqrt{2}v(1 + v + v^2 + 3v^3 + 2v^4)$$

Since all coefficients of Q^+ are positive, it cannot have positive real roots, so v_c is a root of Q^-.

3.2 Spectra

Some exemples of spectra are shown on Figs. 2–6 for different values of n and p: $p = n - 2$ (Fig. 2), $p = n - 4$ (Fig. 3), $p = n - 6$ (Fig. 5), $p = n - 8$ (Fig. 6). The two red circles are the location in which the spectrum of the partition function of the Ising model on the square lattice is dense[26].

We observe that more the structure is compact, with a lower lacunarity (increasing values of $n - p$ or increasing concentration n^2/p^2), then the spectrum aggregates more tightly along these two circles.

Fig. 4 shows a magnification of the region of the spectrum of $SC(3, 1, k)$ located near the real axis (delimited by the blue frame on the top of Fig. 2), for $k = 5$ and $k = 6$. It appears that despite being spectra of scale invariant fractal structures and being themselves likely fractals, these spectra are not scale invariant.

https://doi.org/10.1051/epjconf/202024401013

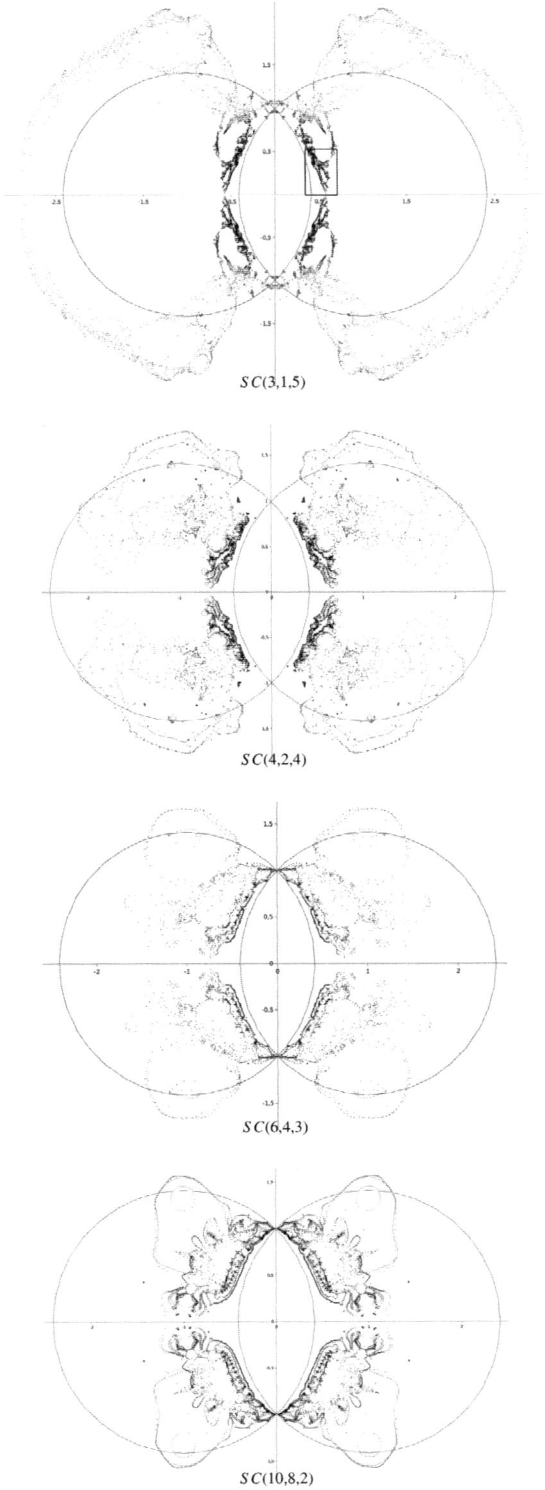

Figure 2. Spectra of the Ising model on $SC(n, p, k)$ for $p = n-2$.

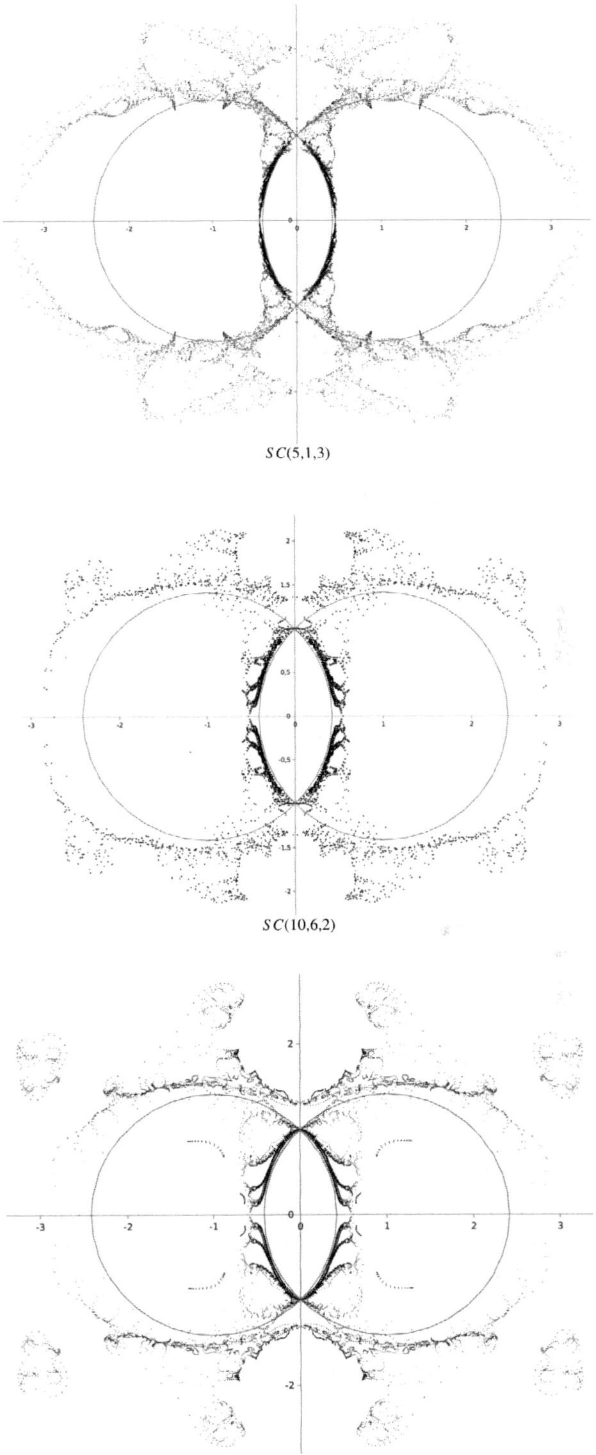

Figure 3. Spectra of the Ising model on $SC(n, p, k)$ for $p = n-4$.

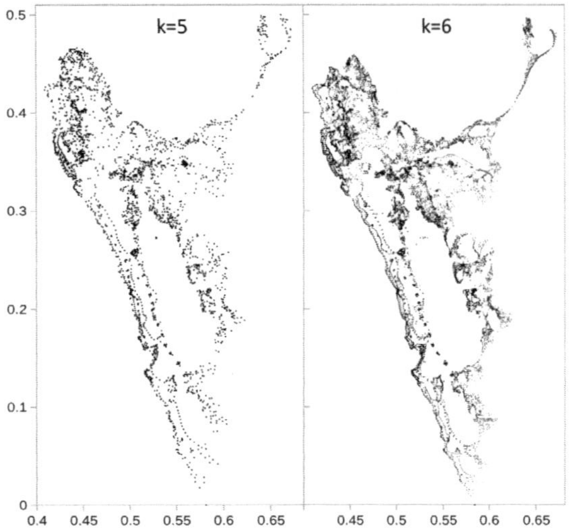

Figure 4. Spectrum of $SC(3, 1, k)$ in the vicinity of the real axis (magnification of the blue rectangle of Fig. 2).

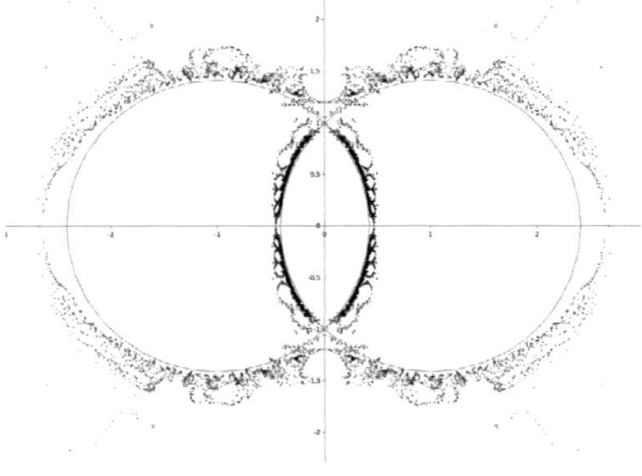

$SC(10,4,2)$

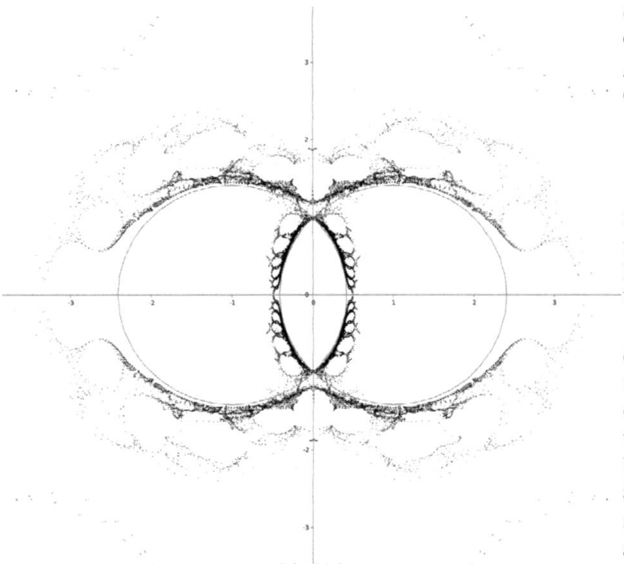

$SC(15,9,2)$

Figure 5. Spectra of the Ising model on $SC(n, p, k)$ for $p = n-6$.

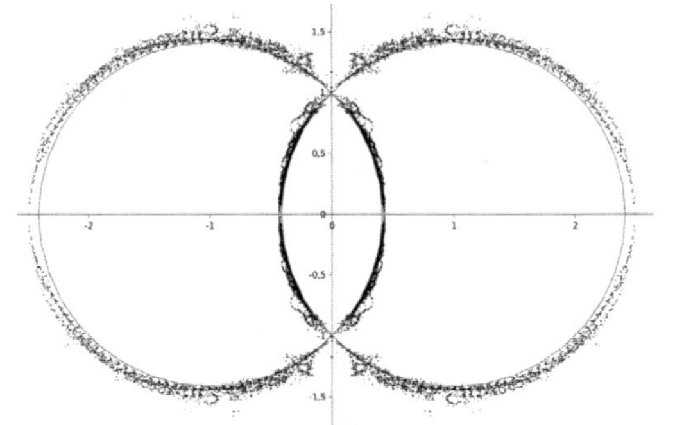

$SC(10,2,2)$

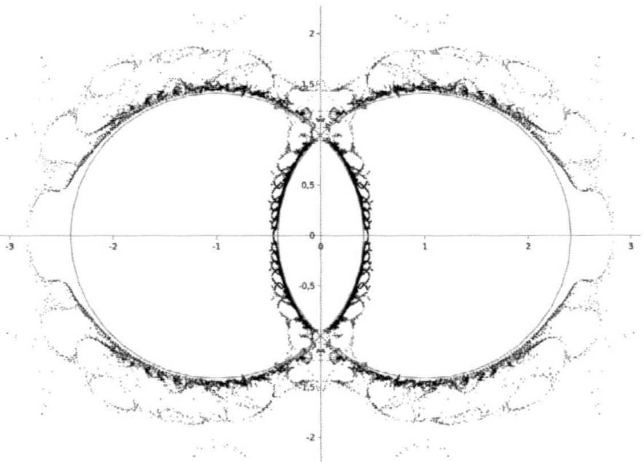

$SC(15,7,2)$

Figure 6. Spectra of the Ising model on $SC(n, p, k)$ for $p = n-8$.

3.3 Critical temperatures

The values of v_c have been calculated for a wide range of structures, up to $n = 100$ and $p = n-2$ to $p = n-8$. We will not give the whole details of updated data. But denoting $v_{c\,sq} = \sqrt{2}-1$, the value of v_c for the square lattice, the plots of $v_c - v_{c\,sq}$, recorded in Fig. 7 for $p = n-2$, $p = n-4$, $p = n-6$ and $p = n-8$ fit quite reliably a power law of exponent $-k$:

$$v_c - v_{c\,sq} = v_c - \sqrt{2} + 1 = a(n, p)\left[1 - b(n, p)^{-k}\right] \quad (1)$$

Dotted lines in Fig. 7 correspond to least square linear fits. The values of $a(n, p)$ and $b(n, p)$ are chosen to maximize the determination coefficients R^2 of the least square linear fits for each value of n and p. All R^2 differ from 1 by less than 10^{-4}.

All values of $b(n, p)$ are greater than 1, then $v_c - v_{c\,sq}$ converges towards $a(n, p)$ when $k \to \infty$, leading to the extrapolation of v_c, and then of T_c, when $k \to \infty$. The values of $a(n, p)$, $b(n, p)$, $T_c(k = \infty)$ and the maximum value of the segmentation step k_{max} on which extrapolations have been performed, are given in Table 1 for all investigated Sierpiñski carpets up to $n = 100$. The structures corresponding to the three highest values of n for $p = n-2$: $n = 25$, $n = 50$ and $n = 100$ are so lacunary that the accuracy of the extrapolations is not enough to distinguish the critical temperatures from $T_c = 0$. The plots of $b(n, p)$ are given on Fig. 8 (on the right).

Table 1. Values of a, b of eq. (1) and of $T_c(k = \infty)$ (enlighted in boldfaces), k_{max} is the highest segmentation step used for calculations.

	$p = n - 2$				$p = n - 4$				$p = n - 6$				$p = n - 8$			
n	a	b	$T_c(\infty)$	k_{max}	a	b	$T_c(\infty)$	k_{max}	a	b	$T_c(\infty)$	k_{max}	a	b	$T_c(\infty)$	k_{max}
3	0,1745	1.895	**1.4800**	8												
4	0.3053	1.780	**1.1030**	5												
5	0.4056	1.721	**0.8648**	5	0.0355	3.573	**2.0649**	4								
6	0.4622	1.763	**0.7351**	4	0.0628	3.761	**1.9266**	4								
7	0.4998	1.810	**0.6447**	4	0.0846	3.811	**1.8259**	3	0.0154	5.130	**2.1766**	3				
8	0.5237	1.871	**0.5813**	4	0.1025	3.843	**1.7489**	3	0.0286	5.562	**2.1024**	3				
9	0.5393	1.936	**0.5396**	4	0.1177	3.854	**1.6868**	3	0.0394	5.805	**2.0441**	3	0.0086	6.686	**2.2165**	3
10	0.5481	2.001	**0.5061**	4	0.1309	3.858	**1.6355**	3	0.0486	5.947	**1.9964**	3	0.0165	7.339	**2.1704**	3
11	0.5606	2.037	**0.4583**	3	0.1425	3.861	**1.5921**	3	0.0565	6.141	**1.9571**	3	0.0232	7.659	**2.1320**	3
12	0.5666	2.095	**0.4313**	3	0.1528	3.864	**1.5548**	3	0.0636	6.167	**1.9224**	3	0.0290	7.915	**2.0997**	3
13	0.5708	2.153	**0.4091**	3	0.1621	3.868	**1.5224**	3	0.0701	6.133	**1.8917**	3	0.0342	8.089	**2.0717**	3
14	0.5741	2.210	**0.3897**	3	0.1704	3,874	**1.4938**	3	0.0759	6.164	**1.8651**	3	0.0388	8.213	**2.0472**	3
15	0.5765	2.266	**0.3725**	3	0.1780	3.880	**1.4684**	3	0.0813	6.190	**1.8413**	3	0.0430	8.305	**2.0253**	2
20	0.5832	2.524	**0.3001**	3	0.2077	3.920	**1.3732**	3	0.1019	6.265	**1.7514**	2	0.0594	8.558	**1.9427**	2
25	0.59 ?	2.754	~ 0	3	0.2288	3.978	**1.3101**	2	0.1167	6.355	**1.6909**	2	0.0712	8.702	**1.8867**	2
50	0,60 ?	3.429	~ 0	2	0.2861	4.182	**1.1521**	2	0.1575	6.654	**1.5385**	2	0.1033	9.157	**1.7454**	2
100	0.59 ?	4.686	~ 0	2	0.3343	4.425	**1.0314**	2	0.1928	6.923	**1.4200**	2	0.1170	9.555	**1.6362**	2

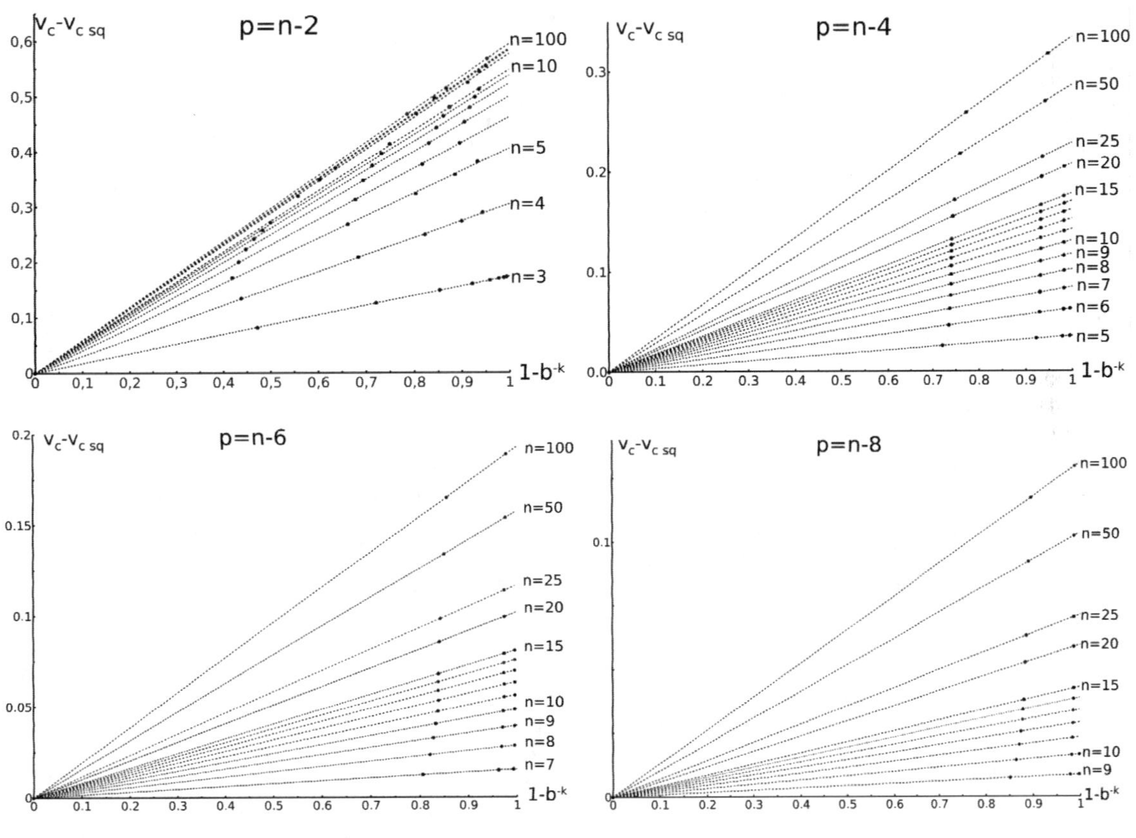

Figure 7. Plots of $v_c - v_{c\,sq}$ versus $(1 - b^{-k})$ for Sierpiñski carpets corresponding to a wide range of values of n and p. All plots are linear after an appropriate choice of a and b.

Once extrapolated, it is possible to investigate the variations of $T_c(\infty)$ versus the fractal dimension d_h. The plots of $\log[T_c(\infty)]$ versus d_h for $p = n - 2$ to $n - 8$ are shown on Fig. 8 (on the left). The curves are reliably linear in a wide domain which excludes the vicinity of the fractal dimension 1, corresponding to quasilinear lattices, where is is known that $T_c(\infty) = 0[1]$ and then $\log[T_c(\infty)] = -\infty$, and at the other extremity, in a close vicinity of $d = 2$,

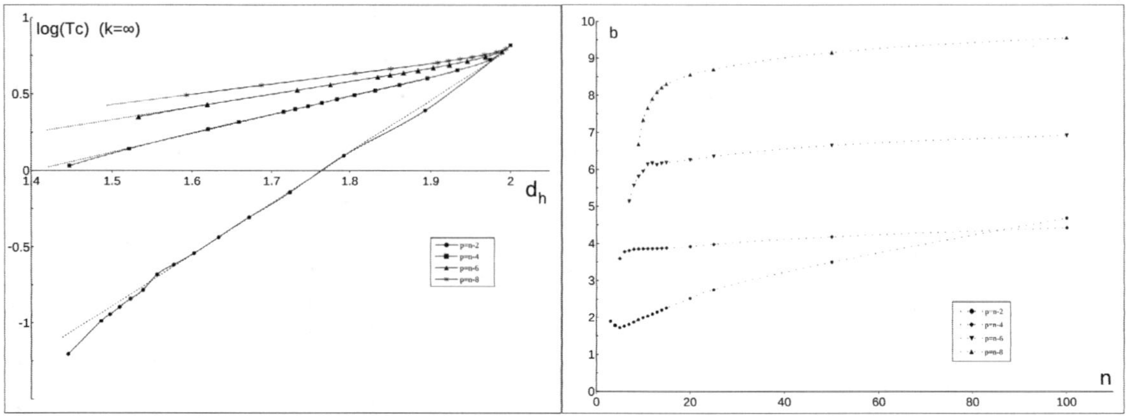

Figure 8. Plots of $\log[T_c(\infty)]$ versus d_h, dotted lines are linear fits (left) and $b(n,p)$ versus n for $p = n-2$, $p = n-4$, $p = n-6$, $p = n-8$ (right)

corresponding to the square lattice. The determination coefficients R^2 of the least square linear fits differ from 1 by less than 10^{-4} for $p = n-4$, $p = n-6$ and $p = n-8$, less than 10^{-3} for $p = n-2$.

The linear parts of these plots lead to the following power laws of the critical temperature versus the fractal dimension:

$$\begin{array}{ll} \text{for} \quad p = n-2, & T_c(\infty) \approx 2.6\,10^{-3}\,(28.9)^{d_h} \\ \text{for} \quad p = n-4, & T_c(\infty) \approx 0.180\,(3.397)^{d_h} \\ \text{for} \quad p = n-6, & T_c(\infty) \approx 0.400\,(2.298)^{d_h} \\ \text{for} \quad p = n-8, & T_c(\infty) \approx 0.563\,(1.990)^{d_h} \end{array} \qquad (2)$$

4 Erratum of a previous reference

By the way we would proceed here to the corrections of some typos and undesired mistakes which occurred in ref.[24] :

1 – Table 1, last line, MCST should be MCSD

2 – Page 6, $\pi/4$ should be replaced by $\pi/2$ three lines before and two lines after the title of the section "Rotational invariance" (two occurrences). The smallest rotation which leaves invariant the square is $\pi/2$.

3 – Page 7, eq. 11 should be $v_c - v_{c\,sq} = a\left(1 - b^{-k}\right)$ (eq. 1 of the present paper) instead of $v_c - v_{c\,sq} = a\left(1 + b^{-k}\right)$. The same should be changed in four occurrences in fig. 8.

4 – Page 9, in fig. 10, the graphic attributed to $SC(20, 16, 2)$ is not the spectrum but the inverse of the spectrum (cf. Fig. 3 of the present paper).

5 – Page 8, in fig. 9, in caption, left and right are inverted.

6 – Page 10, in the formula of the internal energy U, in the first line, 128 should be replaced by $2(2n-1)$ and in the second line, the argument of the elliptic function K should contain $(1 - v^{2n})$ instead of $(v^{2n} - 1)$.

References

[1] Y. Gefen, B. B. Mandelbrot, and A. Aharony, Phys. Rev. Lett., **45**, 855 (1980).

[2] Y. Gefen, Y. Meir, B. B. Mandelbrot, and A. Aharony, Phys. Rev. Lett., **50**, 145 (1983).

[3] Y. Gefen, A. Aharony, and B. Mandelbrot, J. Phys. A, **17**, 1277 (1984).

[4] W. Sierpiński, Matematitcheskii Sbornik, **30**: 267 (1916).

[5] J. C. Le Guillou and J. Zinn-Justin, J. Phys., **49**, 19 (1987).

[6] B. Bonnier, Y. Leroyer, and C. Meyers, Phys. Rev. B, **37**, 5205 (1988).

[7] B. Bonnier, Y. Leroyer, and C. Meyers, Phys. Rev. B, **40**, 8961 (1989).

[8] G. Bhanot, H. Neuberger, and J. A. Shapiro, Phys. Rev. Lett. **53**, 2277 (1984).

[9] G. Bhanot, D Duke, and R. Salvador, Phys. Lett, **165B**, 355 (1985).

[10] J. C. Angles d'Auriac and R. Rammal, J. Phys. A, **19**, L655 (1986).

[11] B. Bonnier, Y. Leroyer, and C. Meyers, J. Phys. (Paris), **48**, 553 (1987).

[12] J. Carmona, U. M. B. Marconi, J. J. Ruiz-Lorenzo, and A. Tarancón, Phys. Rev. B, **58**, 14387 (1998).

[13] P. Monceau, M. Perreau, and F. Hébert, Phys. Rev. B, **58**, 6386 (1998).

[14] P. Y. Hsiao, P. Monceau, and M. Perreau, 2000, Phys. Rev. B, **62**: 13856.

[15] P. Monceau and M. Perreau, Phys. Rev. B, **63**: 184420-184429 (2001).

[16] G. Pruessner, D. Loison, and K. D. Schotte, Phys. Rev. B, **64**, 134414 (2001).

[17] P. Monceau and P. Y. Hsiao, 2004, Physica A, **331**: 1 (2004).

[18] P. Y. Hsiao and P. Monceau, Phys. Rev. B, **67**: 064411 (2003).

[19] G. P. Zheng and M. Li, Physica A **283**, 80 (2000).

[20] M. A. Bab, G. Fabricius, and E. V. Albano, Phys. rev. E **71**, 036139 (2005).

[21] M. A. Bab, G. Fabricius, and E. V.Albano, Phys. rev. E **74**, 041123 (2006).

[22] M. A. Bab, G. Fabricius, and E. V. Albano, Physica A **388**, 370 (2009).

[23] A. Venezzani, J. Phys. A, **36**, 1593 (2003)

[24] M. Perreau, Phys. Rev. B, **96**: 174407 (2017)

[25] M. Kac and J. C. Ward, Phys. Rev., **88** (6), 1332 (1952).

[26] B. M. McCoy and T. T. Wu, *The Two-Dimensional Ising Model.* (Harvard University Press, Cambridge Massachusetts, 1973), 441 pp.

https://doi.org/10.1051/epjconf/202024401014

Vortex lines in a cubic magnetic nanodot: structure and dynamics

Philippe Depondt[1,*] and *Jean-Claude S.* Lévy[2]

[1]Institut des NanoSciences de Paris (INSP), Sorbonne Université, CNRS-UMR 7588, 75005 Paris, France
[2]MPQ, UMR CNRS 7162, Université Paris Diderot, Université de Paris, 75013 Paris France

Abstract. Langevin simulations of cubic magnetic nanodots were performed using the Landau-Lifshitz equation with exchange and dipolar interactions. Vortices tend to organize as lines: we establish the structure and dynamics thereof for a large range of the dipolar versus exchange ratio d. These lines tend to be bent and twisted. For large values of the dipolar interaction, a complex network of vortex lines arises. Dynamics evidences low frequency collective gyrotropic motions of vortex lines which maintain their distance during motion.

1 Introduction

A tremendous amount of both experimental an theoretical work is being done on magnetic nanodots for obvious practical purposes such as data storage and manipulation, but also from a fundamental viewpoint for their often challenging behavior.

Since the first observations of Weiss domains [1], many investigations on the nature of these complex magnetic structures [2] and of their dynamical properties [3] were carried out. Magnetic nanodots, through increased performance and miniaturization, follow the same trend as electronic devices with Moore's law. After magnetic tapes, ultrathin quasi-2D films were produced [4], then magnetic vortices were predicted theoretically to occur under the competition between exchange and dipolar interactions [5, 6], and observed experimentally in nanodisks [7, 8]. New kinds of magnetic memories linked with the polarity of these nanodisks were introduced [9]. Studies with different nearly 2D nanodots showed that under the influence of anisotropic Dzyaloshinsky-Moriya interaction, magnetic structures rather similar to asymmetric vortices are predicted [10], observed and called skyrmions [11], the advantage of skyrmions with respect to standard vortices being their reduced size [12].

The competition between long-ranged interactions such as dipolar ones, and short-ranged interactions such as exchange leads to the domain organization of magnetic samples [2]. Shape and size effects result from this competition. The shape effect, also called magnetostatic effect, has been long well-known in compasses. More recently, miniaturized needles are moved by means of distant magnetic fields, with mechanical or thermal effects for instance applied to dealing with cancer tumors [19]. The size and shape of elongated nanofibers can be controlled by means of chemistry in polyols [20–22] and by means of electrochemistry with further thermal treatment [23], with many applications. A new application of such electro-chemical treatments [23] enlarges these fibers in some places by thermal heating to form blobs. Such a connected set is similar to a set of neurons and axons : a useful analogy in the now very active field of neuromorphic spintronics applications [24].

The dynamics of these many new magnetic structures is obviously of interest. The study of magnetic excitations, spin waves in thin films, which were used in magnetic tapes, soon revealed a specific behaviour among other excitations: a wavelength dependent velocity [25]. This result introduced further questions on the possibility of 2D magnetism [26]. Now, the introduction of complex magnetic material sets open large possibilities for finding new excitation spectra and thus metamaterials. An original spectrum is observed for fractal sets when only exchange and a saturating magnetic field occur: in these connected samples, a very complex spectral structure with many gaps is observed [27–29]. These gaps and their spectral location strongly depend on the specifics of this potentially rich lacunary structure. The introduction of dipolar interactions in such magnetic structures leads even in standard samples to new specific modes which occur at rather low frequency, in the terahertz domain as early observed from Brillouin scattering [30, 31]. With such possibilities of applications as metamaterials in this very interesting spectral domain, magnonics, the observation of spectral features in such new materials, received a lot of attention [32–35]. A great advantage of extended structures effectively submitted to dipolar interactions is the coupling of physically disconnected parts. It opens the path many studies in this very rich field of lacunary systems. This choice of structures considerably enlarges the field and so the possibility of searching for new metamaterials where gaps are crucial [36]: for instance, special orderings such as fractal ones [33] or orders induced by Fibonacci series [37] were recently considered with evidence for gaps in the spectrum.

Here we are interested in the study of structure and low frequency dynamics of a magnetic nanocube, by means

*e-mail: depondt@insp.jussieu.fr

of Langevin dynamics at low temperature, i.e. far from Curie and Kosterlitz-Thouless transitions, in presence of exchange and dipolar interactions. In this basic study a large variation of the ratio dipolar interaction versus exchange is considered. This trick enables us to consider different materials, and also to simulate different effective sizes from our study of a $(64 \times 64 \times 64)$ cube. The use of this cube as a mesh opens the path for a full study from an atomic nanocube up to a very large cubic sample, analysing in this way the transition from a single domain without vortex, up to a full set of vortices and domains, both on the viewpoints of structure and dynamics, when taking into account the complete screening effect of a complex magnetic structure. Of course, this arrangement of domains and vortices is expected to occur [38–40], but the perfect lack of impurities and defects would be impossible to observe experimentally. So, this numerical experiment which avoids the nuisance of impurities brings a new paradigmatic brick to magnetism. A later comparison with experimental results, even with defects, sounds attainable since recently a high level of resolution has been obtained from electron spin holography [41, 42] and even with time resolution [43] in different ways.

The long ranged dipolar interaction has several analogues in physics. Similar situations are issued from solutions of a Coulomb like equation with a linear Dirac like singularity at the origin. In mechanics the interaction between dislocations lies among these analogues. In the case of dislocations, atoms are not rigid and the mobility along dislocations, an essential feature, plays a main part. A strong mobility forbids a comparison with the case of magnetic vortices where matter remains perfectly static. However, in the very special case of hard materials which include numerous useful impurities which stack the possible displacements along dislocations in a quite rigid manner, such a comparison makes sense. And in this case a complex network of dislocations has been recently observed to occur with different crystallites between dislocations [44]. This result is quite comparable to our present observation of differently oriented magnetic domains parting magnetic vortices as an effective topological repulsion. Moreover, the atomic mobility which occurs in elasticity could introduce, in the case of spins, the principle of a synaptic like memory process, an Hebbian link, for neuromorphic spin applications.

2 Simulation

2.1 Model

The model system consists in a rigid $(64\times64\times64)$ simple cubic lattice (i.e. $2^{18} = 262144$ spins), on which classical spins are free to rotate following the Landau-Lifshitz equation of motion at finite temperature T [71]:

$$\frac{d\mathbf{s}_\ell}{dt} = -\frac{\mathbf{s}_\ell \times \mathbf{H}_\ell^{\text{eff}} + \alpha\, \mathbf{s}_\ell \times \left(\mathbf{s}_\ell \times \mathbf{H}_\ell^{\text{eff}}\right)}{1+\alpha^2} \tag{1}$$

in reduced units and where $\mathbf{s}_\ell$ is the spin on site ℓ, α a damping coefficient and

$$\mathbf{H}_\ell^{\text{eff}} = \mathbf{H}_\ell + \mathbf{H}_\ell^{\text{th}}$$

$\mathbf{H}_\ell^{\text{th}}$ is a Langevin-style random thermal field with zero mean and normal distribution such that:

$$\langle \left(\mathbf{H}_\ell^{\text{th}}\right)^2 \rangle = 2\alpha k_B T$$

where k_B is Boltzmann's constant. $\mathbf{H}_\ell(\{s_{\ell',\ell'\neq\ell}\})$ is the local field felt by spin ℓ. The damping coefficient α is necessary as it makes the system relax toward thermodynamic equilibrium but it should be chosen small enough to have little influence on the dynamics of the system as it will tend to broaden vibrational peaks.

The local field is generated by the interactions with all other spins in the system, no external field being introduced in the problem in this work: it is time-dependent through the motion of the other spins. The local field consists here in two terms representing the exchange and dipole-dipole interactions:

$$\mathbf{H}_\ell = \mathbf{H}_\ell^{\text{exc}} + \mathbf{H}_\ell^{\text{dip}}$$

where:

$$\mathbf{H}_\ell^{\text{exc}} = -J \sum_{\{\ell',\ell\}} \mathbf{s}_{\ell'}$$

where J is a positive constant for a ferromagnetic interaction and $\sum_{\{\ell',\ell\}}$ is a sum restricted to nearest neighbours. The dipolar field writes:

$$H_\ell^{\text{dip}} = d \sum_{\substack{\ell' \\ \ell'\neq\ell}} \left(\mathbf{s}_{\ell'} - 3\frac{\mathbf{s}_{\ell'} \cdot \mathbf{r}_{\ell,\ell'}}{\left|\mathbf{r}_{\ell,\ell'}\right|^2} \mathbf{r}_{\ell,\ell'} \right) \frac{1}{\left|\mathbf{r}_{\ell,\ell'}\right|^3} \tag{2}$$

where d is the dipole-dipole interaction strength and $\mathbf{r}_{\ell,\ell'}$ the vector connecting sites ℓ and ℓ'. We choose $J = 1$ so that d is also the dipole/exchange ratio. Other interaction types could easily be introduced but we concentrate here on the effects of the dipole-dipole interaction.

2.2 Method

2.2.1 Integration of the spin precession motion

The instantaneous motion produced by equation (1) is a precession around the effective field $\mathbf{H}_\ell^{\text{eff}}$ which conserves $|\mathbf{s}|$, so that it is adequate to use the Rodrigues rotation matrix [72] to integrate the equation of motion:

$$\mathbf{s}_\ell(t+\delta_t) = \mathbf{R}_\ell(t)\mathbf{s}_\ell(t)$$

where δ_t is the integration time-step, with

$$\mathbf{R}_\ell(t) = \begin{pmatrix} h_x^2 w + v & h_x h_y w - h_z u & h_x h_z w + h_y u \\ h_x h_y w + h_z u & h_y^2 w + v & h_y h_z w - h_x u \\ h_x h_z w - h_y u & h_y h_z w + h_x u & h_z^2 w + v \end{pmatrix}$$

where $u = \sin\omega$, $v = \cos\omega$, $w = 1-v$, while the precession angle is $\omega = \left|\mathbf{H}_\ell^{\text{eff}}\right| \delta_t$. Coordinates $h_{x,y,z}$ are those of the unit vector $\mathbf{h}_\ell = \mathbf{H}_\ell^{\text{eff}} / \left|\mathbf{H}_\ell^{\text{eff}}\right|$.

The so-called "improved Euler" or Heun method [66] is used to integrate equation (1) numerically and the damping coefficient α is chosen small enough not to perturb the dynamics of the system in the relevant frequency range.

https://doi.org/10.1051/epjconf/202024401014

2.2.2 Dipole-dipole interaction

Since the dipole-dipole interaction decreases with distance as $1/r^3$, each spin is under the influence of all others and cutoff radii and other such approximations cannot be used. Writing the interaction as a convolution and then using the convolution theorem and fast Fourier transforms significantly accelerates computations [66].

2.3 The search for vortex cores

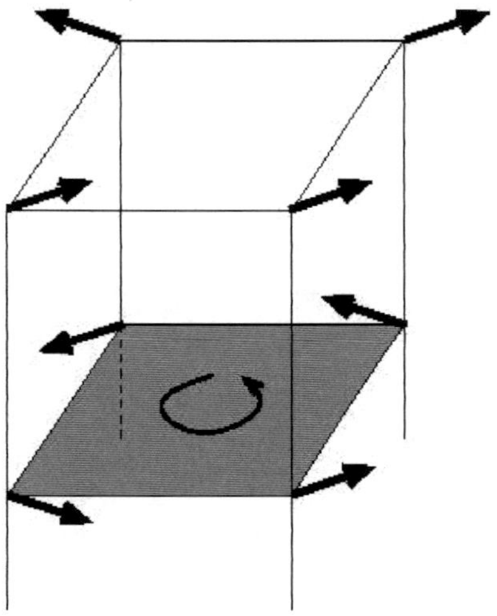

Figure 1. A vortex core is detected within a given square if Ω in equation (3) equals 2π. The black arrows represent the spin directions at each vertex.

The introduction of dipole-dipole interactions will quite often generate vortices and anti-vortices, the cores thereof must be detected. If we consider one plane (e.g. (x, y) of the cubic lattice, the vortex-cores reside within the squares of the lattice, and arise when the projections of the four neighbouring spins on the the square's plane "wrap around" the square (figure 1). One can thus compute the four angles $\varphi_i, i \in [1, 4]$ that these projections make with a given axis. In the sum

$$\Omega = p(\varphi_2 - \varphi_1) + p(\varphi_3 - \varphi_2) + p(\varphi_4 - \varphi_3) + p(\varphi_1 - \varphi_4) \quad (3)$$

$p(\theta)$ restricts angle θ to the $[-\pi, \pi]$ interval; if Ω equals 2π then a vortex-core is present on that site, while if the sum equals -2π it is an anti-vortex; otherwise there is no such singularity on that site. This search must be done in the three relevant planes (x, y), (y, z) and (z, x) of the cubic lattice: the polarization of the vortex will then be along z, x or y respectively.

2.4 Vortex core line detection

The result of such a simulation with vortex-core detection will consist in a list of vortex-core sites which changes with time: in principle, to analyse such complex data, graph-theory based methods [73] could be used, however we adopt here a simpler procedure based on the specific physics of our problem. In three dimensions, vortex-cores are apt to gather up in lines which can have more or less complicated shapes: they can be more or less sinuous or "thick". In practise, these lines are obtained through a neighbour-of-neighbour-of-neighbour type of procedure: one chooses a vortex-core, looks for neighbours, then neighbours of these neighbours, etc., in a recursive manner. The simplest approximation of one vortex line is a straight line (figure 2). The orientation of that straight line will provide the overall orientation of the sinuous vortex core line, while the differences will yield the internal structure and dynamics of the line.

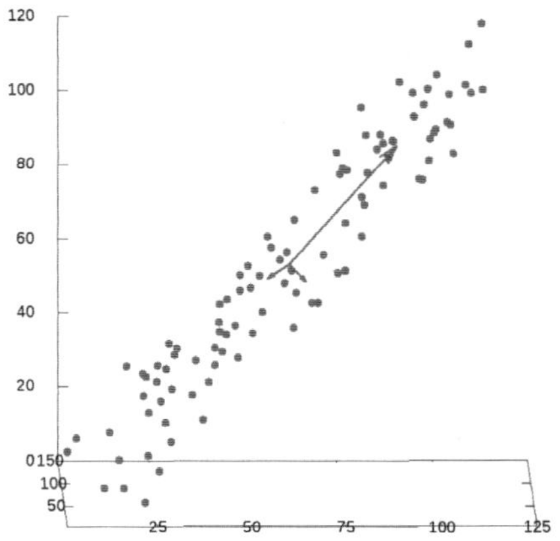

Figure 2. Example of a set of vortex cores and the analysis results obtained through equation (4).The blue vectors are the eigenvectors multiplied by the corresponding standard deviations.

A vortex line is defined by n vortex cores at locations: $\mathbf{r}_i = \begin{pmatrix} x_i \\ y_i \\ z_i \end{pmatrix}, i \in [1, n]$. The center of the vortex line is thus given by: $\mathbf{r}_0 = \sum_i \mathbf{r}_i / n$. The direction of the line is a unit vector $\mathbf{e} = \begin{pmatrix} u \\ v \\ w \end{pmatrix}$ with $u^2 + v^2 + w^2 = 1$. The coordinates of a point on the line are therefore: $\mathbf{r} = \mathbf{r}_0 + \xi \mathbf{e}$ where ξ is a scalar. We want that line to be as close as possible to the vortex cores. Let ξ_i be the value of ξ for which the segment that joins the line to the ith core is normal to the line direction $\mathbf{e}$:

$$(\boldsymbol{\delta}_i - \xi_i \mathbf{e}) \cdot \mathbf{e} = 0$$

where:

$$\boldsymbol{\delta}_i = \begin{pmatrix} \delta_{xi} \\ \delta_{yi} \\ \delta_{zi} \end{pmatrix} = \mathbf{r}_i - \mathbf{r}_0$$

thus:

$$\xi_i = \boldsymbol{\delta}_i \cdot \mathbf{e}$$

The squared distance between the set of vortex cores and this line is

$$\begin{aligned} \chi^2 &= \sum_i \left((\delta_{xi} - \xi_i u)^2 + (\delta_{yi} - \xi_i v)^2 + (\delta_{zi} - \xi_i w)^2\right) \\ &= \sum_i \delta_{xi}^2 + \delta_{yi}^2 + \delta_{zi}^2 - \xi_i^2 \\ &= \sum_i \delta_{xi}^2 + \delta_{yi}^2 + \delta_{zi}^2 - \left(\delta_{xi}u + \delta_{yi}v + \delta_{zi}w\right)^2 \end{aligned}$$

which should be minimized with the constraint that $\mathbf{e}$ is a unit vector:

$$\begin{aligned} \frac{\partial}{\partial u}\left(\chi^2 - \lambda(u^2 + v^2 + w^2)\right) &= 0 \\ \frac{\partial}{\partial v}\left(\chi^2 - \lambda(u^2 + v^2 + w^2)\right) &= 0 \\ \frac{\partial}{\partial w}\left(\chi^2 - \lambda(u^2 + v^2 + w^2)\right) &= 0 \end{aligned}$$

where λ is a Lagrange multiplier. Thus:

$$\frac{\partial\chi^2}{\partial u} - 2\lambda u = 0;\ \frac{\partial\chi^2}{\partial v} - 2\lambda v = 0;\ \frac{\partial\chi^2}{\partial w} - 2\lambda w = 0$$

$$\begin{aligned} \sum_i \left[\delta_{xi}u + \delta_{yi}v + \delta_{zi}w\right]\delta_{xi} &= \lambda u \\ \sum_i \left[\delta_{xi}u + \delta_{yi}v + \delta_{zi}w\right]\delta_{yi} &= \lambda v \\ \sum_i \left[\delta_{xi}u + \delta_{yi}v + \delta_{zi}w\right]\delta_{zi} &= \lambda w \end{aligned}$$

or

$$\begin{pmatrix} \sum_i \delta_{xi}^2 & \sum_i \delta_{xi}\delta_{yi} & \sum_i \delta_{xi}\delta_{zi} \\ \sum_i \delta_{xi}\delta_{yi} & \sum_i \delta_{yi}^2 & \sum_i \delta_{yi}\delta_{zi} \\ \sum_i \delta_{xi}\delta_{zi} & \sum_i \delta_{yi}\delta_{zi} & \sum_i \delta_{zi}^2 \end{pmatrix} \cdot \mathbf{e} = \lambda\,\mathbf{e} \qquad (4)$$

which is a symmetric eigenproblem which can easily be solved by standard methods.

Since this is a (3×3) problem, we obtain 3 eigenvalues and as many eigenvectors. The eigenvalues λ, divided by n, are the variances of the distance from x_0 to the actual points projected on the directions defined by the eigenvectors: this defines an ellipsoid, the longest axis of which is the overall orientation $\mathbf{e}$ of the line, and the two others the dispersion in the normal directions. This procedure is clearly very similar to finding the inertial tensor of a set of masses [74].

Figure 2 shows a set of points and the three eigenvectors multiplied by the associated standard deviation. Of course the largest eigenvalue gives the overall direction $\mathbf{e}$ of the line.

The time evolution of $\mathbf{r}_0(t)$ should yield the translational motion, if any, of the vortex line, that of $\mathbf{e}(t)$), the rotational motion of the line as a whole. The separations $\mathbf{d}_i$ between the straight line and the actual vortex core positions $\mathbf{r}_i$ should provide the internal motions of the vortex line.

The separations $\mathbf{d}_i$ write:

$$\mathbf{d}_i = \mathbf{r}_i - \xi_i\mathbf{e} - \mathbf{r}_0 = \boldsymbol{\delta}_i - (\boldsymbol{\delta}_i \cdot \mathbf{e})\mathbf{e}$$

These vectors can be expressed in a reference frame $(\mathbf{e}_1, \mathbf{e}_2, \mathbf{e}_3)$, where $\mathbf{e}_3$ is equal to $\mathbf{e}$ et $\mathbf{e}_1$ and $\mathbf{e}_2$ are the two other eigenvectors. This yields:

$$\begin{aligned} \mathbf{d}_i \cdot \mathbf{e}_1 &= \boldsymbol{\delta}_i \cdot \mathbf{e}_1 \\ \mathbf{d}_i \cdot \mathbf{e}_2 &= \boldsymbol{\delta}_i \cdot \mathbf{e}_2 \\ \mathbf{d}_i \cdot \mathbf{e}_3 &= 0 \end{aligned} \qquad (5)$$

If we want to include the position of the vortex upon the line, we can just as simply write $\boldsymbol{\delta}_i$ in the $(\mathbf{e}_1, \mathbf{e}_2, \mathbf{e}_3)$ reference frame:

$$\begin{aligned} &\boldsymbol{\delta}_i \cdot \mathbf{e}_1 \\ &\boldsymbol{\delta}_i \cdot \mathbf{e}_2 \\ &\boldsymbol{\delta}_i \cdot \mathbf{e}_3 \end{aligned} \qquad (6)$$

We therefore now have the means to attempt to understand vortex line dynamics.

2.5 Simulation parameters

All simulations were done at low temperature ($T = 0.001$ in reduced units, to be compared with the transition temperature in the 2-D Kosterlitz-Thouless model: $T_c = 0.7$) with $J = 1$ and $d \in [0.005, 0.4]$, that is, a large range of dipolar strengths. Several typical initial conditions were selected: with uniform magnetization (i.e. no vortices), one central vortex line parallel to the z axis and four vortex lines also parallel to z. The integration time-step runs from $\delta_t = 0.005$ for $d = 0.005$ to $\delta_t = 0.001$ for $d = 0.4$ to account for the acceleration of the dynamics as d is increased. The damping coefficient of the Landau-Lifshitz equation (1) was set to $\alpha = 0.01$ in reduced units which is a compromise between reasonably rapid thermalization and not too much interference with the system's dynamics. The system was left to relax to whatever configuration it chose and then averages obtained.

3 Analysis of simulation results

3.1 Configurations

Figures 3 and 4 show two typical configurations for $d = 0.005$ and 0.1. Both were obtained after relaxation of identical initial conditions chosen as four straight vortex-core lines parallel to the z axis. The colors indicate the out-of-plane component of the spins while the arrows show the in-plane components thereof: vortex-cores are visible through the in-plane components but also through the out-of-plane component: this is a well-known effect of the exchange-dipole competition. The first observation to be made from these figures is that the vortex-core location for each "slice" is approximately the same, meaning that vortex-cores indeed line up (in this case, parallel to z due to initial conditions, but the three axes are of course equivalent). The effect of sample boundaries can also be observed in these figures: spins tend to remain parallel to surfaces and edges resulting in competitions which clearly are not easily solved by the system.

https://doi.org/10.1051/epjconf/202024401014

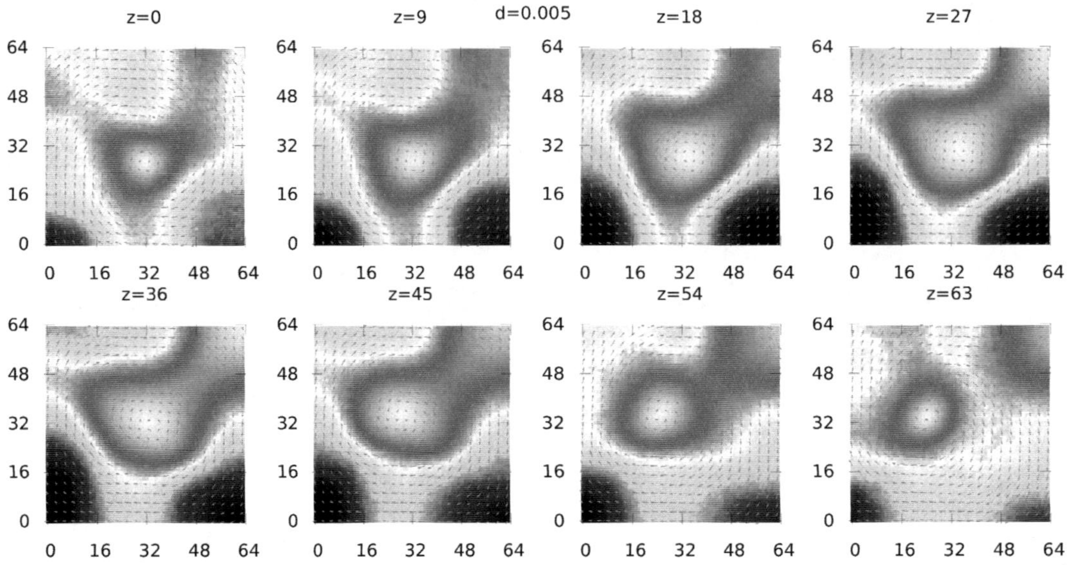

Figure 3. Snapshot configuration after relaxation for $d = 0.005$ and $T = 0.001$. Grey arrows show the in-plane components of the spins, colors the out-of-plane component thereof (black,blue and green mean: negative; red, orange, yellow: positive; white: in-plane). Each image represents one (x, y) plane: $z = 0$ or 63 are the top and bottom surface monolayers, while the others lay within the bulk. Initial conditions consist in four straight vortex lines parallel to the z axis.

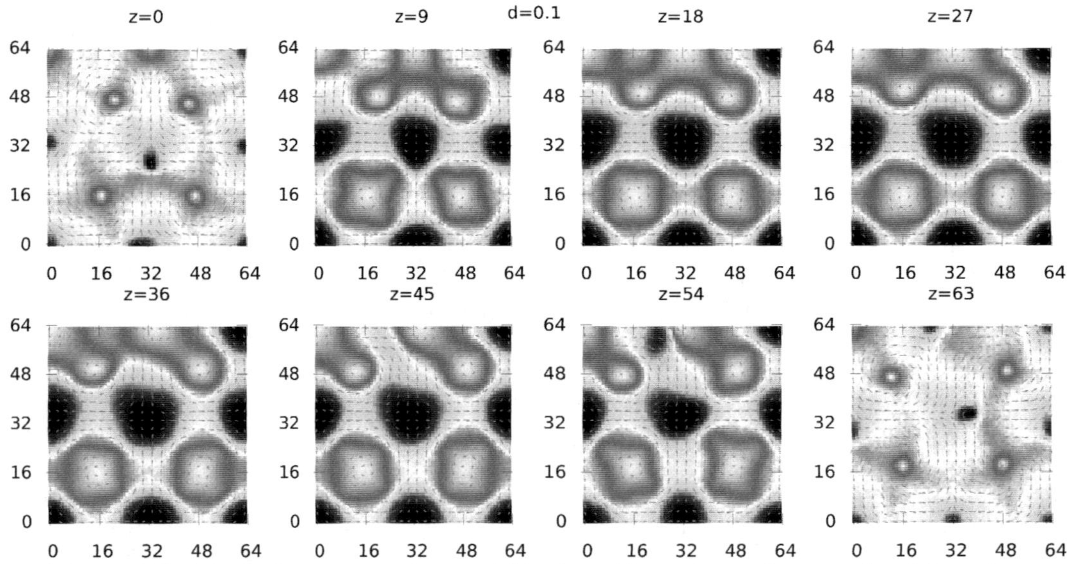

Figure 4. Same as figure 3 for $d = 0.1$. Four vortex lines are visible, along with an anti-vortex line, approximately located between the vortex lines.

For $d = 0.005$, the system spontaneously evolves towards a single vortex line configuration with quite a lot of disorder, while for $d = 0.1$ the four vortex line configuration remains. If the "width" of the line is measured by the extent of the area in which the out-of-plane component is non-zero, one observes, firstly that this width tends to decreases with increasing dipolar interaction, which is no surprise, while it changes quite a lot within the bulk of the sample: narrow on the surface (layers 0 and 63 in both figures), broad in the middle (layers 27 and 36). Flux closure induced by the dipole-dipole interaction implies that the spins on the surface layers tend to lie parallel to that surface: the out-of-plane component therefore is energetically not favourable on surface layers so that the vortex core extent as defined by the out-of-plane component will be reduced near surfaces, and not so within the bulk.

We need to address the issue of whether these are equilibrium configurations. Simulations with different initial

https://doi.org/10.1051/epjconf/202024401014

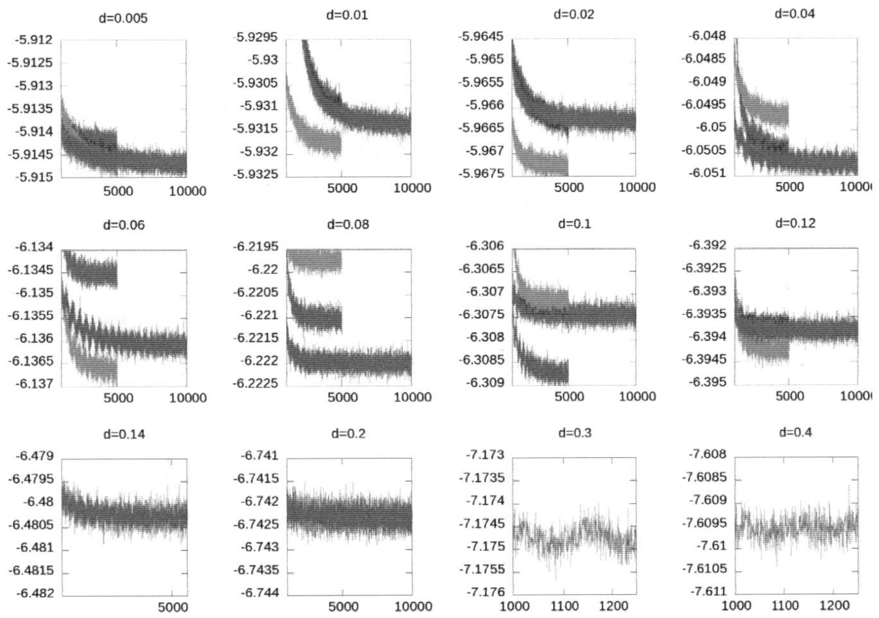

Figure 5. Energy as a function of time (axes' labels were removed for space) for $d \in [0.005, 0.4]$. Several initial conditions were chosen: uniform spin orientation (i.e. no vortex) in red, one straight vortex-core line parallel to the z axis in green, and four straight vortex-core lines parallel to z in blue. The energy range length is 0.003 for all graphs, but the range itself is shifted from graph to graph.

d	0.005	0.01	0.02	0.04	0.06	0.08	0.1	0.12	0.2	0.3	0.4
uniform	1	1	1	2	2	4	4	4			
1 line	1	1	1	1	4	4	4	4			
4 lines	1	1	4	4	4	4	4	4	4	4	4
lowest energy	1	1	1	4	4	4	4	4	4	4	4

Table 1. Effect of the initial configuration choice. Initial configurations with uniform magnetization, one vortex-core line or four vortex-core lines were tested and results in either uniform magnetization, one line or four lines. The last line of the table shows which appears to be the lowest energy configuration and therefore a good candidate for being the ground state.

configurations but otherwise identical were done: figure 5 shows the time dependence of the energy of these simulation runs for a sampling of values of the dipolar to exchange ratio d. In some situations (e.g. $d = 0.005$) all initial conditions end up producing the same final energy which turns out to correspond to equivalent configurations (e.g. for $d = 0.05$ all three initial configurations yield a final state with one vortex-core line). Table 1 summarizes the effect of the choice of the initial condition. By comparing figure 5 and table 1 one may thus conclude that the one vortex line configuration has the lowest energy for $d \in [0.005, 0.02]$, while the four vortex line configuration is the most stable for $d \in [0.04, 0.4]$. These values are comparable to the appearance of the "multi-vortex" phase in a (64×64) 2-dimensional sample [75]. These results also show that metastable states are easily reached, at low temperature at least, and the notion of ground-state should be taken with caution, because of, among others, surfaces on the one hand, and vortex-core pinning which was observed in two-dimensional simulations [67], on the other.

3.2 Vortex cores

Direct observation of the configurations, while instructive, sometimes does not easily yield relevant information, so that we now focus on vortex-cores and forget about other details. Vortex-cores and anti-vortex-cores are detected via equation (3). Figures 6-8 show situations of increasing complexity with increasing dipole-dipole interaction. We can first confirm the previous remarks, that is the presence of one vortex line for small d and four vortex lines for larger d. The single anti-vortex line between the four vortex lines is also visible when applicable. We also confirm that the polarization of the vortex core is parallel to the overall line orientation. However, it now appears clearly that these lines are twisted and that additional features are present: for $d = 0.1$ and more so for $d = 0.4$, other shorter vortex lines spontaneously arise in a normal direction: one may surmise that for larger samples three dimensional arrays of such lines may be relevant. For the higher dipole-dipole interaction case, it also seems that an effective re-

 https://doi.org/10.1051/epjconf/202024401014

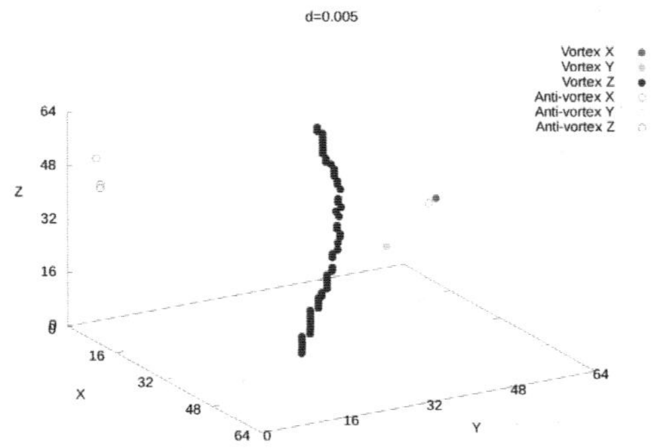

Figure 6. Snapshot of vortex and anti-vortex cores for $d = 0.005$. Vortices are represented by full circles, anti-vortices by open circles. (Anti-)vortices which are in the plane normal to x are in red, those in the plane normal to y in green, and those in the plane normal to z in blue.

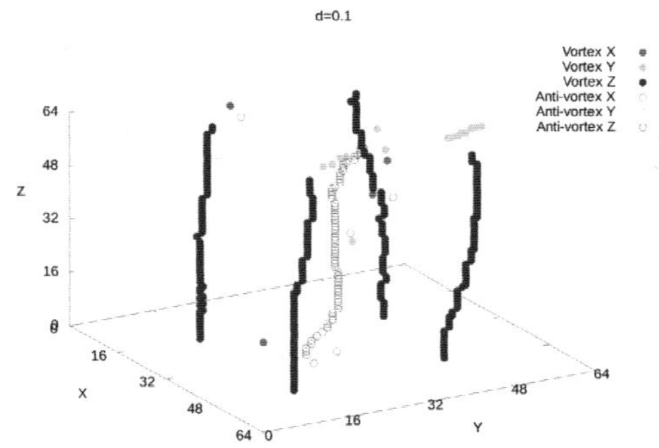

Figure 7. Snapshot of vortex-cores for $d = 0.1$. Symbol and color conventions are the same as in figure 6.

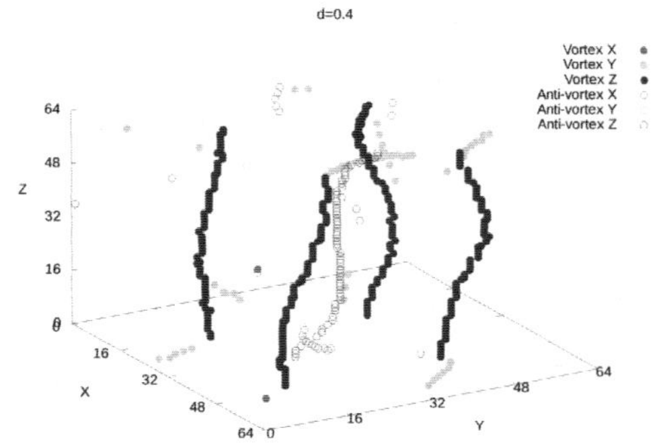

Figure 8. Snapshot of vortex-cores for $d = 0.4$. Symbol and color conventions are the same as in figure 6.

pulsion between vortex lines is present inducing additional bending of the lines.

3.3 Vortex core line dynamics

3.3.1 Line precession

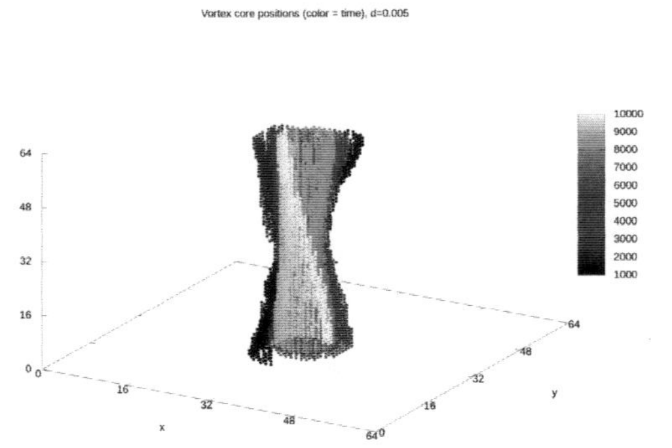

Figure 9. For $d = 0.005$ the above mentionned vortex-cores for which the color indicates time.

Figure 9 represents the time evolution of a vortex-core line and shows that a dynamics of these are to be observed: this can be done for all d values. Again, we have a tremendous amount of data, out of which we would like to extract a few useful items. The next step is thus to carry out the analysis explicitly in terms of vortex lines as in section 2.4 and equation (4).

The first issue that must be addressed is the definition of when a vortex core is to be considered a neighbour of another. If we limit the search to nearest neighbours, it means in practise that only vortex-cores situated strictly on top of each other will be considered part of the same vortex line, so that only perfectly strait lines will be accepted. Some limit must then be defined, next nearest neighbours, or beyond: if one decides that the limit should be chosen at a distance less that $\sqrt{3}$, the two vortex-cores should be part of the same cube. This still seems a bit drastic since a vortex-core is a rather large object as can be seen in figures 3 and 4. At this stage, the threshold is set at 4 after gradually increasing it until the vortex-core lines thus detected correspond to those that the human eye will spontaneously establish: more rigorous procedures, e.g. Voronoi tesselation-based, are certainly possible.

Figure 10 shows the line dynamics for $d = 0.005$: a case for which we expect a one-line situation, in which the line is roughly parallel to z. The straight blue (z component of $\mathbf{r}_0$) line at $z = 32$ in the top panel indicates that the z coordinate of the middle of the line lays midway in the sample, but the presence of other points for $z \simeq 16$ and 48 also shows that sometimes the line gets cut somewhere in its middle, which lead to the suspicion that the vortex core density might be lower in the middle: this is consistent with the fact that that the vortex-core sizes tend to be larger in the middle of the sample: the number of

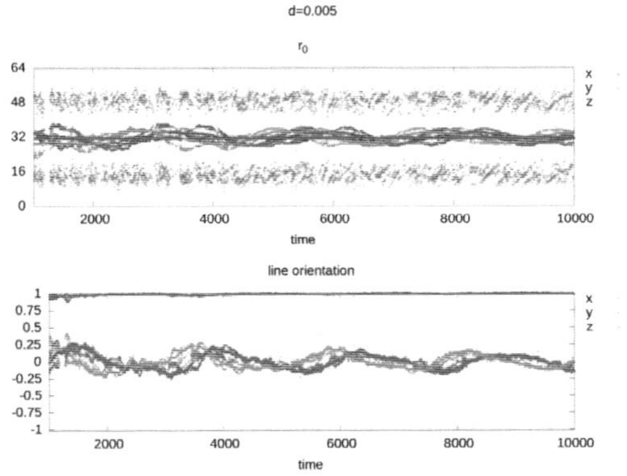

Figure 10. For $d = 0.005$ vortex core line dynamics. The line center $\mathbf{r}_0$ coordinates are given in the top panel, the line orientation $\mathbf{e}$ in the lower panel. Point sizes are proportional to line length.

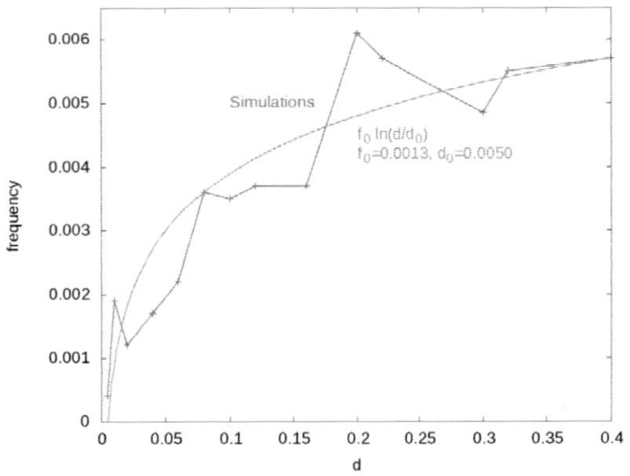

Figure 12. Precession frequency as a function of dipole-dipole interaction d (red line). The green line represents a least-square fit of a logarithmic function.

detected vortex-core lines thus detected varies in this case between one and two. The x and y components oscillate which confirms lateral motion of the line taken as a whole. The bottom panel of figure 10 shows the time dependence of the coordinates of the line orientation **e**. Unsurprisingly, since we expect the line orientation to be parallel to z, the z component (in blue) remains close to one. The other two components however oscillate showing a precession motion of the line.

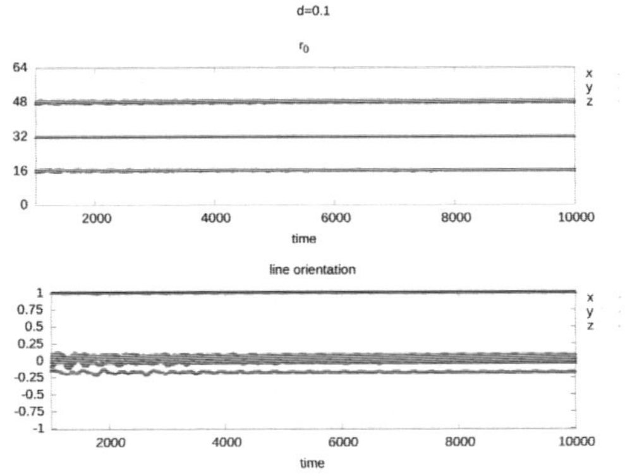

Figure 11. Same as figure 10 for $d = 0.1$.

Figure 11 provides the same information for $d = 0.1$. Several differences can be noticed. In the top panel, we still have one blue line for $z = 32$, but no others, meaning the line discontinuity disappears. The x and y contributions to $\mathbf{r}_0$ yield 16 and 48, which is consistent with the fact that we now have four vortex-lines at approximately $x = 16$, $y = 16$, then $x = 16$, $y = 48$, and $x = 48$, $y = 16$, and finally $x = 48$, $y = 48$. The bottom panel clearly shows the vortex-line precession at a higher frequency than previously.

Similar results are obtained for increasing dipole-dipole interactions. The precession frequency increases approximately as the logarithm of d as shown in figure 12. This allows to define a characteristic dipole/exchange ratio $d_0 \simeq 0.005$ for which the precession vanishes; a characteristic frequency $f_0 \simeq 0.0013$ can also thus be defined.

3.3.2 Intra-line dynamics

Using equation (6), one potentially has access to the internal structure and motion of a vortex line. This however reaches beyond the scope of the present paper.

4 Discussion

Vortex-core motion, usually the gyrotropic motion, is well known, it has been observed and calculated in various situations, and many times interpreted through the generic Thiele equations [64, 67, 69, 76].

Miniaturization has another advantage, when dealing with useful active impurities scattered through a sample, in the possibility of reducing the averaging process over a large number of active "impurities". Finally, the possibility of dealing with a highly sensitive single impurity without any statistics can be reached. For instance, in colour centres, an impurity acts as a perfectly localized extended atom or molecule, where the spatial extension is basically driven by the host dielectric constant [14], and similarly the energy difference between electronic levels is reduced. Doping centres in semiconductors also act as localized atoms with their different electronic levels and ionization [15]. So, the purpose of miniaturization up to a single impurity sounds to be quite fruitful in various fields. It was reached for colour centres in the case of nitrogen vacancies in diamond, with very low doping and nanoparticles [16]. Then the local magnetic field can be detected by means of magnetic resonance on the Zeeman split levels [17]. With such a tool the resolution of a single spin near the surface can be reached [17, 18]! Such studies open the path for an ultimate resolution of magnetic surface structures down to the atomic level. And quite numerous colour centres can be tried for such high-resolution applications.

References

[1] P. Weiss, C.R. Ac. Sci. 143 1137 (1906).
[2] A. Hubert, R. Schäfer, Magnetic domains, the analysis of domain structures (Springer Verlag, Berlin, 1998).
[3] B.N. Filippov, Low Temp. Phys. 28 707 (2002)
[4] A. Vaterlaus, C. Stamm, U. Maier, M.G. Pini, P. Politi, D. Pescia, Phys. Rev. Lett. 84, 2247 (2000).
[5] E.Y. Vedmedenko, A. Ghazali, J.-C.S. Levy, Surf. Sci. 402-404 391 (1998) ; Phys. Rev. B 59 3329 (1999).
[6] E.Y. Vedmedenko, H.P. Oepen, A. Ghazali, J.-C.S. Levy, J. Kirschner, Phys. Rev. Lett. 84, 5884 (2000).
[7] R.P. Cowburn, D.K. Koltsov, A.O. Adeyeye, M.E. Welland, D.M. Tricker, Phys. Rev. Lett. 83, 1042 (1999).
[8] S.P. Li, D. Peyrade, M. Natali, A. Lebib, Y. Chen, U. Ebels, L.D. Buda, K. Ounadjela, Phys. Rev. Lett. 86, 1102 (2001).
[9] V. Uhlir, M. Urbanek, L. Hladik, J. Spousta, M.-Y. Im, P. Fischer, N.Eibagi, J.J. Kan, E.N. Fullerton, T. Sikola, Nature Nanotechnology 8 341 (2013).
[10] U.K. Kossler, A.N. Bogdanov, C. Pfeiderer, Nature Lett. 442 797 (2006).
[11] F.N. Rybakov, N.S. Kiselev, Phys. Rev. B 99 064437 (2019).
[12] A. Fert, V. Cros, J. Sampaio, Nature Nanotechnology 8 152 (2013).
[13] Y. Fujishiro, N. Kanazawa, Y. Tokura, Appl. Phys. Lett. 116 090501 (2020).
[14] J.H. Schulman, W.D. Compton, Color Centers in Solids (Pergamon, Oxford, 1962).
[15] N.W. Ashcroft, N.D. Mermin, Solid state Physics (Saunders, Philadelphia, 1976).
[16] F. Jelezko, J. Wrachtrup, Phys. Status Solidi A 203 3207 (2006).
[17] E. Abe, K. Sasaki, J. Appl. Phys. 123 161101 (2018).
[18] J.L. Webb, J.D. Clement, L. Troise, S. Ahmadi, G. J. Johansen, A. Huck, U.L. Andersen, Appl. Phys. Lett. 114 231103 (2019).
[19] G. Vallejo-Fernandez, O. Whear, A.G. Roca, S. Hussain, J. Timmis, V. Patel, K. O'Grady, J. Phys. D: Appl. Phys. 46 312001 (2013).
[20] D. Ung, G. Viau, C. Ricolleau, F. Warmont, P. Gredin, F. Fievet, Adv. Mater. 17 338 (2005).
[21] F. Ott, J.-Y. Piquemal, G. Viau, in Magnetic Structures of 2D and 3D Nanoparticles (Pan Stanford, Singapore, 2016) 213.
[22] M.A. Bousnina, A.Dakhlaoui-Omrami, F. Schoenstein, Y. Soumare, A.H. Barry, J.-Y. Piquemal, G. Viau, S. Mercone, N. Jouini Nanomaterials 10 334 (2020)
[23] N. Fokin, T. Grothe, A. Mamun, M. Trabelsi, M. Klöcker, L. Sabantina, C. Döpke, T. Blachowicz, A. Hütten, A. Ehrmann, Materials 13 1552 (2020).
[24] J. Grollier, D. Querlioz, K.Y. Camsari, Nat. Electron. K. Everschor-Sitte, S. Fukami, M.D. Stiles, Nat. Electron. (2020).
[25] C. Kittel, Phys. Rev. 110 1295 (1958).
[26] N.D. Mermin, H. Wagner, Phys. Rev. Lett. 17, 1307 (1966).
[27] P. Monceau, J.-C.S. Levy, Phys. Lett. A 374 1872 (2010).
[28] P. Monceau, J.-C.S. Levy, Physica E 44 1697 (2012).
[29] P. Monceau, in Magnetic Structures of 2D and 3D Nanoparticles (Pan Stanford, Singapore, 2016) 159.
[30] J.R. Sandercock, in Light scattering in solids III (Springer Verlag, Berlin, 1982) 173.
[31] M.G. Cottam, J.Phys. C 16 1573 (1983).
[32] M. Krawczyk, J.-C.S. Levy, D. Mercier, H. Puszkarski, Phys. Lett. A 282 186 (2001).
[33] V.V. Kruglyak, S.OP. Demokritov, D. Grundler, J. Phys. D 43 264001 (2010).
[34] J.W. Klos, M. Krawczyk, in Magnetic Structures of 2D and 3D Nanoparticles (Pan Stanford, Singapore, 2016) 283.
[35] G. Gubbiotti, Three-Dimensional Magnonics (Pan Stanford, Singapore, 2019).
[36] M. Kostylev, P. Schrader, R.L. Stamps, G. Gubbiotti, G. Carlotti, A.O. Adeyeye, S. Goolaup, N. Sing, Appl. Phys. Lett. 92 132504 (2008).
[37] F. Lisiecki, J. Rychly, P. Kuswick, H. Glowinski, J.W. Klos, F. Gross, I. Bykova, M. Weigand, M. Zelent, E. Goering, G. Schütz, M. Krawczyk, F. Stobiecki, J. Dubowik, J. Gräfe, Phys. Rev. Applied 11 054061 (2019).
[38] J.-C.S. Levy, J. Magn. Magn. Mater. 373 2 (2015).
[39] J.-C.S. Levy, in Magnetic Structures of 2D and 3D Nanoparticles (Pan Stanford, Singapore, 2016) 1.
[40] P. Fischer, D. Sanz-Hernandez, R. Streubel, A. Fernandez-Pacheco, APL Mater. 8 010701 (2020).
[41] A. Tonomura, T. Matsuda, J. Endo, T. Arii, K. Mishama, Phys. Rev. Lett. 44, 1430 (1966).
[42] L.M. Lacroix, S. Lachaize, F. Hue, C. Gatel, T. Blon, R.P. Tan, J Carrey, B. Warot-Fonrose, B. Chaudret, Nano Lett. 12 3245 (2012).
[43] S. Pile, T. Feggeler, T. Schaffers, R. Meckenstock, M. Buchner, D. Spoddig, B. Zingsem, V. Ney, M. Farle, H. Wende, H. Ohldag, A. Ney, K. Ollefs, Appl. Phys. Lett. 116 072401 (2020).
[44] S. Xiang, S. Mao, H. Wei, Y. Liu, J. Zhang, Z. Shen, H. Long, H. Zhang, X. Wang, Z. Zhang, X. Han, Acta Materialia 116 343 (2016).
[45] E. Y. Vedmedenko, A. Ghazali and J.-C.S. Levy, Surf. Sci. 402-404 391 (1998); J.-C.S. Levy and A. Ghazali in Nanostructured magnetic materials and their applications, eds D. Shi et alii, Springer Verlag Berlin (2002) 183.
[46] O. Chubykalo, J.D. Hannay, M. Wongsam, R.W. Chantrell and J.M. Gonzalez Phys. Rev. B 65 184428 (2002) ; Ph. Depondt and F.G. Mertens, J. Phys.: Condens Matter 21 336005 (2009).
[47] A. Tonomura, T Matsuda, J. Endo, T. Arii and K. Mihama, Phys. Rev. Lett. 44, 1430 (1980) ; Erratum Phys. Rev. Lett. 45, 74 (1980).

[48] J.N. Chapman, J. Phys. D : Appl. Phys. 17 623 (1984).

[49] For a review see S. Chikazumi, Physics of Ferromagnetism Clarendon Press Oxford (1997).

[50] I.E. Dzyaloshinsskii, J. Phys. Chem. Solids, 4 241 (1958); T. Moriya, Phys. Rev. Lett. 4 228 (1960).

[51] C. Guillaud and R. Vautier, Colloque National de Magnétisme, CNRS 24 (1958).

[52] J.-A. Cape and G.W. Lehman, J. Apl. Phys. 32 5732 (1971).

[53] A. Vaterlaus, C. Stamm, U. Maier, M.G. Pini, P. Politi and D. Pescia, Phys. Rev. Lett. 84, 2247 (2000).

[54] S.P. Li, D. Peyrade, M. Natali, A. Lebib, Y. Chen, U. Ebels, L.D. Buda and K. Ounadjela, Phys. Rev. Lett. 86, 1102 (2001).

[55] E. Y. Vedmedenko, A. Ghazali and J.-C.S. Levy, Phys. Rev. B 59 3329 (1999); R.P. Cowburn, D.K. Koltsov, A.O. Adeyeye, M.E. Welland and D.M. Tricker, Phys. Rev. Lett. 83 1042 (1999).https://www.overleaf.com/project/5ea08997d52ca9000129d7d5

[56] J.M. Kosterlitz and D.J. Thouless, J. Phys. C 6 1181 (1973).

[57] U.K. Rossler, A.N. Bogdanov, C. Pfleiderer, Nature Lett. 442 797 (2006).

[58] I. Privorotskii, Thermodynamic theory of domain structures John Wiley New York (1975); M. Gabay and T. Garel, J. Phys. (Paris) 46 5 (1985).

[59] S. Mamica, J. Appl. Phys. 113 093901 (2013); 114 2333906 (2013).

[60] P.B. Allen, J.L. Feldman, J. Fabian and F. Wooten, Philos. Mag. B 79 (1999); H. Hu, A. Strybulevytch, J.H. Page, S.E. Skipetrov and B.A. Van Tiggelen, Nature Phys. 4 945 (2008).

[61] P. I. Belobrov, V. A. Voevodin, V. A. Ignatchenko, *Sov. Phys. JETP* 61 (1985), 522

[62] E. Y. Vedmedenko, A. Ghazali, J.-C. S. Lévy, *Surf. Sci.* 402 (1998) 391

[63] S.-B. Choe, Y. Acreman, A. Scholl, A. Bauer, A. Doran, J. Stöhr, H. A. Padmore, *Science* **304**, 420 (2004)

[64] T. Kamionka, M. Martens, A. Drews, B. Krüger, O. Albrecht, G. Meier *Phys. Rev.* B **83** (2011) 224424

[65] O.V. Sukhostavets, B. Pigeau, S. Sangiao, G. de Loubens, V.V. Naletov, O. Klein, K. Mitsuzuka, S. Andrieu, F. Montaigne, K.Y. Guslienko, *Phys. Rev. Lett.* **111**, 247601 (2013)

[66] Nowak, U. in *Annual Review of computational physics IX*, Stauffer D. ed., World scientific (2001), p. 105.

[67] Ph. Depondt, J.-C. S. Lévy, *Physics Letters* A 375 (2011) 4085-4090

[68] Ph. Depondt, J.-C. S. Lévy, *Physics Letters* A 376 (2012) 3411-3416

[69] K. Y. Guslienko, X. F. Han, D. J. Keavney, R. Divan, and S. D. Bader, *Phys. Rev. Lett.* **96** 067205 (2006)

[70] K. Y. Guslienko, G. N. Kakazei, J. Ding, X. M. Liu, A. O. Adeyeye, *Sci. Rep.* **5**, 13881 (2015)

[71] Chubylako O., Hannay J. D., Wongsam M., Chantrell R. W. and Gonzales J. M., *Phys. Rev. B* **65**, 184428 (2002)

[72] Rodrigues O., *Des lois géométriques qui régissent les déplacements d'un système solide dans l'espace, et de la variation des coordonnées provenant de ces déplacements considérés indépendamment des causes qui peuvent les produire*, Journal de Mathématiques pures et appliquées 5, 380-440 (1840)

[73] Pietrucci, F., Andreoni, W., *Phys. Rev. Lett.* **107**, 085504 (2011)

[74] L.D. Landau, E.M. Lifshitz *Mechanics* Pergamon Press (1960)

[75] Ph. Depondt, J.-Cl. S. Lévy, F. G. Mertens, *Physics Letters* A 375 (2011) 628-632

[76] A. A. Thiele *Phys. Rev. Lett.* **30**, 230 (1973)

[77] K. Y. Guslienko, G. R. Aranda, J. M. Gonzales, *Phys. Rev.* B **81**, 014414 (2010)

Magnetic excitations in assemblies of dipolar coupled nanoparticles

Fabrice Boust[1,*] and *Nicolas* Vukadinovic[2,**]

[1]DEMR, ONERA, Université Paris-Saclay, F-91123, Palaiseau, France
[2]Dassault Aviation, 78 quai Marcel Dassault, 92552 St-Cloud, France

Abstract. The equilibrium magnetization configurations and the associated microwave susceptibility spectra of dipolar coupled nanoplatelets are explored using three-dimensional (3D) micromagnetic simulations. First, the case of periodic arrangements of nanoplatelets on square arrays is considered. As a result, a macro-vortex state defined as a flux closure pattern spreading over the whole array with or without a vortex core can be stabilized starting from an initial orthoradial magnetization configuration. For macro-vortex states with a vortex core, the linear excitation spectrum exhibits a sub-GHz resonance line ascribed to the vortex core dynamics at the array center. The features of this line (spectral position and amplitude) depend on the array size and the strength of the dipolar coupling through the interplatelet spacing. This resonance is also observed for macro-vortex states without a vortex core but only in the regime of a strong dipolar coupling. The effect of disorder is then investigated by numerically generating assemblies of nanoplatelets with a position disorder and, shape and size distributions. The micromagnetic simulations reveal flux closure magnetization configurations as well but without a vortex core. A low-frequency resonance appears in the susceptibility spectra for quite high surface contents of nanoplatelets but its amplitude is weaker compared to the case of periodic arrays. This line arises from a collective mode extended over a few nanoplatelets.
A large variety of static and dynamical behaviors is thus evidenced resulting in a great complexity even in such model systems.

1 Introduction

Magnetic nanoobjects are the building blocks shared by a wide range of promizing technologies like the future ultra-high density storage media [1], the nanomagnet-based logic functions for new data processing systems [2], the energy-harvesting devices [3], the biomedical applications [4] and the miniaturized microwave components [5]. Design of new devices integrating such nanoobjects requires a deep understanding of their static and dynamical magnetic properties both as isolated and interacting objects. Schematically, the assemblies of nanoobjects can be classified in two categories, namely, the geometrically ordered ones and the disordered ones. The ordered systems correspond to periodic arrangements of nanoobjects [6]. The artificial spin ices defined as a two-dimensional arrays of closed spaced single-domain nanoobjects coupled by dipolar interaction belong to this family [7]. One remarkable feature of such systems is the appearence of a magnetic frustration due to the impossibility of satisfying simultaneously all competing dipolar interactions between the nanoobjects. The static and dynamical properties of artificial spin ices are controlled by the shape, the size and the composition of the nanoobjects, and the geometrical properties of arrays (symmetry and lattice constants). A large variety of equilibrium magnetization configurations has been experimentally and numerically reported [7, 8]. In addition, the excitation spectrum at microwave frequencies experimentally and numerically investigated reveals the presence of collective spin-wave modes [9] and reflects the existence of topological defects within the array [10]. On the other hand, disordered assemblies of magnetic nanoobjects are exemplified by nanocomposites where ferromagnetic nanoparticles are embedded in a non-magnetic matrix [11]. In contrast to ordered systems, the numerical simulations based on the micromagnetism theory for describing the dynamic response of such systems are rather rare. The effective susceptibility spectra of the nanocomposites are usually computed using phenomenological approaches based on mixing rules [12]. Even if such models can incorporante some information regarding the composite morphology like the existence of nanoparticles clusters [11], this approach suffers from severe approximations. In particular, the particles are assumed to be in the single-domain state and the dipolar interaction between the particules is treated by means of an effective demagnetizing factor [11].
The aim of this paper is to investigate the equilibrium magnetization configurations and the associated microwave excitation spectra in the linear regime of dipolar coupled nanoplatelets by means of three-dimensional (3D) micromagnetic simulations. The characteristics of nanoplatelets have been chosen to allow the occurence of nonuniform magnetization states within the individual elements. First, the effect of the dipolar coupling strength on the equi-

*e-mail: fabrice.boust@onera.fr
**e-mail: nicolas.vukadinovic@dassault-aviation.com

librium micromagnetic configurations and the susceptiblity spectra is studied in the case of periodic arrays of nanoplatelets. Then, aggregates of randomly distributed nanoplatelets are considered and the impact of geometrical disorder on the microwave response is analyzed. Emphasis is placed on the existence of a sub-GHz resonance resulting from the dynamics of flux closure magnetization configurations.

2 Numerical model

2.1 Generation of the nanoparticles arrangements

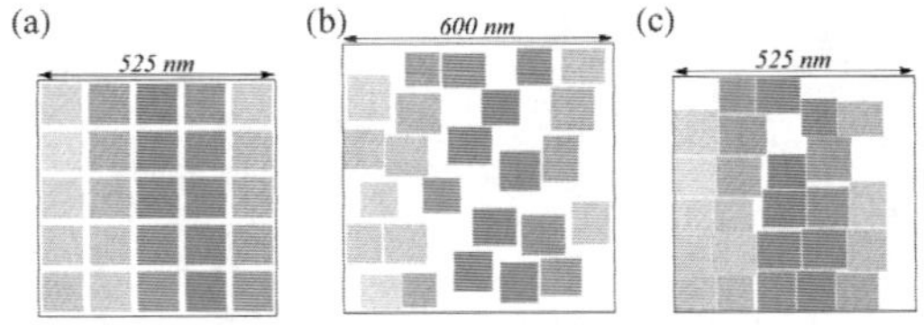

Figure 1. Examples of 25 nanoplatelets assemblies numerically generated. (a) Ordered assembly on a periodic square array. Disordered assemblies with a surface content $\varphi_s = 56\%$ (b) and $\varphi_s = 81\%$ (c). The color code is only for esthetic purpose.

The nominal nanoelements of interest are thin square-shaped platelets defined by the platelet side L and and the platelet thickness L_z, the z-axis being along the platelet thickness. In the conducted numerical simulations, $L = 90$ nm and two values of L_z were considered: $L_z = 4$ nm and $L_z = 12$ nm.

For the ordered assemblies, the nanoplatelets were arranged in two-dimensional square arrays. The interplatelet spacing δ (edge-to-edge distance) was varied between 3 nm and 30 nm. δ is related to the lattice constant a by: $a = L+\delta$. Various array sizes were investigated: $N = 2\times2$, 3×3, 4×4, 5×5, and 6×6, where N is the number of periodic cells equal to the number of platelets. Figure 1(a) shows an example of a 5×5 array of nanoplatelets with $\delta = 15$ nm.

For the disordered assemblies, the degree of disorder was introduced using the following two-step generation rules. First, the nominal square-shaped nanoplatelets can be transformed into rectangular ones with the in-plane sizes L_x and L_y inside the size range $80\,nm < L_x, L_y < 100\,nm$. Second, the position of the nanoplatelets can be changed from the initial one in the square array by applying spatial deviations δ_x and δ_y along the x and y axes, respectively. These deviations satisfy $4\,nm < \delta_x, \delta_y < 12\,nm$ and the excluded volume rule (no overlap between the platelets). In both cases, L_x, L_y, δ_x and δ_y result from a random draw with a uniform distribution. Each configuration is characterized by the surface content of nanoplatelets defined as $\varphi_s = NL_xL_y/S$, where S is the surface of the resized arrays. Figures 1(b) and 1(c) display two examples of disordered configurations with $\varphi_s = 56\%$ and $\varphi_s = 81\%$, respectively.

2.2 Micromagnetic simulations

The high-frequency response of ordered and disordered nanoplatelets assemblies was computed by means of micromagnetic simulations using two 3D home made codes described elsewhere [13]. The first code computes an equilibrium magnetization configuration by integrating the Landau-Lifshitz (LL) equation in the time domain using a second-order Taylor scheme and an optimized time step. The second one solves the LL equation linearized around the equilibrium magnetization configuration (small-amplitude motion regime) in the frequency domain. It computes the local dynamic susceptibility tensor $\chi_{ij}(\mathbf{r},\omega)$ $i,j = x,y,z$ which depends both on space and angular frequency, and then the dynamic susceptibility tensor averaged over the element's volume V, $\chi_{ij}(\omega) = \langle\chi_{ij}(\mathbf{r},\omega)\rangle_V$ $i,j = x,y,z$, which connects the high-frequency response of a magnetic configuration $\delta\mathbf{m}$ to a weak exciting RF magnetic field $\delta\mathbf{h}$ such as $\delta\mathbf{m} = \overline{\chi}\,\delta\mathbf{h}$. These codes were previously used to investigate the microwave response of vortex-state [14] and bubble-state [15] single elements. The micromagnetic simulations were performed using magnetic parameters representative of isotropic Permalloy ($Ni_{80}Fe_{20}$) for each nanoplatelet, namely : the saturation magnetization $M_S = 8.\,10^5\,A/m$, the exchange constant $A = 1.3\,10^{-11}\,J/m$, the gyromagnetic ratio $\gamma = 1.76\,10^{11}\,s^{-1}T^{-1}$ and the damping parameter $\alpha = 0.02$. The nanoplatelets are spatially discretized using a regular cubic mesh. The mesh sizes were chosen to be equal to $\Delta_x = \Delta_y = \Delta_z = 3$ nm lower than the exchange length, $\Lambda = \sqrt{2A/(\mu_0 M_s^2)} \simeq 5.7$nm.

3 Numerical results

3.1 Isolated nanoplatelets

Various stable magnetization configurations exist in soft planar magnetic nanostructures depending on the element size and thickness [16]. Let us consider the case of isolated square-shaped platelets with $L = 90$ nm and $L_z = 12$ nm. Three equilibrium magnetization configurations can be stabilized in such platelets. The first configuration is the vortex state described as an in-plane curling magnetization with a central region, the vortex core, where the magnetization points out of plane (Fig. 2(a)). The magnetic energy of this vortex state is equal to 26.6 ev. In what follows, the magnetic energy of various magnetic configurations will be normalized by the vortex one. The second configuration is the onion state (also termed leaf state) where the magnetization has a privileged in-plane orientation along one diagonal of the square platelet (Fig. 2(b)). The reduced magnetic energy is $\epsilon_o = 0.945$. The third magnetic configuration is the so-called buckle or C state where the in-plane magnetization adopts a C-like shape (Fig. 2(c)). For this case, $\epsilon_c = 0.942$. These three stable states have magnetic energies close to each other with the C state being the lowest-energy state. Figure 2(h) displays the zero-field dynamic susceptibility spectra (imaginary part of the χ_{xx} element termed Im(χ_{xx})) for the three stable configurations within the [0.5 GHz-20 GHz] frequency range.

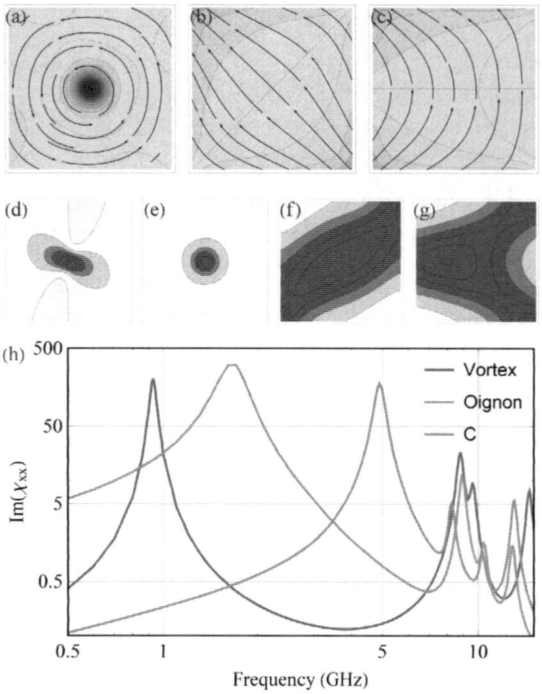

Figure 2. Equilibrium magnetization configurations within the square-shaped element under study; (a) vortex state, (b) onion state and (c) C state. The color code images the z-component of the static magnetization (positive values in red and negative ones in blue) whereas the arrows represent the in-plane magnetization vector. (h) Dynamic susceptibility spectra (imaginary part of the χ_{xx} element, Im($\chi_{xx}(f)$)). Maps of the local susceptibility for the vortex state (Im($\chi_{xx}(x, y)$) (d) and Im($\chi_+(x, y)$), (e)), the onion state (Im($\chi_{xx}(x, y)$), (f)) and the C state (Im($\chi_{xx}(x, y)$), (g)) computed at the resonance frequency of the low-frequency resonances in the Im(χ_{xx}) spectra. The high levels of susceptibility are in red.

A common feature between the three spectra is the appearance of a single low-frequency resonance and multiple resonance lines above 7 GHz. For the vortex state in disk-shaped nanostructures, it is well-established that the excitation spectrum consists of a low-frequency vortex translation mode corresponding to a gyrotropic motion of the vortex core as a whole around the element center and high-frequency resonances ascribed to quantized spin-wave modes due to the finite lateral size of the element and essentially spreading outside the vortex core [17]. In what follows, the attention will be focused on the lowest-frequency resonances emerging in the three micromagnetic situations. For our case of a vortex state in a square platelet, the low-frequency resonance located at f=0.91 GHz is due to the vortex translation mode as confirmed by the color maps of the imaginary part of the local susceptibility (Im($\chi_{xx}(x, y)$), Fig. 2(d) and, more explicitly, Im($\chi_+(x, y)$) with $\chi_+ = 1/2[(\chi_{xx} + \chi_{yy}) + i(\chi_{yx} - \chi_{xy})]$, Fig. 2(e)) computed at the resonance frequency and showing a high-level of dynamic susceptibility within the vortex core. For the onion state, the broad low-frequency resonance at f=1.65 GHz is associated with a high level of magnetic response along the opposite diagonal with respect to the privileged one in the static configuration (Fig. 2(f)). For the C state, the low-frequency resonance appears at f=4.9 GHz. This resonance is due to a high level of magnetic response inside a Y-shape area with the x-axis as the symmetry axis (Fig. 2(g)).

3.2 Ordered assemblies of nanoplatelets

3.2.1 Initialization of the magnetization configuration

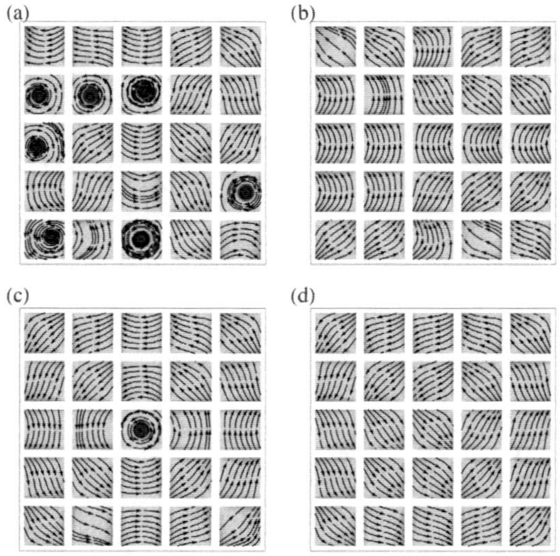

Figure 3. Equilibrium magnetization configurations resulting from various initial magnetization configurations. (a) random configuration, (b) uniform magnetization oriented along a platelet side (y-axis) and centered (c) and off-centered (d) orthoradial magnetization configurations. The geometrical parameters are: L = 90 nm, L_z=12 nm and δ=15 nm. The color code and the arrows meaning are the same as in Fig. 2.

Let us move on the assemblies of ordered nanoplatelets. The research of an equilibrium micromagnetic configuration requires to start from an initial configuration. The legitim questions from there are how to choose this initial state and what is the impact of this state on the final result. This issue is of prime importance when the micromagnetic simulations are conducted on multiple interacting magnetic objects as in-depth discussed for the search of magnetic ground state in artificial spin ices [8]. To illustrate the effect of this starting state, various initial magnetization configurations have been considered for a square array of nanoplatelets; a random configuration, a uniform configuration with the magnetization vector oriented along a nanoplatelet side (y-axis), centered and off-centered orthoradial magnetization configurations. The orthoradial direction for a given nanoplatelet is defined as the cross product between the position vector at the center of the nanoplatelet and the normal of the

https://doi.org/10.1051/epjconf/202024401015

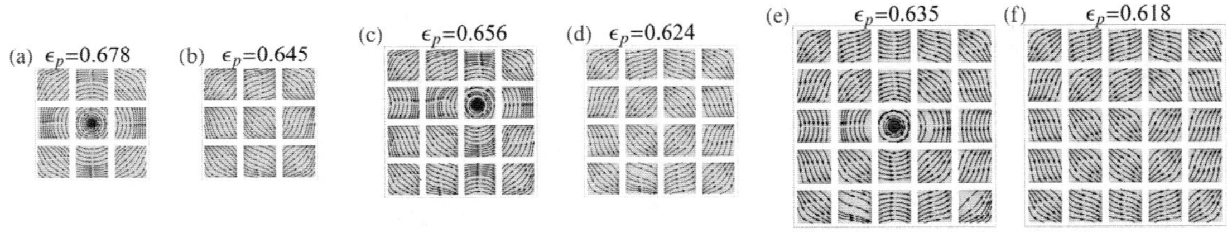

Figure 4. Macro-vortex states for ordered assemblies of nanoplatelets with various square array sizes; 3×3 ((a) and (b)), 4×4 ((c) and (d)) and 5×5 ((e) and (f)). The geometrical parameters are: L = 90 nm, L_z=12 nm and δ=15 nm. The macro-vortex state has either a vortex core inside a platelet ((a), (c) and (e) configurations) or no vortex core ((b), (d) and (f) configurations). For each configuration, the reduced magnetic energy ϵ_p is provided. The color code and the arrows meaning are the same as in Fig. 2.

array. The nanoplatelets have the following geometrical parameters : L = 90 nm and L_z = 12 nm with an interplatelet spacing δ =15 nm. The array size is fixed at 5×5. The associated equilibrium magnetization configurations resulting from the micromagnetic simulations are reported in Fig. 3. For the initial random configuration (Fig. 3(a)), a mixing of vortex, onion and C states is observed within the platelets. In addition, some platelets support an S state (in-plane magnetization along the S-like shape) which is not a stable state for isolated platelets of the same size. The presence of S state reflects the dipolar coupling between the platelets and locally favors the flux closure.

Such magnetic flux arrangements have been experimentally observed using electron holography in FeNi nanoparticle chains [18] and Fe nanocubes [19]. For the uniform intial state (Fig. 3(b)), onion, C and S states are stabilized within the platelets. No vortex state is revealed. For the orthoradial initial configurations, the equilibrium magnetization configurations correspond to flux closure patterns with a spiraling in-plane magnetization spreading over the whole platelet array. These configurations are termed macro-vortex states. For a centered orthoradial initial configuration (Fig. 3(c)), a vortex core appears at the central nanoplatelet of the array whereas no vortex core exists for an off-centered initial configuration (Fig. 3(d)). In the last case, the macro-vortex configuration bears some similarities with the local vortex states evidenced in artificial spin ice systems with elongated single-domain elements [20]. To compare the energy between the different configurations, the reduced magnetic energy per platelet is defined as $\epsilon_p = \epsilon_N/(N\epsilon_v)$, where ϵ_N is the magnetic energy of the array with N platelets. The above-described equilibrium states have the following energies: ϵ_p =0.759, 0.697, 0.635 and 0.618 obtained from the random, uniform, centered orthoradial and off-centered orthoradial initial configurations, respectively. It should be remarked that ϵ_p is always lower than unity meaning that the dipolar coupling allows to reduce the magnetic energy with respect of a collection of noninteracting platelets. In addition, the off-centered macro-vortex state has the lowest energy. From the experimental point of view, the orthoradial magnetization configurations can be carried out by applying an in-plane rotating magnetic field and then reducing its amplitude down to zero.
In the present work, the purpose is to investigate the microwave susceptibility spectra associated with flux closure patterns and to evidence the conditions for appearing a low-frequency resonance (below 1 GHz).

3.2.2 Flux closure magnetic configurations

Figure 4 shows the computed lowest-energy equilibrium states with a flux closure pattern for various array sizes (N = 3×3, 4×4, and 5×5). The platelet size and the platelet thickness are fixed at L=90 nm and L_z=12 nm, respectively. The interplatelet spacing δ is equal to 15 nm. The equilibrium magnetization configurations correspond to macro-vortex states. Several comments can be drawn. (i) The macro-vortex configurations can be either centered (Figs. 4(a), 4(d) and 4(e)) or off-centered (Figs. 4(b), 4(c) and 4(f). The centered macro-vortex state with a vortex core (resp. without a vortex core) appears in arrays with an odd (resp. even) number of cells. (ii) For a given array size, the lowest-energy state is always the magnetization configuration without a vortex core but the energy differences between the configurations with and without a vortex core are weak (see Fig. 4).

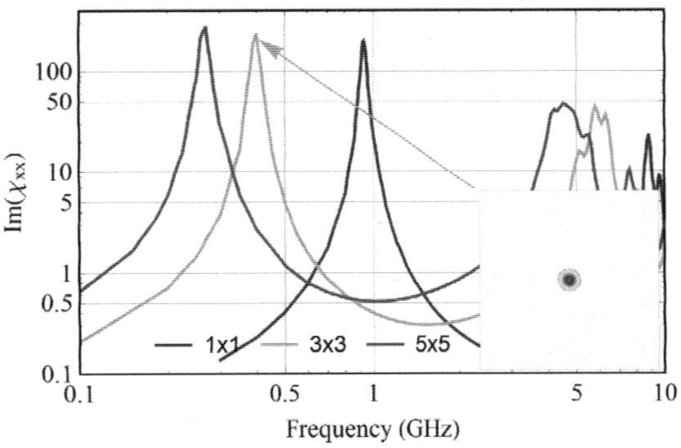

Figure 5. Ordered arrays of nanoplatelets with a centered macro-vortex state and a vortex core. Array size dependence of the Im(χ_{xx}) spectrum. The interplatelet spacing is δ=3 nm. The inset maps the local susceptibility (Im($\chi_+(x, y)$)) of the 3×3 array.

Figure 5 and 6 displays the Im(χ_{xx}) spectra of magnetization configurations with a centered macro-vortex state

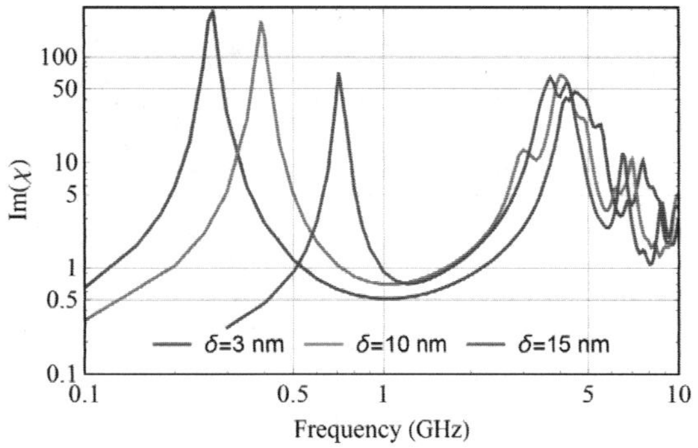

Figure 6. Ordered arrays of nanoplatelets with a centered macro-vortex state and a vortex core. Effect of the interplatelet spacing on the Im(χ_{xx}) spectrum. The array size is fixed at 5×5.

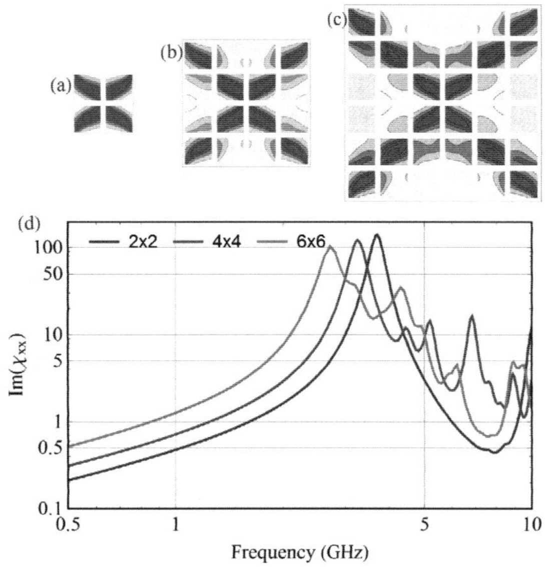

Figure 7. Ordered arrays of nanoplatelets with a macro-vortex state but no vortex core. (d) Array size dependence of the Im(χ_{xx}) spectrum. The interplatelet spacing is δ=3 nm. Maps of the local susceptibility (imaginary part) associated with the low-frequency resonance for arrays of size 2×2 (a), 4×4 (b) and 6×6 (c). The color code is the same as in Fig.2.

with a vortex core for various array sizes (Figure 5) and for various interplatelet spacings (Figure 6). These spectra are mainly characterized by an high-amplitude and low-frequency resonance (below 1 GHz). The local susceptibility map reveals that this resonance is localized within the vortex core at the array center and is associated with the macro-vortex translation mode by analogy to the single platelet case (inset in Fig.5). Increasing the size array for a given interplatelet spacing, δ =3 nm, (Fig. 5) leads to a lowering of the resonance frequency of the macro-vortex translation mode. This behavior is consistent with the one of a unique platelet with the increasing platelet size. Rising the interplatelet spacing for an array size fixed at 5×5 (Fig. 6), results in a frequency shift of the resonance frequency of the macro-vortex translation mode towards the high frequencies as a consequence of reducing the dipolar interaction between the platelets. As a result, the resonance frequency of this low-frequency mode can be typically tuned between 200 MHz and 1 GHz.

The Im(χ_{xx}) spectra of magnetization configurations with a centered macro-vortex state without a vortex core for various array sizes are reported in Figure 7 (δ =3 nm). In each case, a unique high-amplitude resonance exists as well but the resonance frequency is located above 2 GHz. The local susceptibility maps point out that this resonance is due to a mode extended over the whole array with a fourfold symmetry. Increasing the array size leads to a decrease of the resonance frequency.

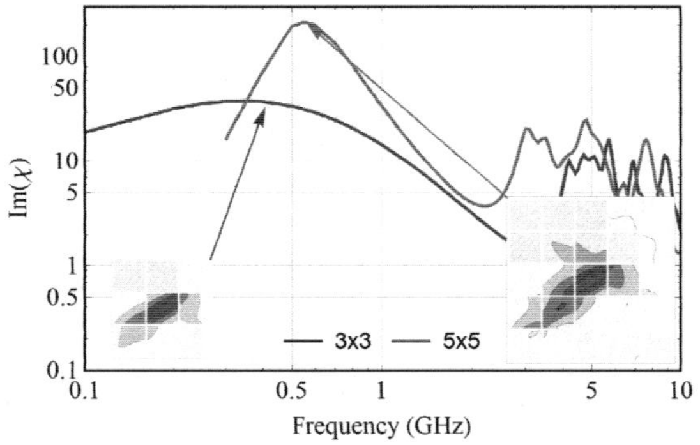

Figure 8. Ordered arrays of nanoplatelets with an off-centered macro-vortex state without a vortex core. Imχ_{xx} spectra for two array sizes 3×3 and 5×5. Regime of strong dipolar coupling (δ = 3 nm). The insets correspond to the local susceptibility maps (imaginary part) of the low-frequency resonance for the two array sizes. The color code is the same as in Fig. 2.

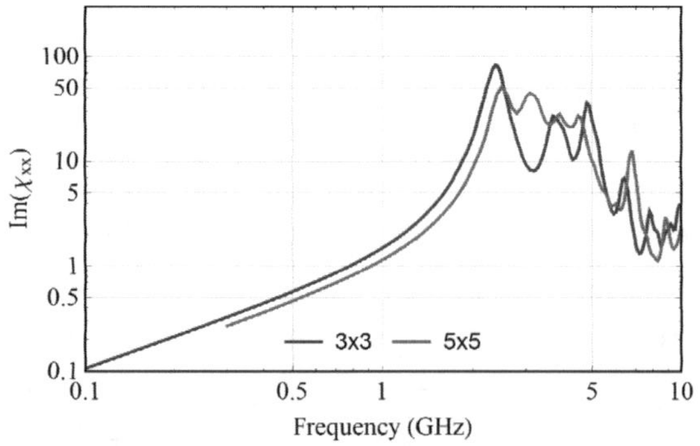

Figure 9. Ordered arrays of nanoplatelets with an off-centered macro-vortex state without a vortex core. Imχ_{xx} spectra for two array sizes 3×3 and 5×5. Regime of weak dipolar coupling (δ = 15 nm).

Figure 8 shows the Im(χ_{xx}) spectra for magnetization configurations with an off-centered macro-vortex state without a vortex core. Interestingly, the presence of a low-frequency resonance (below 1 GHz) depends on the dipolar coupling strength. For a strong dipolar coupling (δ =3 nm), a low-frequency response exists with a marked resonant shape for a large enough array size (Fig. 8). It should be noted that the amplitude of this resonance is high for this array size. The local susceptibility map reveals that this resonance arises from a cooperative mode extending over several platelets. For the regime of a weak dipolar coupling (δ =15 nm), no low-frequency response is observed whatever the array size (Fig. 9). It should be remarked that resonance lines assigned to nonuniform collective excitations within arrays have been reported for stadium shaped nanoelements in a square array [9]. However, such nanoelements are uniformly magnetized by an in-plane bias magnetic field in contrast to the nanoplatelets considered in this work.

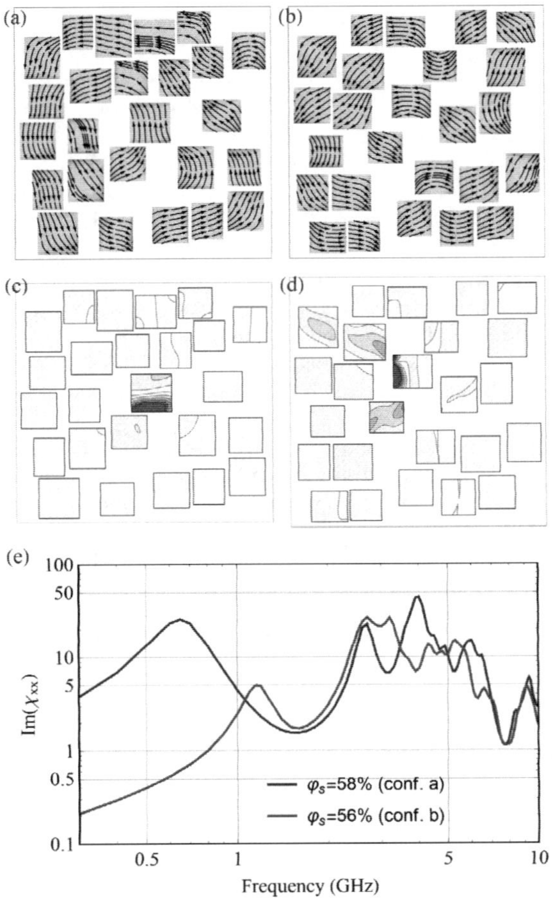

Figure 10. Disordered assemblies of nanoplatelets numerically generated with a surface content φ_s = 58% (a) and φ_s = 56% (b). (e) Im(χ_{xx}) spectra for the two above described configurations. Maps of the local susceptibility (imaginary part) associated with the low-frequency resonance for the φ_s = 58% (c) and φ_s = 56% (d) configurations. The color code is the same as in Fig.2.

3.3 Disordered assemblies of nanoplatelets

As an example, the case of disordered aggregates formed by 25 rectangular platelets are considered. The platelet thickness is fixed at L_z =4 nm. The lateral size distribution of nanopatelets and their relative positions were generated according to the process described in Sec.2.1. The surface content of nanoplatelets, φ_s is changed by compacting them along the x and y-axes.

The results coming from two independent draws corresponding to φ_s = 58% and φ_s = 56% are presented in Fig. 10. In each case, the starting state is an orthoradial magnetization configuration. The two equilibrium magnetization configurations (case φ_s = 58%, Fig. 10(a) and case φ_s = 56%, Fig. 10(b)) are flux closure states essentially mixing S states, C states and onion states at the level of individual nanoplatelets. Figure 10(e) shows the associated Im(χ_{xx}) spectra. These ones reveal the existence of a low-frequency resonance at 0.65 GHz for φ_s = 58% and at 1.16 GHz for φ_s = 56% but with a weaker amplitude with respect to the case of the periodic arrays. The resonance lines arise from a mode essentially localized inside one nanoplatelet (case φ_s = 58%, Fig. 10(c)) or extended over three nanoplatelets (case φ_s = 56%, Fig. 10(d)). Despite a quite similar surface content, these two assemblies of nanoplatelets lead to distinct feartures of the low-frequency resonance in terms of resonance position, resonance linewidth and line amplitude. Let us now consider the case of higher surface contents. The Im(χ_{xx}) spectra for two disordered aggegates with φ_s = 67% and for φ_s = 81% are displayed in Fig. 11. A striking feature is the absence of a low-frequency resonance for these very dense composite media. These results highlight the impact of disorder on the dynamical behavior of dipolar coupled nanoplatelets and the difficulty to control the low-frequency part of the susceptibility spectra.

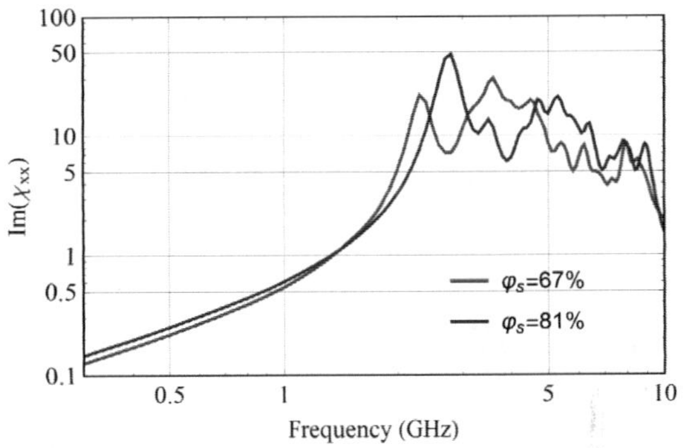

Figure 11. Disordered assemblies of nanoplatelets. Im(χ_{xx}) spectra for two high surface contents φ_s = 67% and φ_s = 81%.

4 Summary and perspectives

These numerical results illustrate the large variety of existing microwave susceptibility spectra even for the idealistic case of assemblies of thin soft platelets with a regular shape coupled by dipolar interactions. Restricting to magnetization configurations with a flux closure pattern at the array scale, a high-amplitude and low-frequency resonance (below 1 GHz) exists in ordered arrays supporting a macro-vortex state with a vortex core but also without a vortex core for the regime of strong dipolar coupling. For the disordered aggregates, a low-frequency absorption line (between 0.5 GHz and 2 GHz) emerges as well but with a weaker amplitude. This resonance appears in flux closure states and are associated with a cooperative mode spreading over a few platelets. Such resonances disappear for higher surface contents. These preliminary results evidence the strong impact of disorder on the susceptibility spectra.

These micromagnetic simulations of interacting magnetic nanostructures can be viewed as a first step to get a better understanding of the microwave magnetic response of real systems. To go further, several points will have to be taken into account. First, the magnetic history of the sample plays a critical role and must be closely reproduced in the demagnetization protocols used in the micromagnetic simulations. Second, the presence of defects, as well as the shape and size distributions of nanoparticles can affect the equilibrium magnetizations configurations rending difficult to control and predict the microwave magnetic behavior. Introduction of information on the nanocomposite morphology in the micromagnetic simulations is needed. Third, clustering effect occurs in magnetic nanocomposites with a significative volume content of particles. The micromagnetic simulations will have to address this issue. This overall challenge is ambitious but in phase with the perspective of using arrangements of 2D or 3D nanoparticles in future devices.

References

[1] C.A. Ross, Annual Review of Materials Research **31**, 203 (2001)

[2] A. Imre, G. Csaba, L. Ji, A. Orlov, G.H. Berstein, W. Porod, Science **311**, 205 (2006)

[3] N. Jones, Nature **472**, 22 (2011)

[4] Q.A. Pankhurst, J. Connolly, S.K. Jones, J. Dobson, J. Phys. D Appl. Phys. **36**, 167 (2003)

[5] T.H. Kim, E.Y. Jang, N.J. Lee, D.J. Choi, K.J. Jang, J.S. Choi, S.H. Moon, J. Cheon, Nanoletters **9**, 2229 (2009)

[6] J.I. Martin, J. Nogues, K. Liu, J.L. Vicent, I.L. Schuller, J. Magn. Magn. Mat. **256**, 449 (2003)

[7] C. Nisoli, R. Moessner, P. Schiffer, Rev. Mod. Phys. **85**, 1473 (2013)

[8] L.J. Heyderman, R.L. Stamps, J. Phys: Condens. Matter **25**, 363201 (2013)

[9] V.V. Kruglyak, P.S. Keatley, A. Neudert, R.J. Hicken, J.R. Childress, J.A. Katine, Phys. Rev. Lett. **104**, 027201 (2010)

[10] S. Gliga, A. Kakay, R. Hertel, O.G. Heinonen, Phys. Rev. Lett. **110**, 117205 (2013)

[11] R. Ramprasad, P. Zurcher, M. Petras, M. Miller, P. Renaud, J. Appl. Phys. **96**, 519 (2004)

[12] K.N. Rozanov, M.Y. Koledintseva, J.L. Drewniak, J. Magn. Magn. Mater. **324**, 1063 (2012)

[13] W.T. Doyle, Phys. Rev. B **39**, 9852 (1989)

[14] S. Labbe, P.Y. Bertin, J. Magn. Magn. Mater. **206**, 93 (1999)

[15] F. Boust, N. Vukadinovic, Phys. Rev. B **70**, 172408 (2004)

[16] N. Vukadinovic, F. Boust, Phys. Rev. B **75**, 014420 (2007)

[17] L.M. Lacroix, S. Luchaize, F. Hue, C. Gatel, T. Blon, R.P. Tan, J. Carrey, B. Warot-Fonrose, B. Chaudret, Nano. Lett. **12**, 3245 (2012)

[18] C. Gatel, F.J. Bonilla, A. Meffre, E. Snoeck, L.M.L. B. Warot-Fonrose, B. Chaudret, T. Blon, Nano. Lett. **15**, 6952 (2015)

[19] E. Snoeck, C. Gatel, L.M. Lacroix, T. Blon, S. Lachaize, J. Carrey, M. Respaud, Nano. Lett. **8**, 4293 (2008)

[20] A.G. Gurevich, G.A. Melkov, *Magnetization Oscillations and Waves* (CRC Press, Boca Raton, Florida, 1996)

https://doi.org/10.1051/epjconf/202024401016

Classification of isentropic molecules in terms of Shannon entropy

Denis Sabirov[1*] and *Kamila* Koledina[1]

[1]Laboratory of Mathematical Chemistry, Institute of Petrochemistry and Catalysis of RAS, 450075 Ufa, Russia

Abstract. Shannon entropy is widely used as a descriptor of molecular structure. Isentropicity of the molecules in terms of Shannon approach emerges in specific problems of physical and organic chemistry. In the present work, we consider the main classes of isentropic molecules, exemplify them, and provide their hierarchy.

1 Introduction

Shannon entropy (information entropy, h) is widely used as a structural descriptor in physical and organic chemistry. It allows assessing and comparing the complexities of the molecular structures [1–3]. For this purpose, a molecule is represented as disjoint subsets of atoms (atom types) made up with the chemically inequivalent atoms. The rules defining the inequivalence of the atoms in the molecule may vary but usually they are deduced from the analysis of the corresponding molecular graph [1–5]. In other words, the task of calculating Shannon entropy is based on counting the dissimilar atoms. The properties of this structural descriptor were deeply studied in previous works of the Bonchev and Basak groups (see their key papers [3,5]). In general, Shannon entropy provides numerical estimates of the molecules' complexity, reflects their symmetry, and correlates with important physical and chemical properties (*e.g.*, thermodynamic entropy or abundance) [2,3,5–9]. There are also works on the link between Shannon estimates and probabilities of chemical processes are discussed [9–13].

When molecules are treated in terms of the information-theoretic approach, the problem of comparison of may be emerged. Two marginal cases, when Shannon entropies are zero and maximal, were exhaustively discussed previously ($h = 0$ and $h_{\max} = \log_2 N$, where N is the total number of atoms in the molecule) [1–3, 9,10]. Working on the Shannon entropy of mixing molecules [1], we came to the conditions of equal entropies of the molecules and found that this issue has not been studied. In the present work, we treat, classify, and exemplify some cases isentropic molecules.

2 Computational details

The details of the calculations have been previously presented [1, 14]. Their main idea is based on the partition of a molecule over N_1 atoms of the 1st type, N_2 atoms of the 2nd type, … N_n atoms of the n-th type, where n is the number of atom types and ΣN_j is the total number of atoms in the molecule. The Shannon entropy of the molecule in bits is introduced as a sum of the logarithms of the weights of each atom type ($N_j/\Sigma N_j$):

$$h = -\sum_{j=1}^{n} \frac{N_j}{\sum_{j=1}^{n} N_j} log_2 \frac{N_j}{\sum_{j=1}^{n} N_j} \quad (1)$$

Two molecules A and B are isentropic if their information entropies are equal (N_A and N_B are the total numbers of atoms in the molecules):

$$\sum_{j=1}^{n_A} \frac{N_{Aj}}{N_A} log_2 \frac{N_{Aj}}{N_A} = \sum_{i=1}^{n_B} \frac{N_{Bi}}{N_B} log_2 \frac{N_{Bi}}{N_B} \quad (2)$$

Here, N_i, N_j, N_A, N_B, n, and m may be varied. Additionally, the partition of each molecule and the corresponding cardinalities of the subsets (N_i or N_j) are generally interdependent. Thus, we do not provide a general solution of Equation (2) and consider particular cases of the mentioned values when the condition of isentropicity is fulfilled.

3 Results and discussion

3.1 Zero-entropy molecules

If all atoms of the molecule belong to the single atom type, according to Equation (1), the Shannon entropy is zero. This is possible only under two simultaneous conditions:

(a) A molecule is homonuclear (*i.e.* it is made up with the atoms of the one element).
(b) The three-dimensional molecular structure reveals a high symmetry (so that all atoms are chemically equivalent).

* Corresponding author: diozno@mail.ru

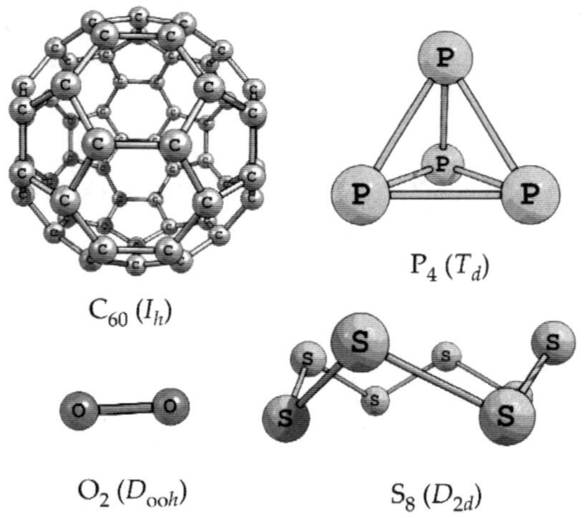

Fig. 1. Zero-h molecules. The point symmetry groups are shown in parentheses.

All zero-h molecules are isentropic and this is regardless of their molecular size. This size-independent class involves such different molecules become isentropic as O_2, C_{60}, P_4, and S_8 (Figure 1).

3.2 Isotomic molecules

Two molecules partitioned over the same number of atom types ($n_A = n_B$ in Equation (2)) we call ***isotomic*** (from ἴσος + τομή, ancient Greek 'the same + partition'). Herewith, the molecular sizes (N_A and N_B) and cardinalities of the atom types (N_{Aj} and N_{Bi}) may be either equal or different. The condition of the isentropicity of isotomic molecules relates to the proportionality of the weights of all atom types in A and B:

$$\frac{N_{Aj}}{N_{Bj}} = \frac{N_A}{N_B} = k \qquad (3)$$

We consider separately the cases when $k = 1$ and $k \neq 1$ (k is rational) in the subsections below.

3.2.1 Isotomic molecules with the same size

When $k = 1$, we deal with isotomic molecules having $N_A = N_B$. Trivially, this case corresponds to the molecules with identical molecular graphs. Therefore, we call them ***isographic***. For example, CH_4, CF_4, CCl_4, CBr_4, and CI_4 are isentropic as the original information-theoretic approach puts that atoms of different chemical elements equally contribute to the entropy. Other examples of the same-size isentropic molecules with N up to 4 are provided below accompanying with the h values in bits and conventional designations of the molecule's partition [number of atom types]×[number of atoms within them]:

(a) all heteronuclear diatomic particles AB (*e.g.*, HF, HD, and $HO^•$) – $h = 1$ (partition 2×1);
(b) particles with general formulas AAA (*e.g.*, O_3, N_3^-, and I_3^-) and ABA (*e.g.*, H_2O, H_2S, and $:CH_2$) – $h = 0.918$ (partition 2×1 + 1×1);
(c) ABC (*e.g.*, HCN, HNC, and HOD) and AAB (*e.g.*, N_2O) – $h = 1.585$ (partition 3×1);
(d) AB_3 (*e.g.*, $^•CH_3$, NH_3, PCl_3, NO_3^-, and CO_3^{2-}) – $h = 0.811$ (partition 2×1 + 1×1);
(e) ABBA (*e.g.*, HC≡CH and H_2O_2) – $h = 1$ (partition 2×2);
(f) A_2BC (*e.g.*, $H_2C{=}O$ and $H_2C{=}S$) – $h = 1.5$ (partition 1×2 + 2×1);
(g) ABBC, ABCD, and ABBB (*e.g.*, HC≡CCl, HCNO, and :C=C=C=O, respectively) – $h = 2$ (partition 4×1).

Isentropic molecules of this class may be not isographic, *i.e.* have different molecular graphs but identical partitions (Figure 2). Consequently, within the simple information-theoretic approach, their Shannon entropies are equal. To discriminate such molecules numerically, the approach should be modified to take into account connectivity of the atoms (see, *e.g.* [15, 16]). To do or not to do this depends on the task of a study. It is noteworthy that the partitions obtained at the used level of the structural detailing correspond to NMR patterns of the molecules [17]. Usually, it is sufficient to solve typical problems of physical organic chemistry.

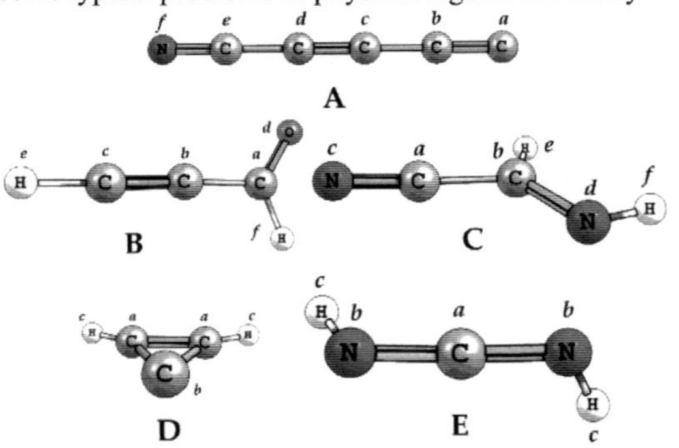

Fig. 2. Examples of isotomic molecules with the same size, partition pattern, and Shannon entropy but different molecular graphs. Molecules **A**–**C** consist of 6 atoms with partition 6×1 and $h = 2.585$ bits. Molecules **D** and **E** are penta-atomic with partition 2×2 + 1×1 and $h = 1.522$ bits. Names of the molecules: cyanobuthadiynyl radical (**A**), propynal (**B**), *E*-cyanomethanimine (**C**), cyclopropenylidene (**D**), and carbodiimide (**E**). Inequivalent atoms in the molecules are lettered.

3.2.2 Isotomic molecules with the different size

If k is rational and not unity, isotomic molecules reveal identical similarity in their molecular sizes (N_A and N_B) and the cardinalities of each atom types (N_{Aj} and N_{Bi}). This case have been discussed in [5]. We provide here two pairs of such ***similar*** molecules as:

(a) ozone O_3 (partition 1×1 + 1×2) and ethylene C_2H_4 (partition 1×2 + 1×4) with $k = 2$ and $h = 0.918$ bits;
(b) benzene C_6H_6 (partition 2×6) and acetylene C_2H_2 (partition 2×2) with $h = 1$ bit and $k = 3$.

Notably, similar molecules with equal Shannon entropies have pronouncedly different structure (Figure 3). At the same time, formation of the ensembles of such molecules reveals zero Shannon entropy of mixing even when the molecules differ.

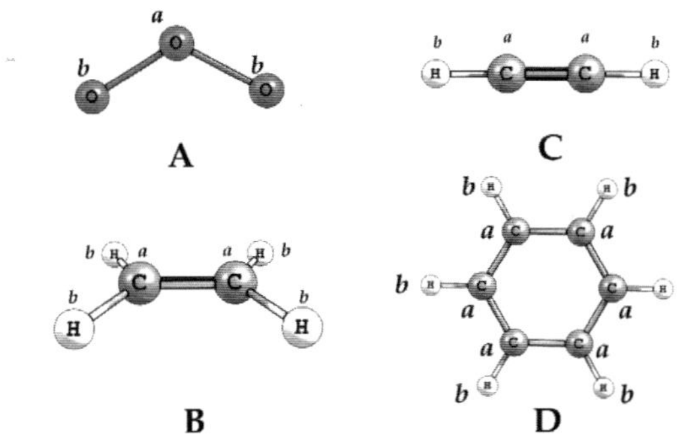

Fig. 3. Two pairs of similar isentropic molecules: ozone (**A**) and ethylene (**B**), acetylene (**C**) and benzene (**D**). Explanations are in the text. Inequivalent atoms in the molecules are lettered.

3.3 Allotomic molecules

We have occasionally found cases when two molecules with the same size and different partitions demonstrate equal Shannon entropies. For example, molecules with $N_A = N_B = 8$, partitions 4×2 and 1×4 + 4×1 have $h_A = h_B$ = 2 bits. The addition of another different atom to these molecular system leads to another pair of isentropic molecules: indeed, if $N_C = N_D = 9$, partitions 4×2 + 1×1 and 1×4 + 5×1, respectively, we have $h_A = h_B = 8/9 - 2\log_2 3 \approx 2.281$ bits. The next addition also produces the isentropic pair. We try to exemplify these two cases with 'real' chemical systems (Figure 4). Even when we call such system real, these remain quite exotic (but existing). Such particles could be united under the name ***allotomic*** (from ἄλλος + τομή, ancient Greek 'different + partition') and the search for extending examples of such chemical particles we address to our further studies.

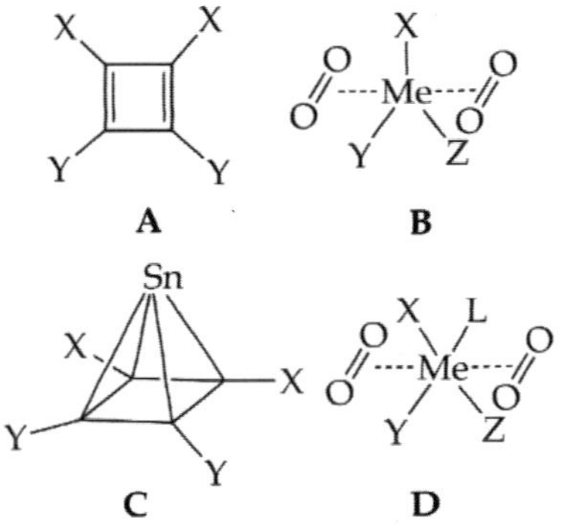

Fig. 4. Two pairs of allotomic isentropic particles. Explanations are in the text. Chemical nature of the particles: **A** is a derivative of cyclobutadiene, **B** and **D** are heteroligand metal complexes with molecular oxygen, **C** is an organotin compound with nonclassical arrangement of the atoms. Though compound **C** seems deliriously exotic, its analogues have been synthesized [18].

3.4 Tree of isentropic molecules and general remarks

To summarize, we provide a tree of isentropic molecules, which slightly differ from the plot of this short paper (Figure 5). Indeed, one can see that the condition for zero Shannon entropy fits into Equation (2), so zero-*h* molecules are, in fact, isotomic and should not be allocated in a separate class.

We stress that this classification is valid within the original Shannon approach, in which the molecule is divided into atom types in line with the chemical equivalence of the atoms but the connectivity of the atoms does not directly influence on the calculated *h* values (but connectivity is used to discriminate the atoms over the atom types).

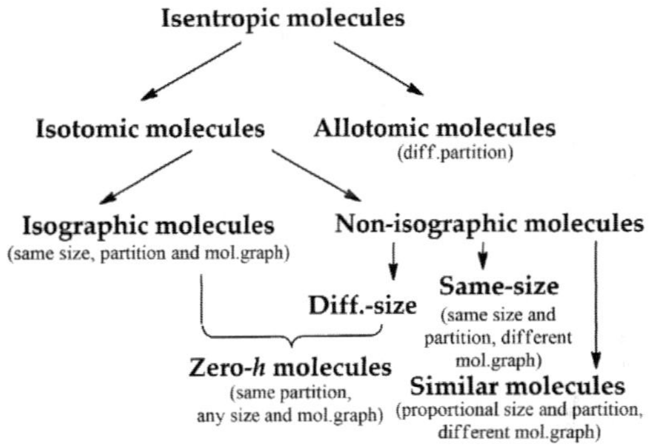

Fig. 5. Classification of isentropic molecules with the distinctive properties of their structures.

Isentropicity of the molecules within the information-theoretic approach should be further studied in the aspect of its physical meaning. As is known, Shannon approach has a disadvantage as it quantifies information but ignores it semantic properties [19]. Applied to the communication theory, it counts similar symbols in messages but ignores the sense, so two messages made up with the same set of the symbols have equal Shannon entropies but may differ in the sense. Something like that happens in the case of the application of Shannon approach to the molecular objects. In addition, there are questions when the above peculiarity is appropriate and when it is not and how Shannon isoentropicity relates to physical/chemical properties of the molecules. Note that the approaches to quantifying semantic properties of physical objects within the information theory are developed [19].

4 Conclusions

In the present work, we have considered the main types of isentropic molecules and constructed the corresponding hierarchical tree to visualize their classification. We think that this result will be fruitful for quantification of the similarity/dissimilarity of molecular objects and further development of the information-theoretic structural descriptors.

The work has been performed under the theme 'Novel theoretical approaches and software for modeling complex chemical processes and compounds with tunable physicochemical properties' (registration number AAAA-A19-119022290011-6).

References

1. D. Sh. Sabirov, Comput. Theor. Chem. **1187**, 112933 (2020)
2. D. Bonchev, O. V. Mekenyan, N. Trinajstić, J. Comput. Chem. **2**, 127 (1981)
3. S. C. Basak, G. J. Niemi, G. D. Veith, J. Math. Chem. **7**, 243 (1991)
4. S. J. Barigye, Y. Marrero-Ponce, F. Pérez-Giménez, D. Bonchev, Mol. Divers. **18**, 673 (2014)
5. D. Bonchev, Bulg. Chem. Commun. **28**, 567 (1995)
6. G. Castellano, J. L. González-Santander, A. Lara, F. Torrens, Phytochemistry. **93**, 182 (2013)
7. M. Dehmer, K. Varmuza, S. Borgert, F. Emmert-Streib, J. Chem. Inf. Model. **49**, 1655 (2009)
8. C. Raychaudhury, D. Pal, *Information Content Measures and Prediction of Physical Entropy of Organic Compounds* in book *Mathematical Foundations and Applications of Graph Entropy, VI*, eds M. Dehmer *et al.* (2017)
9. D. Sh. Sabirov, E. Ōsawa, J. Chem. Inf. Model. **55**, 1576 (2015)
10. D. Sh. Sabirov, Comput. Theor. Chem. **1097**, 83 (2016)
11. D. Sh. Sabirov, A. O. Terentyev, V. I. Sokolov, RSC Adv. **6**, 72230 (2016)
12. V. B. Aleskovskii, Russ. J. Gen. Chem. **72**, 569 (2002)
13. V. M. Talanov, V. V. Ivanov, Russ. J. Gen. Chem. **83**, 2225 (2013)
14. D. Sh. Sabirov, Comput. Theor. Chem. **1123**, 169 (2018)
15. S. H. Bertz, New J. Chem. **27**, 860 (2003)
16. T. Böttcher, J. Chem. Inf. Model. **56**, 462 (2016)
17. D. Sh. Sabirov, O. Ori, I. László, Fullerene Nanotube Carbon Nanostruct. **26**, 100 (2018)
18. V. Y. Lee, Y. Ito, A. Sekiguchi, H. Gornitzka, O. A. Gapurenko, V. I. Minkin, R. M. Minyaev, J. Amer. Chem. Soc. **155**, 8794 (2013)

A. Kolchinsky, D. H. Wolpert, Interface Focus **8**, 20180041 (2018)

EPJ Web of Conferences **244**, 01017 (2020) https://doi.org/10.1051/epjconf/202024401017
Complexity and Disorder Meetings 2018–2020

The philosophy of Emergence and Complexity in the service of Osteopathy: in search of an epistemology of osteopathy in dialogue with contemporary philosophy.

Jean Fiore[1,*] and *Marjolaine* Bouaissier[2].

[1]E.C.O., Centre Interdisciplinaire d'Ethique, 23 place Carnot - 69002 Lyon, France.
[2]E.C.O., Centre Interdisciplinaire d'Ethique, 23 place Carnot - 69002 Lyon, France.

Abstract. Osteopathy is a discipline of healthcare that calls for systemic handling of patients. Osteopathy research has struggled to provide proof of the effectiveness of this practice. We think that osteopathy research needs to evolve in order to find a methodology that would allow it to account for its specificities and originality. This article notes the contribution of the philosophy of emergence in the elaboration of an epistemology suited to osteopathy as the precondition for a rationality adapted to the singular nature of this form of therapy.

Introduction

Osteopathy is a key player today with regard to healthcare offered in Europe and particularly in France. Millions of patients consult osteopaths every year, and this is due to the tangible results of this therapy. This success is the fruit of a rigorous learning process giving access to a wide variety of treatment tools and a capacity for listening that is consistent with the holistic claims of our profession. In reality osteopathy is necessarily empirical, since it consists of the application of general rules in response to an individual situation that simultaneously depends on a patient and a therapist. The capacity for adaptation to the singularity of living matter is a rich resource for osteopathy, but it contributes to making this discipline a complex one. The consequence of this complexity is that it is difficult to produce scientific evidence that would allow such a practice to be legitimized. In the following presentation, we will examine this complex nature and try to identify a model of thought that allows the particularities of this discipline to be taken into account.

Osteopathy was born in the United States under the leadership of A.T. Still (1828-1917). In his time Still founded osteopathy in order to propose an alternative form of healthcare that he considered more rational than the heroic medicine he opposed, which was the most widespread system of medical thought in the United States. Even if he probably had not read Claude Bernard, Still considered that medicine should be experimental, starting from clinical observation, and that it should constantly question its own practices in order to eliminate from them everything that is useless and dangerous.

The fundamental principles of the practice shaped by Still were systematized in the Kirksville consensus declaration of 1953. Today we can summarize them as follows: the interrelation between structure and function, homeostasis, the importance of the good circulation of fluids and the unity of the human being. From the outset Still was aware of the complexity of the medical approach he was creating, and even if training is based on theoretical knowledge such as that of anatomy and physiology, which fall within a reductionist approach, perception is immediately at the centre of osteopathic practice. This particular perception can be learnt, but ideally, the teaching of osteopathic perception is not so much about learning what is perceived as it is about how to perceive. The learning of osteopathy is therefore structured in terms of two registers: that of acquiring knowledge, and that of perceptual experience, which is individual and specific to each osteopath. It follows that the patient-therapist relationship in osteopathy is an experience that is more about intelligent co-creation than about reproducing of a protocol. The evaluation of osteopathy by the tools of pharmaceutical medicine alone is therefore impossible, and when it is tried, such an attempt necessarily results in mutilation.

After first presenting osteopathy in order properly to grasp its complexity, we will insist on the issues involved in its recognition. This necessity for legitimation requires the construction of an epistemology specific to osteopathy; seen from this angle we will examine the potential of the philosophy of emergence, which is a philosophy of complexity.

* Corresponding author : fiore.osteo@posteo.net

1 Presentation of the complex aspect of osteopathy

Knowing the patient in osteopathy therefore requires several levels of understanding. There is the knowledge shared by patients regarding their own bodies, as they live them, and which will be compared with the theoretical knowledge and clinical experience of the osteopath. There is the anatomical-physiological reading that the osteopath makes when she interacts with the patient's body, and finally there is the knowledge that the patient's body has its of own functioning or dysfunction, and this knowledge is a corporeal intelligence which is not necessarily cognitive. Jean-Marie Gueullette is a medical doctor and historian; he has taken a particular interest in osteopathy in recent years, and he reminds us that "viewed from this standpoint, osteopathic perception does not consist of looking for signs interpreted by the intellect according to acquired patterns of understanding, but of a form of intelligent listening to knowledge possessed by the patient's body, even if the patient is no longer able to make use of it [1] (p. 70)".

Here we can already observe the construction of a discipline of healthcare that balances the principles (which, once assimilated, will be left in the background), and experience (which remains elusive because it occurs over time). A balance, therefore, between principles and experience, and which results in far greater consistency than principles on the one hand and experience on the other.

It seems to me that osteopathy succeeds in this tour de force of combining, within the same concept of healthcare, a theoretical basis which is based on reductionist physicalism, while accepting that a substantial part of the practice in which we are experienced cannot be described with the tools of reductionism alone.

But what is osteopathy? Here is the definition given by the WHO: "Osteopathy (also called osteopathic medicine) relies on manual contact for diagnosis and treatment. It respects the relationship of body, mind and spirit in health and disease; it lays emphasis on the structural and functional integrity of the body and the body's intrinsic tendency for self-healing.

Osteopathic practitioners use a wide variety of therapeutic manual techniques to improve physiological function and / or support homeostasis that has been altered by somatic (body framework) dysfunction, i.e. impaired or altered function of related components of the somatic system; skeletal, arthrodial and myofascial structures; and related vascular, lymphatic, and neural elements.

Osteopathic practitioners use their understanding of the relationship between structure and function to optimize the body's self-regulating, self-healing capabilities. This holistic approach to patient care and healing is based on the concept that a human being is a dynamic functional unit, in which all parts are interrelated and which possesses its own self-regulatory and self-healing mechanisms." [2]

The term manual therapy refers to the fact that it is mainly through her hands that the osteopath perceives and treats. And the osteopathic approach indeed accords great importance to palpation, allowing differences in temperature, consistency, density, and mobility to be recognized. The perceptual approach of the osteopath does not stop there, however, and it is with all their being that osteopaths enter into knowledge of the patient they are treating. Firstly because in the diagnostic phase, osteopaths do not only trust their hands, they use all of their perceptive abilities, they observe patients' behaviour, listen to their way of speaking; they can perceive smells, in short they are receptive to all sorts of information through their whole body and all their senses, not only via their hands. In addition, some osteopaths are led to perceive differently because they develop a form of receptivity, a receptivity requiring a free and stable interior state. In this type of osteopathy, the therapist will not be able to perceive anything if she does not perceive herself first; she will not be able to free herself from information coming from her own body if she is not present to herself. This particular interior disposition allows the osteopath to be prepared to receive what presents itself without having imagined it a priori – a disposition conducive to the reception of novelty. [1] (pp. 59-68)

This having been said, the work of the osteopath can be seen as a way to refresh the patients' ability to be what they are becoming, and this by drawing their attention to what has become blocked in them. This attention is a form of setting in motion, tending towards a state of consciousness of being open to oneself.

The osteopath is often presented as a body mechanic who pulls, pushes, aligns the bones, the viscera, who relaxes muscles and ligaments. This is all correct, but what is played out in osteopathic sessions goes further. It can happen that, when working on a visceral tension, the osteopath perceives an emotion which does not seem linked to her own experience, and that at the same moment the patient decides to share their feelings which turn out to be in agreement with that of the osteopath, similar to an "impression". It can happen that in the middle of a session the patient will burst into tears or explode with laughter without understanding the origin of this manifestation, and it can be that this corresponds precisely to the moment when I as a therapist feel the relaxation of the tension on which I was working.

These astonishing perceptual experiences raise a question: **in concrete terms, how can we think of what eludes explanation?** The repetition of these perceptual events and their efficiency in treating patients has allowed me to accept that these are not the products of my imagination: no, we are really talking about effects produced by reality and which carry meaning. However, although perception is something obvious for me at the moment when I perceive it, it is not possible to justify scientific discourse solely on the basis of personal experience.

In reality, the osteopath's approach stems from a complex practice. First and foremost, it is a way of thinking in the area of health which is above all sensitive to mutual links, implications and interactions [1] (p.181).

https://doi.org/10.1051/epjconf/202024401017

Osteopathy can be compared to an "art of complexity" which puts to work the capacity of a complex being, the patient, to adapt to the reality in which they are developing and with which they interact. In fact, more specifically, it is a question of the interaction of two complex systems – the therapist's sensing and perceiving body, and the sensed and perceived body of the patient, which themselves form a larger system.

2 Issues of recognition and legitimacy

As we have mentioned above, osteopathy is a complex practice. Today, when the practice of osteopathy is questioned, the issue of the legitimacy of its know-how is put in parallel with its capacity to provide proof of its effectiveness. J.M. Gueullette has done much work in this regard on the question of the relationship of osteopathy to medical science, and in his book *L'ostéopathie, une autre medicine (Osteopathy, another form of medicine)*, he asks the following question: "What will the response of osteopaths be to these formal demands for the development of forms of research that are reliable? Will they have to modify their practices in order to allow them to fit within the methods of medical research, or will they be able to imagine suitable models?"[1] (p. 130).

Our E.C.O (Emergence, Complexity, Osteopathy) research group was born of the desire of several osteopaths to develop tools adapted to thinking about osteopathy. And we indeed think that it is urgent to equip osteopathy with its own epistemology. The urgency of this endeavour is underscored by what we are observing within our profession regarding a current of thought which considers that we must constrain the reality of our practice to reduce it to a set of techniques capable of justification by an experimental evaluative approach based on reductionism [3]. Some authors following this line of thought dismiss osteopaths by describing on the one hand a progressive osteopathy – their own – that could be described as reductionist, while regarding the rest of the profession as traditionalist, backward-looking, practising a sort of vitalist osteopathy.

Rather than putting reductionism and vitalism in opposition, which are two different conceptions in the philosophy of science, and asking osteopaths to make a default choice, we propose adopting a mediating position between these two classic opposites. The philosophy of emergence belongs to this alternative path. Indeed, this philosophy offers a specific form of rationality, with an epistemic dimension, for thinking about **complex phenomena**. And the whole difficulty of emergence lies in its ability to encompass what at first sight appears to be a contradiction. It rejects both the body-mind dichotomy of vitalism and strict identity as in ontological materialism.

We will now go a little deeper into this singular position which seems to us to make emergence a particularly interesting concept for studying osteopathy.

3 Emergence and osteopathy, between physicalism and anti-reductionism

The idea of a concept of emergence comes from John Stuart Mill who, in A system of logic, considered that the juxtaposition and the interaction of the constituent parts of a living being are not sufficient to explain the properties of the latter.[4] This line of thought dates from the second half of the 19th century and stands as an intermediate proposition between mechanism and vitalism.

In the philosophy of emergence, what emerges is novelty. This novelty is complex and cannot be reduced to the study of its component parts. It has properties of a new kind which did not previously exist in the elements constituting it.

In our work of interpreting osteopathy in terms of the philosophy of emergence, we are drawing on the work of Olivier Sartenaer. He is a graduate in the physical sciences, holds a doctorate in philosophy, and has done a great deal of work on defining the epistemic perimeter of the concept of emergence. Here is the general definition of emergence that he proposes: "Certain natural systems conceived as collections of interrelated entities manifest properties which transcend the simple aggregation of their underlying constituents."[5] In other words, and in accord with the saying in Aristotle's *Physics*: "the whole is other than the sum of its parts"[6]; this speaks of the irreducibility of the whole to its components, but also sets out the notion of the dependence of an emerging property on the base for supervenience from which it emerges.

I continue the definition: "Such natural systems possess properties described as **emergent** in the sense that their existence cannot be extrapolated or anticipated on the basis of knowledge, however exhaustive, of the properties of the parts of the system." [5] This is the second essential condition for grasping an emergent property, namely the notion of novelty.

Emergence could also be formulated as an empirical relation between two *relata*... namely, an "emergent phenomenon" E, and its basis for its emergence B, which is such that we simultaneously find the following two ideas called "dependency" and "novelty":

- (Dependency): E is dependent on - or determined by – B

and yet, in spite of this,

- (Novelty): E is new - or autonomous - with respect to B.

For a phenomenon to be considered emergent it must meet several criteria. **Supervenience, holism** and **top-down causation** are the three criteria defined by O. Sartenaer [5] based on the definition we gave above.

Supervenience is the formal definition of the dependence of the macro-level with regard to the micro-level. This concept of supervenience presupposes a monism of substances and a continuity on the level of physicality between the emerging phenomenon and its substrate. However, substance monism is an unprovable metaphysical option, as is dualism. We have therefore chosen to accept it and recognize it as being valid in the case of osteopathy. Supervenience is the formal definition of the necessary presence of fertile ground (of a substrate), in this case the patient-therapist pairing, so that novelty – the emerging phenomenon – can occur: for example, a certain osteopathic perception.

This is to say that for there to be emergence, there must be matter, and that the emergent phenomenon must be able to arise in the continuity of this matter.

I would therefore like to point out that in our example we are dealing with the patient-therapist pair as interacting material bodies, on which the emerging phenomenon of osteopathic perception depends. This pair is indeed formed of matter to the extent that these are two bodies interacting in the same space-time framework, and the osteopathic perception born as a result of relating the elements of the system is accepted as being expressed within this matter.

Holism is the arising of at least one new property not included in one of the underlying parts. This property is of course a systemic one, meaning that it depends on bringing the elements of the system into relationship, allowing for emergence. And this systemic property is of a new kind compared to the properties of its constituent parts. For example, neither the carbon atom nor even the amino acid molecule are alive. But the cell is [7]. *(Here we are talking about life as being an emerging property.)* In the case of osteopathic perception, it also respects the criterion of **holism** in the sense that it did not previously exist in one of the parts of the patient-therapist pair. It is neither present in the therapist in isolation, nor in the patient on her own. There is a capacity for feeling in every living being, but this is not osteopathic perception. Perception is not only noticing a sensation: it is also the act of thinking of what is felt (consciously or not). This action can only be performed in the presence of the osteopath and the patient. Although an osteopath is able to think what he feels without a patient being present, this is not perception. He could imagine it and think of a possible representation of the patient he is going to consult, but this is not osteopathic perception, it is imagination. The criterion of holism is thus indeed respected, as the osteopathic perception of the patient by the therapist is only present as such in the context of the patient-therapist duo.

Top-down causation is the capacity of a complex system to act on and even modify its parts and components, both in terms of their structure and their nature. Returning to the example of the cell, we can say that it is composed, among other things, of lipids, amino acids, *etc.*, and is capable of acting on its own components. It can bring other molecules into its system and change their nature, and this while retaining a relative autonomy of its identity as a cell (for example, a red blood cell remains a red blood cell whether it has attached oxygen or not). This condition of **top-down causation** is also respected for several reasons in the context of osteopathic perception. In fact, perception is indeed an action which implies the bringing into relationship of several real elements. And an action, by definition, modifies reality, (and I see this on a daily basis: the patient's tissues already begin to change at the very moment when I put my hands on her). The perceptual act in itself will thus indeed modify the part of the system constituted by the patient. On the other hand, the therapist who perceives the patient is no longer the same when he perceives her, compared to how he was before the session. This perceptual act effectively constitutes a new memory within the therapist's experience, which modifies his central nervous system and which can potentially influence his future consultations. There is therefore top-down causation in the osteopathic perceptual phenomenon.

This is an example of the work that we are endeavouring to carry out at the moment within the E.C.O. group. We are currently working to characterize potential loci of emergence and to verify their consistency with the criteria proposed by O. Sartenaer. This work is being carried out by analyzing clinical cases that relate osteopathic experience. In order to situate this approach within a methodology that is usable despite the subjective nature of the osteopathic experience, we have chosen to make use of the explanatory interviews by Pierre Vermersch.[10]

4 Questions and limits

The concept of emergence is therefore rather attractive in terms of allowing us to define an epistemology of osteopathy. We do however take note of the criticisms raised by this concept of emergence, and we are currently working with the philosopher P. Gagnon on the question of the untenability of non-reducible physicalism, which according to the American metaphysician Jaegwon Kim constitutes the prime conceptual objection to the possibility of emergence. [8]

According to J. Kim, emergence is not tenable because the coexistence of supervenience and the top-down causation of which we spoke earlier would either imply that certain events are systematically over-determined in causal terms (in which case there is no emergence), or else that the causal closure [8-9] of the physical world can be broken[1].

O. Sartenaer offers a preliminary response [9] to the critique of J. Kim, and we are continuing our reflection in order for our work not to be trapped within a metaphysical impasse.

5 Work in progress and perspectives

The elaboration of a new model that accepts the emergent nature of osteopathic practice and the singular perception of which osteopaths are the subjects would make possible:

- The development of suitable methodological and pedagogical tools, particularly with regard to learning the systemic and holistic dimension of osteopathy. But also, with regard to learning the singular quality of being which allows osteopathic perception to emerge.

- Improvement of the understanding that osteopaths have of their own practice, by giving them mental tools

[1] The causal closure of the physical world postulates that each physical event has a sufficient physical cause.

allowing complexity and rationality to be brought into dialogue in an open system that accepts that multiple rationalities exist.

- The acknowledgement that in the practice of healthcare, the meeting between two beings can create the conditions of potential permitting the appearance of novelty, which can take the form of a perception, of a modification of one of the systems. The acknowledgement that this novelty, being unpredictable and irreducible, cannot be the object of a study by the experimental sciences as we know them today.
- Support for initiatives that value the subjectivity of our practice while creating inter-subjectivity in order to build commonalities around the sharing of osteopathic experience, particularly in therapist supervision groups. This would simultaneously strengthen the ethical dimension of the osteopathic care relationship.

6 Conclusion

I would like to conclude by recalling that this presentation does not claim that reductionism must be abandoned by osteopaths, but rather that it must be systematically embedded within a broader reflection. As E. Morin suggests, complex thought needs to distinguish and join at the same time, in a single operation.[11] In this way osteopathy will be able to continue to enrich itself with each new scientific discovery, while accepting that experimental science may perhaps never be able to account for what is really occurring in our practice.

The meeting between patient and osteopath requires that the therapist be present without being centered on himself, but being aware of the perceiving self. The originality of osteopathy lies in offering a discipline that accepts the individual who practises it in the entirety of her being. In proposing perception as the main investigative tool, osteopathy immediately accepts that there are as many forms of osteopathy as there are perceiving osteopaths. This richness must be safeguarded by refusing to make osteopathy "non operator-dependent".

References

1. J.M. Gueullette, *L'ostéopathie, une autre médecine*, Rennes, PUR, 70, 59-68, 181, 130 (2014).
2. World Health Organization, *Benchmarks for Training in Osteopathy*, 1 (2010).
3. W. Salem, Y. Lepers, *Vers une ostéopathie progressiste*, Mains libres, **3**, 4-5 (2018).
4. J.S. Mill, *De la composition des causes* (*Of the Composition of Causes*), Paris, Librairie Philosophique de Ladrange, 405-414 (1866).
5. O. Sartenaer, *Définir l'émergence*, Revue des Questions Scientifiques, **181-3**, 372 (2010).
6. Aristote, *La Métaphysique*, **2**, Paris, Vrin, 474 (1986).
7. F. Revol, *La nouveauté dans l'histoire de la nature*, Paris, Vrin, 218 (2015).
8. J. Kim, *Physicalism, or Something Near Enough*, Princeton, Princeton University Press, chap.2 (2005).
9. O. Sartenaer, *Qu'est-ce que l'émergence*, Paris, Vrin, 56-64 (2018).
10. P. Vermersch, *L'entretien d'explicitation*, Paris, ESF (2010).
11. E. Morin, *Introduction à la pensée complexe*, Paris, Seuil, 103-104 (2005).

AUTHOR INDEX